W0264125

ORGANISCHE CHEMIE IN EINZELDARSTELLUNGEN

HERAUSGEGEBEN VON

HELLMUT BREDERECK, KLAUS HAFNER UND EUGEN MÜLLER

9

DREIRINGE MIT ZWEI HETEROATOMEN

OXAZIRIDINE · DIAZIRIDINE CYCLISCHE DIAZOVERBINDUNGEN

VON

ERNST SCHMITZ

MIT 5 ABBILDUNGEN

SPRINGER-VERLAG

BERLIN · HEIDELBERG · NEW YORK

1967

Professor Dr. Ernst Schmitz
Deutsche Akademie der Wissenschaften zu Berlin
Institut für Organische Chemie

ISBN-13: 978-3-642-95007-0   e-ISBN-13: 978-3-642-95006-3
DOI: 10.1007/978-3-642-95006-3

Titel-Nr. 4291

Meinem verehrten Lehrer

Prof. Dr. Drs. h.c. Alfred Rieche

Vorwort

Der Anregung vieler Kollegen, dieses Buch zu schreiben, bin ich gern nachgekommen. Der Anwendungsbereich der zwischen 1952 und 1960 entdeckten Synthesen der Oxaziridine, Diaziridine und cyclischen Diazoverbindungen (Diazirine) ist heute zu übersehen. Darüber hinaus sind beispielsweise die Diazirine günstige Vorstufen für Carbene, und die Diaziridine haben sich als Zwischenstufen leistungsfähiger Hydrazin-Synthesen erwiesen. Die Gewinnung von Hydrazin aus Ketonen, Ammoniak und Chlor über Diaziridine ist sowohl von S. Paulsen bei der Bergwerksverband GmbH/Essen als auch von H. J. Abendroth in den Bayerwerken in Leverkusen bis zur technischen Reife entwickelt worden und hat gute Aussichten, den Raschig-Prozeß abzulösen.

Die Reihenfolge der Kapitel des Buches entspricht der historischen Entwicklung des Gebietes: Die Oxaziridine wurden 1952, die Diaziridine 1958, die Diazirine 1960 entdeckt. Den drei Ringsystemen ist gemeinsam, daß sie in einfachen, allgemein anwendbaren Synthesen aus einfachsten Ausgangsmaterialien hergestellt werden können. Es überrascht daher nicht, daß in den letzten Jahren eine steigende Zahl von Bearbeitern sich dem neuen Gebiet zugewendet hat.

Die vorliegende Monographie enthält alle Information über reale Dreiringe mit zwei Heteroatomen; auf ältere vermeintliche Dreiringe ist verhältnismäßig wenig eingegangen. Dagegen werden Dreiringe als Zwischenstufen von Reaktionen an einigen Stellen diskutiert. Die Literatur ist bis Ende 1965 vollständig berücksichtigt, die Literatur des Jahres 1966 soweit sie mir bis zur Jahresmitte vorlag. Darüber hinaus wurden einige preprints verwertet, die mir andere Bearbeiter in dankenswerter Weise zur Verfügung stellten, ferner das Material abgeschlossener Dissertationen aus meinem Arbeitskreis.

Obwohl die Mechanismen der Bildung und Spaltung der Dreiringe mit zwei Heteroatomen nur in einigen Fällen systematisch untersucht worden sind, wird in allen Kapiteln auf mechanistische Vorstellungen eingegangen, da gerade die Überlegungen über Reaktionsmechanismen die experimentellen Untersuchungen immer wieder vorangetrieben haben.

Den Abschnitt über UV- und IR-Spektren der Diazirine hat Herr Dr. A. Lau verfaßt, dem ich auch an dieser Stelle danken möchte.

Berlin-Adlershof, im Herbst 1966   Ernst Schmitz

Inhaltsverzeichnis

Diaziridine

Diazirine

Weitere Dreiringe mit zwei Heteroatomen

Einleitung

Die Dreiringe mit zwei Heteroatomen sind ein sehr junges Gebiet chemischer Forschung. Während Epoxide und Äthylenimine schon im vorigen Jahrhundert bekannt waren, wurden die ersten authentischen Dreiringe mit zwei Heteroatomen erst in den Fünfzigerjahren dieses Jahrhunderts synthetisiert. Nur als Strukturvorschläge hatten Dreiringe mit zwei Heteroatomen Anfang dieses Jahrhunderts eine Scheinkonjunktur erlebt: Nitrone und Hydrazone nämlich wurden damals als Dreiringe formuliert (*1*, *2*), Diazomethan als ungesättigter Dreiring (*3*), und gelegentlich tauchte sogar ein peroxidischer Dreiring (*4*) in der Literatur auf.

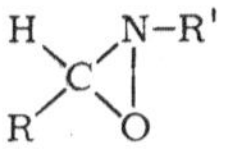

$$\qquad 1 \qquad\qquad 2 \qquad\qquad 3 \qquad\qquad 4$$

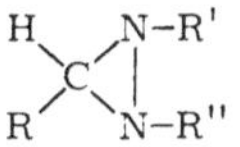

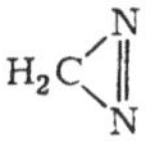

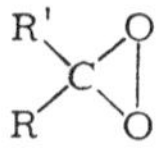

Nachdem ANGELI mit chemischen Methoden nachgewiesen hatte, daß die Azoxy-Verbindungen keinen Dreiring enthalten[1], verloren auch die Dreiringformeln der Nitrone an Wahrscheinlichkeit, zumal die etwa zur gleichen Zeit entstandene Elektronentheorie der Valenz mit der semipolaren Bindung eine befriedigende Formulierung für Azoxy-Verbindungen und Nitrone zuließ. Auch für die Hydrazone bürgerte sich die offenkettige Schreibweise ein.

Für die aliphatischen Diazoverbindungen ist die lineare Struktur seit 1911 in der Diskussion[2] und seit 1935 physikalisch bewiesen[3]. Da sich Diazomethan in der üblichen Schreibweise nur durch Grenzstrukturen formulieren läßt, wurde hier besonders hartnäckig an der Dreiringformel festgehalten. Viele Chemiker betrachteten die lineare Formulierung des Diazomethans als Modetorheit. Gelegentlich wird daher sogar heute noch Diazomethan durch die Diazirin-Formel dargestellt. Da seit 1960 echte Diazirine in großer Zahl bekannt sind, steht die Dreiringformel für die klassischen Diazoaliphaten nicht mehr zur Verfügung.

Von den älteren Strukturvorschlägen wurde eigentlich nur eine Gruppe von Verbindungen bis vor einigen Jahren als Dreiringe mit zwei Hetero-

---

[1] ANGELI, A.: Gazz. chim. ital. **46** II, 67 (1916).
[2] THIELE, J.: Ber. dtsch. chem. Ges. **44**, 2522 (1911).
[3] Literatur: HUISGEN, R.: Angew. Chem. **67**, 439 (1955).

1 Schmitz, Dreiringe

atomen beibehalten. Aus Azodicarbonyl-Verbindungen und Diazoaliphaten hatten ERNST MÜLLER[4] und spätere Bearbeiter unter Stickstoff-
Abspaltung Verbindungen erhalten, die die Summenformel von diacylier-
ten Diaziridinen hatten (5, Gl. 1) und hydrolytisch in Carbonyl-Verbindungen
und Hydrazodicarbonyl-Verbindungen aufspalteten. 1961 wurde darauf hingewiesen[5], daß diese Befunde auch mit einer Oxdiazolin-Struktur (6)
vereinbar sind; die Ungleichwertigkeit der Phenylgruppen wurde im gleichen Jahr durch Kernresonanz nachgewiesen[6]. Heute steht fest, daß diese
sogenannten Diaziridine oft Oxdiazoline (6), in einigen Fällen auch Di-
acylhydrazone (7) sind[7]. Schließlich wurden inzwischen echte Diacyl-
diaziridine bekannt, die durch wechselseitigen Übergang mit Diaziridinen
gesicherter Struktur verknüpft sind[8].

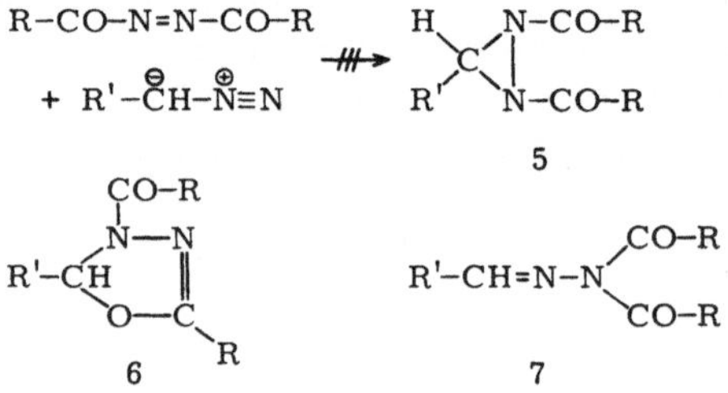

$$
\begin{array}{ccc}
R-CO-N=N-CO-R & & H \diagdown \quad N-CO-R \\
 & \xrightarrow{\quad //// \quad} & \quad C \\
+ \ R'-\overset{\ominus}{C}H-\overset{\oplus}{N}\equiv N & & R' \diagup \quad N-CO-R \\
 & & 5
\end{array}
$$

$$
\begin{array}{ccc}
\quad CO-R & & \\
N-N & & \quad CO-R \\
R'-CH \quad \| & \qquad R'-CH=N-N \diagup \\
O-C & & \diagdown CO-R \\
\quad R & & \\
6 & & 7
\end{array}
\qquad \text{Gl. 1}
$$

Ohne daß alle älteren Strukturvorschläge nachgeprüft worden sind,
kann heute als ziemlich sicher angenommen werden, daß vor 1950 kein
Dreiring mit zwei Heteroatomen hergestellt worden ist.

Die Diskussion um die Dreiringstruktur älterer Verbindungen hatte also
längst ihren Höhepunkt überschritten, als Dreiringe mit zwei Heteroatomen
bekannt wurden. Die Synthese der echten Dreiringe kam zu spät, um in
dieser Diskussion noch eine Rolle zu spielen. Wahrscheinlich hätten die
große Bildungstendenz und die erstaunliche Stabilität der Dreiringe mit
zwei Heteroatomen eher dazu geführt, die alten Strukturvorschläge zu
stützen, anstatt sie zu entkräften. Alle bisher bekannt gewordenen Synthesen
echter Dreiringe mit zwei Heteroatomen verlaufen nämlich bei Raumtemperatur oder sogar darunter mit recht guten Ausbeuten.

Im Gegensatz zu allen alten Syntheseversuchen wird der Dreiring immer
durch Herstellung einer Bindung zwischen den beiden Heteroatomen geschlossen. Die einzige Ausnahme bildet die Photoisomerisierung der Nitrone, die bereits die Hetero-Hetero-Bindung enthalten. Weitgehend all-

---

[4] MÜLLER, E.: Ber. dtsch. chem. Ges. 47, 3001 (1914); Lit.: l. c.[7].
[5] SCHMITZ, E.: Angew. Chem. 73, 23 (1961).
[6] BRESLOW, R., C. YAROSLAVSKI u. S. YAROSLAWSKI: Chem. & Ind. 1961, 1961.
[7] FAHR, E., K. KÖNIGSDORFER u. F. SCHECKENBACH: Liebigs Ann. Chem. 690, 138 (1965).
[8] HABISCH, D.: Dissertation, Humboldt-Universität Berlin 1966.

gemeingültiges Schema der Dreiringbildung ist eine intramolekulare Substitution am Heteroatom (Gl. 2).

$$\text{Het.} \quad \text{Het.-X} \longrightarrow \text{Het——Het} \qquad \text{Gl. 2}$$

Dieses Reaktionsschema ist bei allen Diaziridin-Synthesen gut begründet. Bei den Oxaziridin-Synthesen aus Carbonyl-Verbindung und Aminierungsreagenz (beispielsweise N-Chlormethylamin, Gl. 3) ist es ebenfalls sehr wahrscheinlich[9].

$$\begin{array}{c}\text{>C=O}\\\text{CH}_3\text{-NHCl}\end{array} \longrightarrow \longrightarrow \qquad \text{Gl. 3}$$

Bei den Oxaziridin-Synthesen aus SCHIFFschen Basen und Persäuren steht die endgültige Klärung noch aus. Auch hier ist aber eine intramolekulare Substitutionsreaktion sehr plausibel.

Nitrene scheinen in keinem Fall bei der Synthese von Dreiringen mit zwei Heteroatomen beteiligt zu sein. Die naheliegende und zuweilen geäußerte Ansicht, daß beispielsweise die Diaziridin-Synthese aus SCHIFFschen Basen und Chloramin durch Addition von Nitren an die C—N-Doppelbindung erfolgt, ist experimentell nicht begründet[9].

Auch bei den Zersetzungsreaktionen der Dreiringe mit zwei Heteroatomen fehlt bisher jeder Hinweis auf ein Auftreten von Nitrenen. Die bei den am Stickstoff unsubstituierten Oxaziridinen und den 2-Acyl-oxaziridinen außerordentlich glatt verlaufende Übertragung der Stickstoff-Funktion auf andere Moleküle scheint grundsätzlich als nucleophiler Angriff des Reaktionspartners auf den Dreiring-Stickstoff zu verlaufen (Gl. 4).

$$\text{Nucl.} \quad \overset{\text{R}}{\underset{}{\text{N}}} \quad \text{O} \longrightarrow \begin{array}{c}\text{Nucl.-NH-R}\\\text{>C=O}\end{array} \qquad \text{Gl. 4}$$

Die skizzierten Typen der Bildung (Gl. 2 und 3) und der Spaltung (Gl. 4) von Dreiringen mit zwei Heteroatomen verlaufen als nucleophile Substitutionen am Stickstoff. Die Bearbeitung der Dreiringe hat daher erhebliches Material zu diesem Reaktionstyp geliefert, der als nucleophile Substitution am Kohlenstoff sehr eingehend untersucht worden ist, am Stickstoff bis vor wenigen Jahren sehr vernachlässigt war. Präparatives Ergebnis dieser Untersuchungen ist eine Reihe von sehr glatten Synthesen der verschiedensten Hydrazin- und Hydroxylamin-Derivate.

Ein Prozeß zur Herstellung von Hydrazin über Diaziridine wird bereits in die Technik eingeführt[10]. Entsprechende Synthesen stehen für Mono- und Dialkylhydrazine zur Verfügung. Auch für Arylhydrazine, Säure-

[9] SCHMITZ, E.: Angew. Chem. **76**, 197 (1964); Angew. Chem. intern. ed. **3**, 333 (1964).
[10] Chem. & Eng. News **27**, 38—40 (1965).

1*

hydrazide und Semicarbazide haben sich aus der Bearbeitung der Dreiringe brauchbare Synthesen ergeben. Die oft mühselige gezielte Alkylierung des Hydrazins wird bei diesen Synthesen umgangen, da die N—N-Bindung erst während der Synthese geknüpft wird.

Die Tendenz einiger kürzlich hergestellter Oxaziridine, ihre Stickstoff-Funktion auf andere Moleküle zu übertragen, hat zu einer neuen Bildungsweise des Diimins[11] und zur Synthese von Triazanen[12] geführt, den Homologen des Hydrazins, über die vorher fast nichts bekannt war.

Bildung und Spaltung von 2-Alkyl-oxaziridinen erlauben heute im Prinzip die Gewinnung von Alkyl-hydroxylaminen aus Amin und Persäure, im Falle der N-Methyl-Verbindung sogar aus Methylamin, Chlor und Natronlauge (Gl. 5).

$$R\text{—}NH_2 \xrightarrow{\;>C=O,\; R\text{-}CO\text{-}OOH\;} \underset{O}{\overset{N\text{—}R}{>C<}} \xleftarrow{\;>C=O,\; NaOCl\;} CH_3\text{—}NH_2$$

$$R\text{—}NHOH + >C=O$$

Gl. 5

Eine Einschränkung der Reaktionsfähigkeit der Diaziridine und 2-Alkyl-oxaziridine ergibt sich aus stereoelektronischen Gesetzmäßigkeiten, die bei der starren Anordnung des Dreiringes besonders klar hervortreten. Dreiringe, die gerade wegen ihrer Starrheit bisher für die Stereochemie uninteressant waren, sind damit ein interessantes Objekt zur Untersuchung der Stereoelektronik synchroner Reaktionen geworden.

Während bei den Diaziridinen und Oxaziridinen die Reaktionsfähigkeit hervorsticht, ist es bei den Diazirinen gerade die Reaktionsträgheit. Von den extrem reaktionsfähigen Diazoaliphaten unterscheiden sich die Diazirine so drastisch, daß ihre Anerkennung als besondere Verbindungsklasse von Anfang an kein Problem war. Beispielsweise widerstehen einfache Diazirine 70-prozentiger Schwefelsäure. Mit den linearen Diazoverbindungen haben sie nur den Zerfall in Stickstoff und Carben gemeinsam. Die Photolyse der Diazirine ist bereits gut untersucht[13]. Ihre Verwendung als präparative Carben-Quelle dürfte lohnend sein, da die Diazirine im Gegensatz zu anderen Carben-Bildnern chemisch inert sind.

Erst eine sehr intensive Bearbeitung der Diazirine hat Verbindungen zutage gefördert, die nicht mehr die Reaktionsträgkeit der einfachen Vertreter zeigen. Durch Einführung von Sauerstoff in Nachbarschaft zum Dreiring nimmt die Säureempfindlichkeit erheblich zu und ist bei Diazocarbonyl-Verbindungen der cyclischen Reihe der Säureempfindlichkeit der

[11] SCHMITZ, E., R. OHME u. S. SCHRAMM: Angew. Chem. 75, 208 (1963); Angew. Chem. intern. ed. 2, 157 (1963).

[12] SCHMITZ, E., S. SCHRAMM u. H. SIMON: Angew. Chem., 78, 587 (1966).

[13] FREY, H. M.: Pure and Appl. Chem. 9, 527 (1964).

linearen Isomeren vergleichbar[14]. 2-Keto-pentamethylendiazirin (*8*) zersetzt sich thermisch etwa sieben Zehnerpotenzen schneller als sauerstoff-freie Diazirine. Das ungesättigte Diazirin *9* lagert sich schon bei Raumtemperatur in ein Pyrazol um.

8   9

Schließlich ist mit den Diazirinen, die am Ringkohlenstoff durch Fluor[15] oder Chlor[16] substituiert sind, ein ganz neues Arbeitsgebiet entstanden.

Die Einteilung der folgenden Kapitel deckt sich mit der Reihenfolge der Entdeckung der Ringsysteme. Den Oxaziridinen folgen die Diaziridine und die Diazirine. Alle drei Gebiete sind noch völlig in Fluß. Gegenüber einer 1962 abgefaßten Übersicht[17] haben sich das Gebiet der Oxaziridine und das der Diaziridine etwa verdoppelt. Die Zahl der bekannten Diazirine ist dagegen von 1962 bis 1966 von zehn auf neunundsechzig gestiegen.

[14] Schmitz, E., A. Stark u. Ch. Hörig: Chem. Ber. **98**, 2509 (1965).
[15] Mitsch, R. A.: J. Het. Chem. **1**, 59 (1964).
[16] Graham, W. H.: J. Amer. chem. Soc. **87**, 4396 (1965).
[17] Schmitz, E., In: Advances in Heterocyclic Chemistry (Ed. by A. R. Katritzky) Vol. 2, pp. 83—130. New York: Academic Press 1963. Weitere Übersichtsartikel: Schmitz, E.: J. Allunions-Chem. Ges. D. I. Mendelejew **7**, 343 (1962); C. A. **58**, 4530e 1963; Sitzungsbericht DAW Berlin Nr. 6. Berlin: Akademieverlag 1962; Reed, R. A.: Chem. & Ind. **1966**, 529—535.

Oxaziridine

Die Oxaziridine waren die ersten authentischen Dreiringe mit zwei Heteroatomen. Da sie Isomere der Nitrone sind, wurden sie von dem Entdecker Isonitrone genannt[1]. Die Bezeichnung „Oxazirane" war längere Zeit üblich, ist aber jetzt durch die systematische Bezeichnung „Oxaziridine" ersetzt. Die Zählung der Ringpositionen der Oxaziridine (*1*) beginnt beim Sauerstoff; Stickstoff ist Position 2, Kohlenstoff 3. Der Kohlenstoff des Oxaziridin-Ringes kann fast beliebig substituiert sein; er ist jedoch in allen Oxaziridinen auf der Oxidationsstufe des Aldehyds beziehungsweise Ketons.

$$R' \diagdown \underset{R}{\overset{}{C}}{}_3\diagup \overset{N-R''}{\underset{O}{|}}$$

1

Das Gebiet der Oxaziridine hat sich in der kurzen Zeit seit dem Erscheinen zweier Zusammenfassungen[2,3] erheblich ausgeweitet. Neuere Untersuchungen haben den außerordentlich starken Einfluß der Substitution am Stickstoff erkennen lassen. Sie dient daher in diesem Kapitel als Einteilungsprinzip. Den am längsten bekannten und gut untersuchten 2-Alkyl-oxaziridinen folgen die 2-Aryl-Verbindungen, über die wegen ihrer Zersetzlichkeit wesentlich weniger bekannt ist. Die ebenfalls sehr zersetzlichen am Stickstoff unsubstituierten Oxaziridine bilden eine weitere Gruppe, da ihre Umsetzungen meistens keine Parallele bei den alkylierten Vertretern haben. Sie teilen mit der letzten Gruppe, den 2-Acyl-oxaziridinen, die Fähigkeit, ihre Stickstoff-Funktion auf andere Moleküle zu übertragen.

[1] KRIMM, H., u. K. HAMANN: Farbenfabriken Bayer AG, Dtsch. Bund. Pat. 952 895 (ab. 11. 7. 1952, C. **1957**, 5994); Deutsch. Bund. Pat. 959 094 (ab 30. 10. 1952); Brit. Pat. 743 940 (ab 9. 7. 1953, C. **1957**, 265); KRIMM, H., K. HAMANN u. K. BAUER: Farbenfabriken Bayer AG, Amer. Pat. 2 686 739 (ab 13. 7. 1953).

[2] SCHMITZ, E. In: Advances in Heterocyclic Chemistry, ed. by A. R. KATRITZKY vol. 2, p. 83, New York: Academic Press 1963.

[3] EMMONS, W. D.: Heterocyclic Compounds. Ed. by A. WEISSBERGER, vol. XIX, 1, p. 624. New York: Interscience Publishers 1964.

I. 2-Alkyl-oxaziridine

1. Synthese

a) Persäureverfahren

Die 2-Alkyl-oxaziridine wurden von drei Bearbeitern unabhängig voneinander aufgefunden. H. Krimm ließ sich 1952 und 1953 die Herstellung der ersten Vertreter in Patenten schützen[1]. Noch vor dem Bekanntwerden der Patente berichtete W. D. Emmons[4] über die neue Verbindungsklasse, die wenig später auch durch L. Horner und E. Jürgens[5] erschlossen wurde. Die Entdeckungen glückten bei dem Versuch, die von Olefinen bekannte Epoxidierungsreaktion auf Schiffsche Basen zu übertragen. Die 2-Alkyl-oxaziridine (*1*) entstehen in einer allgemein anwendbaren Reaktion bei der Einwirkung von Persäuren auf Schiffsche Basen (Gl. 1).

$$\begin{array}{ccc} \dfrac{R'}{R}\!\!>\!\!C\!\!=\!\!O & & \\ & \longrightarrow & \dfrac{R'}{R}\!\!>\!\!C\!\!=\!\!N\!\!-\!\!R'' \xrightarrow{\;R\text{-}CO\text{-}OOH\;} \underset{1}{\overset{R'}{\underset{R}{>}}\!\!C\!\!<\!\!\overset{N-R''}{\underset{O}{|}}} \\ R''\!\!-\!\!NH_2 & & \end{array} \qquad \text{Gl. 1}$$

Eine vollständige Zusammenstellung aller nach dem Persäureverfahren hergestellten 2-Alkyl-oxaziridine gibt Tabelle 1.

Der Umfang der Tabelle 1 zeigt die Anwendungsbreite des Verfahrens. Formaldehyd, aliphatische, aromatische und heteroaromatische Aldehyde, aliphatische Ketone, cyclische Ketone oder Acetophenon können als Carbonyl-Komponente, praktisch jedes aliphatische Amin als Amin-Komponente in die Reaktion eingehen. Die Ausbeuten liegen in den meisten Fällen zwischen 40 und 90 %. Auch bifunktionelle Oxaziridine sind erhältlich, indem entweder ein Dialdehyd (Beispiele 42—45) oder ein Diamin (Beispiel 41) eingesetzt wird (*2*; *3*).

$$\underset{2}{\text{N-CH}_2\text{-CH}_2\text{-N}} \qquad \underset{3}{\text{t-Bu-N}\;\;\text{CH-HC}\;\;\text{N-t-Bu}}$$

Auch komplizierte Schiffsche Basen können in Oxaziridine überführt werden, wie die Gleichungen 2 und 3 zeigen.

Die allgemeine Anwendbarkeit der Oxaziridin-Synthese wird dadurch unterstrichen, daß die meisten Verbindungen nach einer Standard-Arbeitsweise erhalten wurden. Fast immer wurde mit Peressigsäure in einem leichtflüchtigen Lösungsmittel wie Methylenchlorid oder Benzol bei Raum-

---

[4] Emmons, W. D.: J. Amer. chem. Soc. **78**, 6208 (1956).
[5] Horner, L., u. E. Jürgens: Chem. Ber. **90**, 2184 (1957).

Tabelle 1. *Herstellung von 2-Alkyl-oxaziridinen (1) nach dem Persäureverfahren entsprechend Gleichung 1*

Nr.	Carbonyl-Verbb. R—CO—R'	N-Alkyl R''	Ausb. % d. Th.	Kp./Torr	Lit.
1.	Formaldehyd	n-Butyl	74	43/20	[6]
2.	Formaldehyd	tert.-Butyl	46	52/75	[6]
3.	Formaldehyd	Cyclohexyl	66	45/5	[7]
4.	Formaldehyd	tert.-Octyl	69	70/6	[6]
5.	Acetaldehyd	Isobutyl	53	40/32	[7]
6.	n-Butyraldehyd	Methyl	35	42/32	[7]
7.	n-Butyraldehyd	Isopropyl	71	43/13	[7]
8.	n-Butyraldehyd	Cyclohexyl	65	69/0.01	[7]
9.	Isobutyraldehyd	n-Butyl	65	65/10	[6]
10.	Isobutyraldehyd	Isobutyl	50	53/12	[6]
11.	Isobutyraldehyd	tert.-Butyl	71	68/39	[6]
12.	Isobutyraldehyd	tert.-Octyl	78		[6]
13.	Isobutyraldehyd	α-Phenyl-äthyl	80		[6]
14.	2-Äthyl-n-hexanal	n-Butyl	83		[6]
15.	Aceton	Isopropyl	59	58/60	[7]
16.	Aceton	n-Hexyl	14	58/3	[6]
17.	Aceton	Cyclohexyl	83	72/8	[7]
18.	Methyl-äthyl-keton	Allyl	49	51/6	[6]
19.	Diäthylketon	Äthyl	56	62/19	[6]
20.	Diäthylketon	α-Phenyl-äthyl	91		[6]
21.	Isopropyl-methyl-keton	n-Propyl	64	60/15	[6]
22.	Isobutyl-methyl-keton	n-Propyl	73	61/8	[6]
23.	Cyclopentanon	Cyclohexyl	87	74/4	[7]
24.	Cyclohexanon	Äthyl	52	76/14	[5]
25.	Cyclohexanon	Isopropyl	85	72/8	[7]
26.	Cyclohexanon	Isobutyl	89	55/0.6	[7]
27.	Cyclohexanon	Cyclohexyl	89	95/0.3	[5]
28.	Benzaldehyd	Methyl	65	70/2.5	[7]
29.	Benzaldehyd	Isopropyl	67	64/0.9	[7]
30.	Benzaldehyd	tert.-Butyl	71	61/0.3	[6]
31.	Benzaldehyd	tert.-Octyl	67		[6]
32.	Benzaldehyd	Cyclohexyl	80	47/10	[5]
33.	p-Nitro-benzaldehyd	Äthyl	97	Schmp. 34°	[6]
34.	p-Nitro-benzaldehyd	Isopropyl	60	Schmp. 46°	[6]
35.	p-Nitro-benzaldehyd	tert.-Butyl	78	Schmp. 65°	[6]
36.	p-Nitro-benzaldehyd	tert.-Octyl	66	Schmp. 56°	[6]
37.	Acetophenon	Cyclohexyl	61	117/0.8	[7]
38.	Furfurol	Methyl	53	44/0.6	[7]
39.	Pyridin-2-aldehyd	tert.-Butyl	75	68—70/0.4	[6]
40.	Benzil	Cyclohexyl	60	Schmp. 109°	[8]
41.	Cyclohexanon	Äthylendiamin	39	Schmp. 106°	[6]
42.	Glyoxal	tert.-Butyl	51	Schmp. 53—56°	[6]
43.	Glyoxal	Cyclohexyl	80	Schmp. 123°	[5]
44.	Terephthal-dialdehyd	Äthyl	45	Schmp. 93°	[5]
45.	Terephthal-dialdehyd	Cyclohexyl	70	Schmp. 161°	[5]

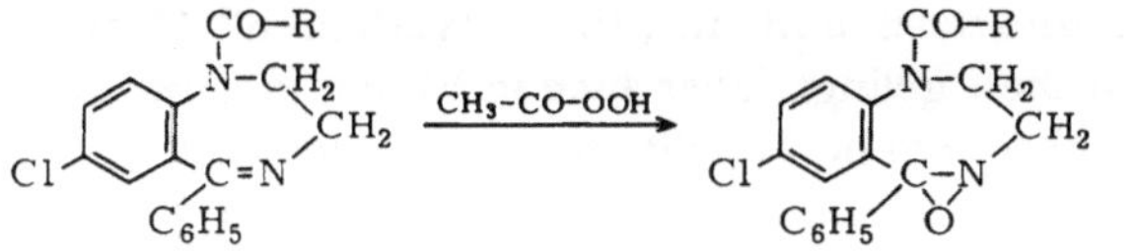

$$CH_3\text{-CO-OOH}$$

4 (R = H): 63%

5 (R = CH$_3$): 83%

Gl. 2[9]

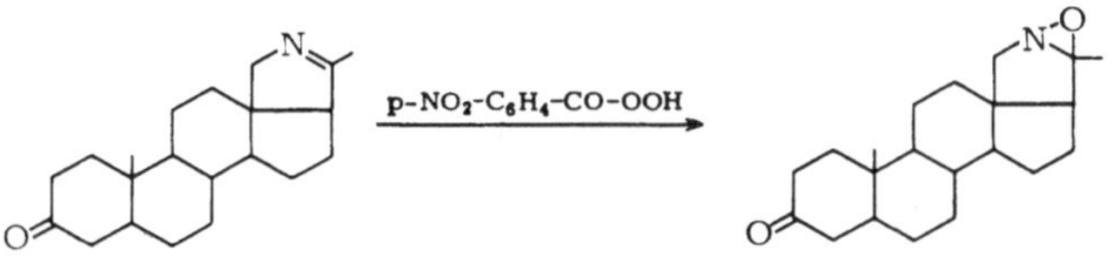

$$p\text{-NO}_2\text{-C}_6\text{H}_4\text{-CO-OOH}$$

6 : 100%

Gl. 3[10]

temperatur gearbeitet. Abweichungen von dieser Arbeitsweise dienten vornehmlich der patentrechtlichen Absicherung des Verfahrens[1] oder ergaben sich dadurch, daß m-Chlor-benzopersäure[8] und p-Nitro-benzopersäure[10] als Handelsprodukte zur Verfügung standen. Interessant ist eine Variante, nach der die Persäure im Ansatz selbst durch Luftoxidation eines Aldehyds erzeugt wird (Gl. 4)[11].

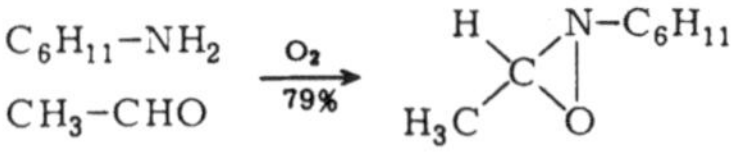

$$C_6H_{11}\text{-NH}_2$$
$$CH_3\text{-CHO} \xrightarrow[79\%]{O_2}$$

Gl. 4

Die Geschwindigkeit der Oxaziridin-Bildung ist noch nicht gemessen worden. Sie muß aber recht groß sein, denn sie konkurriert erfolgreich mit anderen Reaktionen der Persäuren. Man sieht aus Tabelle 1, daß verschiedene funktionelle Gruppen anwesend sein dürfen, die mit der Persäure reagieren könnten. In Beispiel 18 ist eine C—C-Doppelbindung, in Beispiel 40 eine weitere Ketogruppe, in Beispiel 39 Pyridin-stickstoff anwesend, ohne daß die bekannten Reaktionen dieser Gruppen mit Persäure zum Zuge kommen. Bei der Umsetzung der Gleichung 3 wurde beobachtet, daß die Ketogruppe in untergeordnetem Maße eine Baeyer-Villiger-Reaktion einging[10].

Geringe Wassermengen stören die Oxaziridin-Bildung nicht. Man kann daher oft anstelle der SCHIFFschen Base Carbonyl-Verbindung und Amin

[6] EMMONS, W. D.: J. Amer. chem. Soc. **79**, 5739 (1957).

[7] KRIMM, H.: Chem. Ber. **91**, 1057 (1958).

[8] PADWA, A.: Tetr. Letters **30**, 2001 (1964).

[9] METLESICS, W., G. SILVERMAN and L. H. STERNBACH: J. Org. Chem. **28**, 2459 (1963).

[10] JANOT, M.-M., X. LUSINCHI et R. GOUTAREL: Bull. Soc. chim. (France) **1964**, 1566.

[11] KRIMM, H., u. H. SCHNELL, Farbenfabriken Bayer AG, Dtsch. Bundes Pat. 1 061 784 (2. 12. 1957); Brit. Pat. 847 338 (7. 9. 1960), C. A. **55**, 24566 d (1961).

mit der Persäure umsetzen und im „Eintopfverfahren" Oxaziridine gewinnen[5,7]. Die Synthese gelingt daher auch in Fällen, in denen die SCHIFF-
schen Basen nur unbequem hergestellt werden können, wie bei vielen Ketonen, oder überhaupt nicht darstellbar sind. So bildet Formaldehyd nur
mit tert.-Alkylaminen SCHIFFsche Basen; die mit anderen Aminen gebildeten Trimeren der SCHIFFschen Basen (7) sind aber ebenso gute Vorstufen
der Oxaziridin-Synthese wie die SCHIFFschen Basen selbst, wie ein Vergleich der Ausbeuten der Beispiele 1, 2 und 3 der Tabelle 1 zeigt.

$$\text{7} \quad \xrightarrow{\text{CH}_3\text{-CO-OOH}} \quad$$

Es ist übrigens nicht einmal sicher, ob die SCHIFFschen Basen eine notwendige Zwischenstufe der Oxaziridin-Synthese sind. Die Analogie mit der
Epoxidierung von Olefinen führte zwar zur Auffindung der Oxaziridine;
die Formulierung der Oxaziridin-Bildung als Epoxidierung der C—N-
Doppelbindung ist aber nur eine Arbeitshypothese. Sie wird von EMMONS
bevorzugt[3], der jedoch auch einen zweistufigen Mechanismus über den
α-Aminoalkylester einer Persäure (8) diskutiert (Gl. 5).

$$\text{Gl. 5}$$

Die Zwischenstufe 8 könnte sich entweder durch Anlagerung der Persäure an die C—N-Doppelbindung oder direkt aus den Komponenten
durch Aminoalkylierung der Persäure bilden. Aminoalkylierungen von
Hydroperoxiden sind bekannt und verlaufen unter den milden Bedingungen
der Oxaziridin-Synthese[12]. Auch ein nucleophiler Angriff eines Amins auf
ein Peroxid hat Analogien[13]. Der in Gleichung 5 formulierte Ringschluß
durch intramolekulare nucleophile Substitution hat viele Analogien bei
Bildungsreaktionen dreigliedriger Ringe[14].

Der zweistufige Mechanismus wird durch eine kürzlich mitgeteilte
Beobachtung[15] plausibel: Aus dem kristallinen Amin-hydroperoxid 9, das
durch Addition von Wasserstoffperoxid an eine SCHIFFsche Base gewonnen

[12] RIECHE, A., E. SCHMITZ u. E. BEYER: Chem. Ber. 92, 1206 (1959).
[13] HUISGEN, R., W. HEYDKAMP u. F. BAYERLEIN: Chem. Ber. 93, 363 (1960).
[14] SCHMITZ, E.: Angew. Chem. 76, 197 (1964); Angew. Chem. intern. ed. 3, 333 (1964).
[15] HÖFT, E. u. A. RIECHE: Angew. Chem. 77, 548 (1965).

werden kann, entsteht beim Erwärmen in Benzol in 50-prozentiger Ausbeute ein Oxaziridin (Gl. 6).

$$+ \; H_2O_2 \qquad\qquad\qquad\qquad 9 \qquad\qquad\qquad\qquad\qquad\qquad \text{Gl. 6}$$

Die auch schon früher beobachtete[7] Oxaziridin-Bildung aus SCHIFFschen Basen und Wasserstoffperoxid verläuft also mit großer Wahrscheinlichkeit über das Amin-hydroperoxid 9. Streng bewiesen ist es als Zwischenstufe jedoch nicht, da es in Lösung im Gleichgewicht mit den Komponenten steht.

Auch die kürzlich bei einer kinetischen Untersuchung gefundene Säurekatalyse deutet auf einen zweistufigen Reaktionsmechanismus entsprechend Gleichung 5[16].

Eine originelle Oxaziridin-Synthese bedient sich der Ozonisierung von Olefinen in Gegenwart von primären Aminen[17]. Das als Zwischenstufe der Ozonisierung auftretende Zwitterion 10 addiert das Amin zum Aminhydroperoxid 11, das sich, wie bereits in Gl. 6 formuliert, in ein Oxaziridin umwandeln kann (Gl. 7). Das Auftreten des Aminhydroperoxids 11 ist auch hier durch Isolierung in kristalliner Form sichergestellt.

$$\text{n-Bu-CH=CH}_2 \xrightarrow{\;O_3\;} \text{n-Bu-}\overset{\oplus}{\text{C}}\text{H-OO}^{\ominus} \xrightarrow{\;\text{R-NH}_2\;} \qquad\qquad\qquad\qquad \text{Gl. 7}$$
$$\qquad\qquad\qquad\qquad 10 \qquad\qquad\qquad\qquad\qquad 11$$

Aus Hexen-(1), (das dabei ausschließlich vom n-Valeraldehyd abgeleitete Oxaziridine ergibt), Tetramethyläthylen und Bis-cyclohexyliden wurden durch Ozonisierung in Gegenwart von Isopropylamin, n-Butylamin beziehungsweise Cyclohexylamin die neun möglichen Oxaziridine in 20- bis 35-prozentiger Ausbeute erhalten.

Auch bei der Einwirkung von Ozon auf SCHIFFsche Basen ist das Auftreten von Oxaziridinen nachgewiesen worden (Gl. 9)[18,19]. Aus Isobutyliden-tert.-butylamin und aus Benzyliden-tert.-butylamin wurden mit Ozon die bereits bekannten Oxaziridine 12 und 13 gewonnen, letzteres in 9-prozentiger Ausbeute.

Wenig plausibel ist dagegen der Befund, daß aus perhydrierten mehrkernigen Stickstoff-Heterocyclen mit Silberoxid Oxaziridine entstehen

[16] SPANGENBERG, R. Dissertation. München, in Vorbereitung (R. HUISGEN, Privatmitteilung).

[17] SCHULZ, M., D. BECKER u. A. RIECHE: Angew. Chem. 77, 548 (1965).

[18] BELEW, J. S., and J. T. PERSON: Chem. & Ind. (London) 1959, 1246.

[19] RIEBEL, A. H., R. E. ERICKSON, C. J. ABSHIRE u. P. S. BAILEY: J. Amer. chem. Soc. 82, 1801 (1960).

$$R-CH=N-t-Bu \xrightarrow{O_3} \begin{array}{c} H \quad N-t-Bu \\ \diagdown C \diagup \\ R \quad O \end{array} \qquad \begin{array}{l} 12: R = i\text{-}Pr \; [18] \\ 13: R = C_6H_5 \; [19] \end{array} \qquad Gl.\,8$$

(Gl. 9)[20]. Die hohen Schmelzpunkte von *14* (280—282°) und einigen analogen Verbindungen, die gute Löslichkeit in polaren und die Unlöslichkeit in unpolaren Lösungsmitteln stehen in krassem Gegensatz zu den Eigenschaften aller bekannten Oxaziridine. Auch die Rückverwandlung in das perhydrierte Amin mit Jodid ist im Widerspruch mit dem Verhalten bekannter Oxaziridine, die unter diesen Bedingungen nur bis zur SCHIFF-schen Base reduziert werden.

$$\underset{14}{\xrightleftharpoons[\text{KJ, Säure}]{Ag_2O}} \qquad Gl.\,9$$

b) 2-Alkyl-oxaziridine durch Aminierung von Carbonyl-Verbindungen

Ein Gegenstück zu den bisher behandelten Oxaziridin-Synthesen wurde in der Aminierung von Carbonyl-Verbindungen gefunden[21]. Hierbei wird nicht Sauerstoff an eine C—N-Gruppierung, sondern Stickstoff an eine C—O-Gruppierung angefügt. Auch mechanistisch erscheint die Synthese (Gl. 10) als Gegenstück des Persäureverfahrens: In einer geminalen Zwischenstufe (*15*) wird beim Persäureverfahren der Sauerstoff durch den Stickstoff nucleophil angegriffen, beim Aminierungsverfahren der Stickstoff durch den Sauerstoff (*16*).

$$\underset{15}{} \rightarrow \underset{16}{} \leftarrow \qquad Gl.\,10$$

Die neue Oxaziridin-Synthese wurde aus der Diaziridin-Synthese entwickelt und in einigen Fällen in brauchbarer Ausbeute verwirklicht. Als Aminierungsmittel können Alkyl-Derivate des Chloramins (X = Cl) oder der Hydroxylamin-O-sulfonsäure (X = O—SO₃H) dienen, wobei mit den N-Methyl-Verbindungen relativ gute Ausbeuten erzielt werden.

[20] KATSUI, N., and Y. ICHINOE: Bull. chem. Soc. Japan **32**, 787 (1959).
[21] SCHMITZ, E., R. OHME u. D. MURAWSKI: Angew. Chem. **73**, 708 (1961).

Im einfachsten Falle bringt man Cyclohexanon oder Benzaldehyd in alkalischer Lösung mit Methylhydroxylamin-O-sulfonsäure zusammen. In 45- bzw. 35-prozentiger Ausbeute erhält man die entsprechenden N-Methyl-oxaziridine (Gl. 11)[22].

$$C_6H_5-CHO \qquad CH_3-NH-OSO_3H \xrightarrow{\ominus OH} \quad \rightarrow \qquad \text{Gl. 11}$$

Die Reaktion verläuft so schnell, daß sie mit der alkalischen Zersetzung der Oxaziridine konkurrieren kann. Mit größeren Alkyl-Resten am Stickstoff wird die Reaktion jedoch so verlangsamt — sowohl die Carbonyl-Addition als auch die intramolekulare nucleophile Substitution lassen sterische Hinderung voraussehen —, daß sie mit der Alkalizersetzung nicht mehr konkurrieren kann. Cyclohexanon gibt nur noch 10 % N-Äthyl-oxaziridin und nur noch 5 % N-n-Propyl-oxaziridin.

Den gleichen Beschränkungen unterliegt die Oxaziridin-Synthese aus Ketonen, N-Chlor-aminen und Alkali. Sie gibt mit aliphatischen Ketonen, die besonders zur Carbonyl-Addition neigen, beispielsweise Sechsring-ketonen, in guten Ausbeuten Oxaziridine, mit Aceton oder Butanon Ausbeuten um 30 %. Bei größeren Alkyl-Resten versagt auch diese Variante.

Die Ausbeuten an isolierten 2-Methyl-oxaziridinen gibt Tabelle 2.

$$\text{Gl. 12}$$

$$CH_3-NH-Cl$$

Tabelle 2. *Oxaziridine aus Carbonyl-Verbindungen und N-Chlor-methylamin*
(entsprechend Gleichung 12)

Carbonyl-Verbindung	Ausb. in %	Kp./Torr
Aceton	31	21—22/30
Butanon	27	nicht isoliert
Cyclopentanon	24	62/17
Cyclohexanon	81	63—64/12
4-Methyl-cyclohexanon	68	69—70/10
Cyclohexanon + N-Chlor-äthylamin	27	48—50/1
Benzaldehyd	15	55—57/0.1
o-Chlor-benzaldehyd	48	69—71/1.5
o-Nitro-benzaldehyd	49	Schmp. 52—54°
p-Nitro-benzaldehyd	8	Schmp. 64—66°
α-Naphthaldehyd	29	nicht isoliert

[22] SCHMITZ, E., R. OHME u. D. MURAWSKI: Chem. Ber. **98**, 2516 (1965).

Die in Tabelle 2 aufgeführten Oxaziridine waren mit zwei Ausnahmen nach dem Persäureverfahren nicht hergestellt worden. Beide Verfahren ergänzen sich. Das Aminierungsverfahren gestattet gerade die Darstellung der 2-Methyl-oxaziridine, die wegen der schlechten Zugänglichkeit der entsprechenden SCHIFFschen Basen nach dem Persäureverfahren unbequem zu erhalten sind.

Die Oxaziridin-Synthese mit N-Chlor-methylamin ist auch bei Aldehyden grundsätzlich möglich. Als Nebenreaktion tritt hierbei aber eine 1.2-Eliminierung zu Säureamiden auf (Gl. 13). Die Säureamid-Bildung wird

$$R-CHO + CH_3-NH-Cl \rightarrow \underset{R}{\overset{H}{\underset{\quad}{}}}\!\!\!\!C\!\!\!\underset{OH}{\overset{N-CH_3}{\overset{|}{\overset{Cl}{}}}} \rightarrow R-CO-NH-CH_3 \qquad \text{Gl. 13}$$

bei aliphatischen Aldehyden als alleinige Reaktion beobachtet, bei aromatischen Aldehyden ist sie in der Regel ebenfalls Hauptreaktion. Bei ortho-substituierten aromatischen Aldehyden scheint die Säureamid-Bildung sterisch gehindert zu sein, was durch die großen Ausbeuteunterschiede zwischen o-Nitro- und p-Nitro-Verbindung (Tabelle 2) plausibel ist und die guten Oxaziridin-Ausbeuten aus o-Chlor-benzaldehyd und o-Nitro-benzaldehyd erklärt.

c) 2-Alkyl-oxaziridine durch Photoisomerisierung von Nitronen

Nitrone (*17*) sind außerordentlich lichtempfindlich und gehen, unter Umständen schon im Tageslicht, in die isomeren Oxaziridine über (Gl. 14)[23].

$$\underset{R}{\overset{H}{\underset{\quad}{}}}\!\!\!\!C\!\!=\!\!\overset{\oplus}{N}\!\!\underset{R'}{\overset{O^{\ominus}}{}} \xrightarrow{h\cdot\nu} \underset{R}{\overset{H}{\underset{\quad}{}}}\!\!\!\!C\!\!\!\underset{O}{\overset{N-R'}{}} \qquad \text{Gl. 14}$$

17

Die Isomerisierung der Nitrone ist für die Herstellung der sehr zersetzlichen 2-Aryl-oxaziridine das Verfahren der Wahl. In der aliphatischen Reihe wurde es hauptsächlich angewendet, um die Identität der durch Nitron-Isomerisierung und nach dem Persäureverfahren erhaltenen Oxaziridine sicherzustellen (Tabelle 3).

Das durch Belichtung von 5.5-Dimethyl-Δ^1-pyrrolin-N-oxid (*18*) in 11-proz. Ausbeute gebildete Produkt *19* erwies sich als identisch mit einem aus der cyclischen SCHIFFschen Base mit Wasserstoffperoxid erhaltenen Oxaziridin (Gl. 15)[26].

---

[23] SPLITTER, J. S., and M. CALVIN: J. Org. Chem. **23**, 651 (1958).

Tabelle 3. *2-Alkyl-oxaziridine durch Photoisomerisierung von Nitronen (Gleichung 14)*

Carbonyl-Verbindung R—CHO	N-Alkyl R'	Ausb. in % d. Th. jodometr.	isoliert	Lit.
Benzaldehyd	tert.-Butyl	90	—	[23]
p-Nitro-benzaldehyd	Äthyl	63	35	[23]
p-Nitro-benzaldehyd	tert.-Butyl	91	40	[23]
Anisaldehyd	Äthyl	durch UV-Spektrum nachgewiesen		[24]
Benzaldehyd	Methyl	durch IR-Spektrum nachgewiesen		[25]

Gl. 15

Das Oxaziridin *20* bildete sich aus dem isomeren Nitron bei zwölf-tägigem Stehen im diffusen Tageslicht in 65-proz. Ausbeute[27]. Auch die Nitrone *21* und *22* wurden bereits durch Tageslicht in die isomeren Ox-aziridine verwandelt[9].

2. Eigenschaften der 2-Alkyl-oxaziridine

Die 2-Alkyl-oxaziridine sind meistens destillierbare Flüssigkeiten. Kri-stallin sind nur wenige Vertreter, die Nitrophenyl-Gruppen oder andere große Reste tragen. Die flüchtigen Oxaziridine haben einen charakteristi-schen unangenehmen Geruch, der an N-chlorierte Amine erinnert. Sie sind mit allen organischen Lösungsmitteln mischbar und zum Unterschied zu den isomeren Nitronen nicht wasserlöslich.

Bei der Destillation sind Temperaturen über 100 °C zu vermeiden, da sonst die sogenannte Flüssigphase-Zersetzung beginnt. Im Verlauf von Wochen wird diese Zersetzung auch bei Raumtemperatur merkbar.

Es wird empfohlen[6], Oxaziridine mit der gleichen Vorsicht zu behandeln wie Peroxide. Über eine Explosion von Bis-2-tert.-butyl-oxaziridin (*3*)

[24] SPLITTER, J. S., and M. CALVIN: J. Org. Chem. **30**, 3427 (1965).
[25] SHINDO, H., and B. UMEZAWA: Chem. Pharmaz. Bull. (Tokio) **10**, 492 (1962).
[26] BONNET, R., V. M. CLARK and A. TODD: J. chem. Soc. (London) **1959**, 2102.
[27] STERNBACH, L. H., B. A. KOECHLIN and E. REEDER: J. Org. Chem. **27**, 4671 (1962).

wurde berichtet[28]. Sie trat ein, als ein im Kühlschrank aufbewahrtes Rohprodukt mit einem Metallspatel berührt wurde.

Da mit den Oxaziridinen säurekatalysierte Reaktionen ablaufen können, muß ihnen eine gewisse Basizität zukommen. Es ist aber nicht bekannt, ob Protonierung am Stickstoff oder am Sauerstoff bevorzugt ist. Säurekatalysierte O—N-Spaltungen werden am besten über eine Protonierung am Sauerstoff formuliert, reduktive Spaltungen mit Jodid besser über eine N-Protonierung, da sperrige Substituenten am Stickstoff die Reaktion kaum beeinflussen, was auf einen Angriff des Jodids auf den unprotonierten Sauerstoff deutet. Die Basizität der Oxaziridine ist sicher gering und dürfte in der Größenordnung der Basizität einfacher Säureamide liegen. Hydrolysereaktionen werden präparativ in bis zu 30-prozentiger Schwefelsäure vorgenommen, die anscheinend für eine Protonierung erforderlich ist.

Der Versuch, aus dem 2-tert.-Butyl-3-phenyl-oxaziridin (*13*) mit Borfluorid ein Addukt herzustellen, führte zur Ringöffnung[6]. Mit einem Mol Brom wurden aus Oxaziridinen gelbe, häufig gut kristallisierte, aber unbeständige Additionsverbindungen erhalten[7].

Die physikalischen Eigenschaften der Oxaziridine interessieren besonders im Zusammenhang mit einem *Strukturbeweis*. Der Sicherung der Dreiring-Struktur kam große Bedeutung zu, als nach vielen Fehlinterpretationen vergangener Jahrzehnte in den Oxaziridinen erstmalig eine Verbindungsklasse aufgefunden worden war, die einen Dreiring mit zwei Heteroatomen enthielt.

Oxaziridine, die am Stickstoff und am Kohlenstoff aliphatisch substituiert sind, absorbieren nicht im UV, was sie sehr deutlich von den Nitronen unterscheidet, die Absorptionsmaxima mit Extinktionswerten in der Größenordnung von 10 000 haben[3,24].

Die UV-Spektren der 3-Aryl-oxaziridine sind in bemerkenswerter Übereinstimmung mit denen der vergleichbar substituierten Epoxide, wie ein Vergleich der Verbindungen *23* und *24* zeigt[24].

233 mµ (14 000); 275 mµ (2 000); 282 mµ (1700)

23

230 mµ (12 400); 275 mµ (1700); 285 mµ (1500)

24

[28] PUTNAM, S. T., and R. H. EARLE JR.: Chem. Eng. News, 9. 6. 1958, p. 46.

Für den Dreiring charakteristische IR-Banden sind nicht bekannt. Es gelang jedoch mit Hilfe der IR-Spektroskopie, Alternativstrukturen auszuschließen, da jegliche Absorption im Doppelbindungsbereich fehlt. Bei vielen Oxaziridinen ist eine Bande bei 1430—1470 cm^{-1} gefunden worden[7]. Nach EMMONS[3] dürfte es sich dabei kaum um eine charakteristische Schwingung des Dreiringes handeln, da auch C—H-bending-Schwingungen in diesem Bereich zu erwarten sind. H. SHINDO und B. UMEZAWA[25] fanden, daß beim Einstrahlen von UV-Licht in eine methanolische Lösung von Benzaldehyd-methylnitron auf Kosten der C=N-Streckschwingung eine Bande bei 1265 cm^{-1} ausgebildet wird, die dem Oxaziridin zugeschrieben wurde.

Von EMMONS wurden NMR-Spektren der Oxaziridine *13* und *25* mitgeteilt[6]. *25* zeigt Aufspaltung des Signals der Methylengruppe. Offensichtlich findet also kein schnelles Durchschwingen der tert.-Butylgruppe

τ = 7,02

τ = 8,88

25   6

durch die Ringebene statt. Auch bei einer Meßtemperatur von 60 °C trat noch kein Durchschwingen[29] ein. Das entsprechende Äthylenimin-Derivat, 1-tert.-Butyl-aziridin, erleidet dagegen schon bei —77 °C so schnelle Inversion, daß die Ringebene als Symmetrieebene erscheint[29]. Das langsamere Durchschwingen des Substituenten im Oxaziridin *25* wurde auf die geringere Abstoßung zwischen den H-Atomen des Dreirings und der Alkylgruppe zurückgeführt.

Für die C-ständige Methylgruppe des Oxaziridins *6* wurde im NMR-Spektrum ein Singulett (τ = 8.88), für die N-ständige Methylengruppe ein AB-Quartett (τ = 7.02; J = 15 Hertz) gefunden[10].

Die Molrefraktionen der Oxaziridine liegen bei den additiv berechneten Werten[7], während bei den Nitronen Exaltationen auftreten.

Die Strukturmöglichkeiten der Oxaziridine sind sehr eingeschränkt, da der Kohlenstoff noch auf der Oxidationsstufe des Aldehyds beziehungsweise Ketons ist. Saure Hydrolyse führt in vielen Fällen zu Carbonyl-Verbindung und Alkylhydroxylamin. Damit ist zugleich das Vorliegen der O—N-Bindung gesichert.

Die Oxaziridine sind sehr starke *Oxidationsmittel*, die sogar Salzsäure zu Chlor oxidieren[5,7]. Der Oxidationsvorgang ist mit einer Öffnung der O—N-Bindung verknüpft. Die O—N-Bindung muß also sehr energiereich

---

[29] BOTTINI, A. T., and J. D. ROBERTS: J. Amer. chem. Soc. **80**, 5203 (1958).

sein, was durch die Spannungsenergie eines dreigliedrigen Ringes eine zwanglose Deutung findet. Die O—N-Bindung der Oxaziridine ist im chemischen Verhalten der O—O-Bindung der Peroxide angenähert. Beispiele dafür findet man nicht nur bei den Oxidationsreaktionen, sondern auch bei der sauren O—N-Spaltung, der Alkalispaltung und der Zersetzung durch Eisen(II)-salze. Auch die Hochdruck-Polymerisation des Äthylens kann durch Oxaziridine ausgelöst werden[30].

Das Massenspektrum des Oxaziridins *6* zeigte neben dem Molekülpeak einen um 16 Masseneinheiten niedrigeren Peak[10]. Der bei der Oxaziridin-Bildung in die Schiffsche Base eingeführte Sauerstoff wird also leicht eliminiert, was darauf hindeutet, daß bei der Oxaziridin-Bildung keine tiefergreifenden strukturellen Veränderungen eintreten.

Da außerdem durch UV- und IR-Spektroskopie alle Alternativstrukturen mit Mehrfachbindungen ausgeschlossen sind, deuten alle Befunde auf die Dreiringformel der Oxaziridine. Sie wurde durch zwei Versuche von Emmons bestätigt. Er konnte durch optische Aktivierung die Tetraedernatur des Ringkohlenstoffs nachweisen[6]. 3-Isobutyl-3-methyl-2-n-propyloxaziridin (*26*) oxydierte Brucin zum N-Oxid. Der mit einem Unterschuß an Brucin durchgeführte Versuch hinterließ ein optisch aktives Oxaziridin.

$$\begin{array}{cc}
\text{H}_3\text{C} \diagdown \quad \diagup \text{N—n-Pr} & \text{t-Bu—N} \diagdown \quad \diagup \text{N—t-Bu} \\
\text{C} & \text{CH—HC} \\
\text{i-Bu} \diagup \quad \diagdown \text{O} & \text{O} \qquad\qquad \text{O}
\end{array}$$

$$\qquad 26 \qquad\qquad\qquad 3$$

Die Asymmetrie des Ringkohlenstoffs bedingt das Auftreten von Diastereomeren bei den bifunktionellen Oxaziridinen. Durch Chromatographie ließ sich Bis-2-tert.-butyl-oxaziridin (*3*) in zwei Isomere, eine meso- und eine d.l-Form auftrennen, die die Schmelzpunkte 82—84 °C und 42—43 °C zeigten[6].

Die chemischen Umwandlungen der Oxaziridine haben in keinem Fall zu Widersprüchen mit der Dreiringstruktur geführt.

3. Umsetzungen der 2-Alkyl-oxaziridine

Der energiereiche Dreiring der 2-Alkyl-oxaziridine geht verschiedene Reaktionen ein, die immer zur Zerstörung des Ringes führen *. Je nach den Reaktionsbedingungen und beeinflußt von den Substituenten laufen Reaktionen ab, die im Mechanismus oft sehr verschieden sind, aber eine begrenzte Zahl relativ einfacher Produkte ergeben, meistens Carbonyl-Ver-

---

[30] Towne, E. B., and J. E. Guillet: Amer. Pat. 2 983 721 (9. 5. 1961); C. A. **55**, 20511 (1961).

* Die einzige bisher bekannte Ausnahme ist die Überführung der Ketogruppe des Steroid-oxaziridins *6* in die Dimethylacetal-Gruppierung. Das Dimethylacetal (Schmp. 209—210 °C) enthielt noch den intakten Oxaziridin-Ring.

bindungen, Amine oder Säureamide. Der Verlauf ist manchmal durch Sekundärreaktionen verdeckt. An die Ringöffnung schließen sich Kondensationsreaktionen der Bruchstücke oder Redoxreaktionen an.

Es ist hauptsächlich das Verdienst von EMMONS, Reaktionstypen herausgearbeitet zu haben und für die einzelnen Typen Bereiche zu finden, in denen sie definiert ablaufen[6]. EMMONS schlug Reaktionsmechanismen vor, gegen die sich noch keine Einwände erhoben haben. Genauere Untersuchungen unter mechanistischen Gesichtspunkten stehen jedoch noch aus; sie wurden kürzlich angekündigt[24].

Die von EMMONS vorgeschlagenen Reaktionsmechanismen dienen bei der nachfolgenden Besprechung der Umsetzungen der 2-Alkyl-oxaziridine als Einteilungsprinzip. Es wird zwischen Reaktionen, die unter Erhaltung der O—N-Bindung verlaufen, polaren O—N-Spaltungen und einelektronischen O—N-Spaltungen unterschieden.

a) Spaltung der 2-Alkyl-oxaziridine unter Erhaltung der O—N-Bindung

Isomerisierung zu Nitronen

EMMONS wies schon 1956 darauf hin, daß Oxaziridine in Nitrone umgelagert werden können[4]. Beim 2-tert.-Butyl-3-phenyl-oxaziridin (*13*) war die Reaktion nach dreitägigem Erhitzen in Acetonitril quantitativ (Gl. 16).

$$\underset{13}{\underset{H}{\overset{C_6H_5}{}}\!\!\diagdown\!\!\underset{O}{\overset{N-t\text{-}Bu}{}}\!\!\diagup C} \quad \longrightarrow \quad \underset{H}{\overset{C_6H_5}{}}\!\!\diagdown\!\!C=\overset{\oplus}{N}\diagup\!\!\underset{O^{\ominus}}{\overset{t\text{-}Bu}{}} \qquad \text{Gl. 16}$$

Für die Reaktion liegen bereits kinetische Daten vor. Sie verläuft in Diäthylcarbitol nach 1. Ordnung und hat die für monomolekulare Prozesse typische nahe bei 0 liegende Aktivierungsentropie von —3 cal/Grad. Die Aktivierungsenthalpie beträgt 28 kcal, die Halbwertszeit bei 100° 212 Minuten[31].

Die Umlagerungsreaktion zeigt, daß die Oxaziridine nicht nur in der Summenformel Isomere der Nitrone sind und hat eine Rolle bei der Strukturermittlung der Oxaziridine gespielt. Die von SPLITTER und CALVIN aufgefundene Oxaziridin-Synthese[23] durch Belichtung von Nitronen stellt die Umkehrung dieser Reaktion dar. Sie verläuft im Falle der Umkehrung von Gl. 16 quantitativ und ist damit eine besonders übersichtliche Speicherung von Lichtenergie in Form von chemischer Energie.

Einige weitere Beispiele zeigen, daß die Umlagerung auf eine relativ kleine Gruppe von Verbindungen beschränkt ist. Umgelagert wurden einige

---

[31] HAWTHORNE, M. F., and R. D. STRAHM: J. Org. Chem. **22**, 1263 (1957).

weitere vom Benzaldehyd abgeleitete Oxaziridine[6]. Die Fähigkeit der Phenylgruppe, eine sich ausbildende positive Ladung in Benzyl-Stellung zu stabilisieren, wird für die Umlagerungstendenz verantwortlich gemacht. Es ist daher einleuchtend, daß Oxaziridine, deren Ringkohlenstoff durch zwei Arylreste substituiert ist, besonders leicht in Nitrone übergehen. Das von STERNBACH untersuchte Oxaziridin *20* lagerte sich bereits bei einstündigem Erwärmen in Isopropanol um[27], zwei ähnlich gebaute Verbindungen lagerten sich bei der Schmelzpunktbestimmung bei etwa 165 °C augenblicklich in die höherschmelzenden Nitrone um[9] (*4* und *5*).

$$
\begin{array}{cc}
\text{20} & \text{27}
\end{array}
$$

Die p-Nitrophenyl-Verbindung *27* ergab bei 14stündigem Erhitzen in Toluol 54 % des isomeren Nitrons[6]. Hier ist eine Destabilisierung des Grundzustandes durch den p-Nitrophenyl-Rest eher verständlich als eine Stabilisierung einer positiven Ladung im Übergangszustand.

Hydrolyse zu N-Alkyl-hydroxylaminen

Im Mechanismus wahrscheinlich mit der Nitronisomerisierung verwandt und auf die gleiche Gruppe von Oxaziridinen beschränkt ist die Hydrolyse zu Alkyl-hydroxylaminen und Carbonyl-Verbindungen. Nach Gleichung 17 lassen sich aus 3-Aryl-oxaziridinen die Alkyl-hydroxylamine

$$
\xrightarrow{\text{H}_3\text{O}^{\oplus}} \quad C_6H_5-CHO + R-NHOH \qquad \text{Gl. 17}
$$

gewinnen; daneben entsteht Benzaldehyd. tert.-Butyl-hydroxylamin wurde in 82-proz. Ausbeute erhalten[6], tert.-Octyl-hydroxylamin in 83-, Cyclohexyl-hydroxylamin in 70-proz. Ausbeute[5]. Es dürfte hier eine ergiebige Synthese der Alkyl-hydroxylamine vorliegen.

Erstaunlich sind die für die Hydrolyse erforderlichen scharfen Reaktionsbedingungen. Es wird mit 10- bis 30-prozentiger Schwefelsäure gearbeitet[5,6], die anscheinend für eine Protonierung der schwachbasischen Oxaziridine erforderlich ist. Aber auch unter diesen stark sauren Bedingungen wird entweder Siedetemperatur[5] oder ein- bis mehrtägige Behandlung bei Raumtemperatur für eine vollständige Hydrolyse benötigt. Dieses Verhalten steht in auffälligem Kontrast zu der besonders leicht eintretenden Hydrolyse der Nitrone und der O—N-Acetale (*28*) und scheint für Drei-

ringe mit zwei Heteroatomen charakteristisch zu sein. Man findet das
gleiche Verhalten bei den Diaziridinen. Im Anschluß an das Kapital über
Diaziridine wird eine Deutung dieses Verhaltens gegeben.

Als Mechanismus der Hydrolyse nimmt EMMONS Öffnung des protonierten Oxaziridins zum protonierten Nitron an (Gl. 18)[6]. Dadurch ist die
Förderung der Reaktion durch C-ständige Phenylgruppen plausibel. Das
Oxaziridin *20* wird wegen seiner zwei C-ständigen Arylsubstituenten schon
durch 0.1-normale Säure hydrolysiert. Bei Raumtemperatur ist die Reaktion
nach 24 Stunden vollständig[27].

$$\text{Gl. 18}$$

$$28$$

Die Hydrolyse der Oxaziridine erscheint als Analogie zur Acetal-
Hydrolyse. Dieser Vergleich ist jedoch nur in erster Näherung zulässig.
Die Acetal-Spaltung wird durch zwei Alkyl-Gruppen stärker beschleunigt
als durch eine Phenyl-Gruppe[32]. Oxaziridine mit zwei Alkyl-Substituenten
am C-Atom 3 lassen sich dagegen in der Regel nicht mehr zu Alkyl-hydroxylaminen hydrolysieren, sondern erleiden O—N-Spaltung.

b) Polare O—N-Spaltungen der 2-Alkyl-oxaziridine

Säurekatalysierte O–N-Spaltung

Oxaziridine, die von Formaldehyd, aliphatischen Aldehyden oder aliphatischen Ketonen abgeleitet sind, reagieren mit Säuren grundsätzlich
anders als die von aromatischen Carbonyl-Verbindungen abgeleiteten
Vertreter. Säureeinwirkung führt zur Lösung der O—N-Bindung[6]. 2-n-
Butyl-oxaziridin wird von äthanolischer Schwefelsäure zu Formaldehyd,
n-Butyraldehyd und Ammoniak abgebaut (Gl. 19). Die Reaktion verläuft
eindeutig, wenn die gebildeten Aldehyde durch 2.4-Dinitro-phenylhydrazin
abgefangen werden. Ammoniak läßt sich in 79-, das Gemisch der Aldehyd-
derivate in 95-prozentiger Ausbeute isolieren.

$$\text{Gl. 19}$$

Mit der O—N-Spaltung ist also eine Entalkylierung des Stickstoffs gekoppelt. Der protonierte Sauerstoff übernimmt bei der Ringöffnung das
Elektronenpaar der O—N-Bindung; von der N-Alkyl-Gruppe wandert

---

[32] KREEVOY, M. M., and R. W. TAFT JR.: J. Amer. chem. Soc. 77, 5590 (1955).

Wasserstoff mit seinem Elektronenpaar ein. Durch Aufnahme von Wasser entstehen die beobachteten Produkte.

Wenn kein Wasserstoff verfügbar ist, kann die Entalkylierung unter Alkyl-Verschiebung ablaufen. 2-tert.-Butyl-oxaziridin zerfällt in wäßrig-äthanolischer Schwefelsäure in Formaldehyd, Aceton und Methylamin. Eine Methyl-Gruppe des tert.-Butyl-Restes ist also zum Stickstoff gewandert (Gl. 20).

$$H_2C \underset{O}{\overset{N-C(CH_3)_3}{\diagup\diagdown}} \longrightarrow \begin{array}{l} CH_2O \\ CH_3-CO-CH_3 \\ CH_3-NH_2 \end{array} \qquad \text{Gl. 20}$$

Bei der Säurespaltung des Oxaziridins *29* war mit Wasserstoff-, Methyl- oder Phenyl-Wanderung zu rechnen. Beobachtet wurde nur Phenyl-Wanderung; Anilin war das einzige basische Spaltprodukt (Gl. 21). Die ersten Versuche deuten eine zunehmende Wanderungstendenz in der Reihe

$$\text{Alkyl — Wasserstoff — Phenyl}$$

an.

$$i\text{-Pr-CH} \underset{O}{\overset{N-CH}{\diagup\diagdown}} \overset{C_6H_5}{\underset{CH_3}{}} \longrightarrow \begin{array}{l} i\text{-Pr-CHO} \\ CH_3\text{-CHO} \\ C_6H_5\text{-NH}_2 \end{array} \qquad \text{Gl. 21}$$

$$29$$

Die polare O—N-Spaltung der 2-Alkyl-oxaziridine ist also immer von einer 1.2-Verschiebung eines Substituenten in Richtung auf ein sich aus-bildendes Elektronensextett am Stickstoff begleitet (*31*). Sie steht daher zwischen der Wagner-Meerwein-Umlagerung (*30*) und der Criegee-Spal-tung von Peroxiden durch Säuren (*32*). Spätere Untersuchungen werden zu entscheiden haben, in welchem Maße das Elektronensextett am Stickstoff

$$\underset{30}{\overset{R}{\underset{X}{C-C}}} \qquad \underset{31}{\overset{R}{\underset{OH}{N-C}}} \qquad \underset{32}{\overset{R}{\underset{OH_2}{O-C}}}$$

realisiert wird. Stickstoff neigt in geringerem Maße als Kohlenstoff zur Ausbildung eines Elektronensextetts, so daß die Bindungsverschiebungen am Stickstoff weitgehend synchron verlaufen dürften, was für die Peroxid-Umlagerung heute als sicher angenommen wird[33].

Die Grenze zwischen den beiden durch Säure bewirkten Oxaziridin-Spaltungen ist relativ scharf zu ziehen: Erhaltung der O—N-Bindung bei

[33] WATERS, W. A.: Mechanisms of Oxidation of Organic Compounds, p. 41. London: Methuen & Co Ltd. and New York: J. Wiley & Sons 1964.

Phenyl-Substitution, O—N-Spaltung bei Alkyl-Substitution. In einem Falle läßt sich die Reaktion jedoch durch Wahl geeigneter Bedingungen in die eine oder andere Richtung lenken. Die acetal-artige Spaltung zum Alkyl-hydroxylamin läßt einen hohen Temperaturkoeffizienten der Reaktionsgeschwindigkeit und Begünstigung durch solvatisierende Lösungsmittel voraussehen. Die mit der Lösung einer zweiten Bindung gekoppelte O—N-Spaltung sollte dagegen größere geometrische Ansprüche stellen und als Folge einer dadurch bedingten negativen Aktivierungsentropie energetisch begünstigt sein und daher einen geringeren Temperaturkoeffizienten aufweisen. Tatsächlich erleidet *33* bei Raumtemperatur mit Oxalsäure in Äthanol fast nur O—N-Spaltung (Gl. 22), in 30-proz. wäßriger Schwefelsäure bei 100 °C dagegen überwiegend Acetal-Spaltung unter Bildung von Methyl-hydroxylamin (Gl. 23)[34].

$$\text{33} \longrightarrow \quad \bigcirc\!\!=\!O \quad NH_3 \quad CH_2O \qquad\qquad \text{Gl. 22}$$

$$\longrightarrow \quad \bigcirc\!\!=\!O \quad CH_3\text{–}NHOH \qquad\qquad \text{Gl. 23}$$

O–N-Spaltung durch Alkali

2-Alkyl-oxaziridine, deren N-Alkyl-Rest wenigstens ein H-Atom am α-C-Atom trägt, sind sehr empfindlich gegen Alkali. Schon bei Raumtemperatur werden sie in wenigen Minuten zersetzt. Wieder ist die O—N-Spaltung mit einer Entalkylierung des Stickstoffs gekoppelt: Aus 3-Isopropyl-2-α-phenyläthyl-oxaziridin (*29*) wurden nach alkalischer Zersetzung Isobutyraldehyd (57 %), Acetophenon (25 %) und Ammoniak (92 %) erhalten (Gl. 24)[6].

$$\text{29} \xrightarrow{\ominus OH} \begin{array}{l} i\text{-}Pr\text{–}CHO \\ C_6H_5\text{–}CO\text{–}CH_3 \\ NH_3 \end{array} \qquad\qquad \text{Gl. 24}$$

Die Ausbeute an Carbonyl-Verbindungen ist meistens schlecht, da unter alkalischen Bedingungen Folgereaktionen eintreten. Dagegen wird meistens nahezu quantitativ Ammoniak entwickelt, was für die Analyse der Oxaziridine ausgenützt werden kann. Relativ glatt verlief die alkalische Zersetzung des 2-Methyl-3-phenyl-oxaziridins (*34*), das Formaldehyd, Benzaldehyd und Ammoniak in den angegebenen Ausbeuten lieferte (Gl. 25)[22].

---

[34] SCHMITZ, E., u. D. MURAWSKI: Chem. Ber. **98**, 2525 (1965).

$$\underset{34}{\overset{\overset{\displaystyle \ominus OH}{\downarrow}}{\underset{\underset{C_6H_5}{}}{\overset{H}{\underset{}{\text{C}}}}\ \overset{H}{\underset{O}{N}}\text{CH}_2}} \quad\rightarrow\quad \overset{H}{\underset{C_6H_5}{\text{C}}}\ \overset{N=CH_2}{\underset{O^\ominus}{}} \quad\rightarrow\quad \begin{array}{ll} CH_2O & (71\ \%) \\ C_6H_5\text{--}CHO & (91\ \%) \\ NH_3 & (80\ \%) \end{array} \qquad \text{Gl. 25}$$

Die Reaktion kann als 1.2-Eliminierung an der C—N-Bindung aufgefaßt werden und dürfte unter synchroner Spaltung beider Bindungen verlaufen.

2-tert.-Alkyl-oxaziridine sind zu einer basenkatalysierten Eliminierung entsprechend Gl. 25 nicht befähigt, da ihnen die in die Reaktion einbezogene C—H-Bindung fehlt. 2-tert.-Butyl-3-phenyl-oxaziridin wird von Natriummethylat in Methanol während 12 Stunden bei Raumtemperatur nicht angegriffen, 3-Isopropyl-2-tert.-octyl-oxaziridin reagiert bei Raumtemperatur weder mit festem Kaliumhydroxid noch mit methanolischer Kalilauge[6]. Der Oxaziridin-Ring selbst wird also durch Alkali nicht angegriffen.

Reduktion der 2-Alkyl-oxaziridine

Reduktive Spaltungen der O—N-Bindung der Oxaziridine erfolgen außerordentlich leicht; die Oxaziridine gehören in saurer Lösung zu den stärksten Oxidationsmitteln der organischen Chemie. So wurde beobachtet, daß Oxaziridine Bromwasserstoffsäure oxidieren können[7] und sogar mit Salzsäure Chlor entwickeln[5,7].

Aus saurer Jodidlösung setzen alle Oxaziridine zwei Äquivalente Jod frei. Die Reaktion ist zur Reinheitskontrolle aller Oxaziridine verwendet worden und lieferte immer 93—100 % der berechneten Jodmenge. Die nach Gleichung 26 zur Reduktion benötigten drei Äquivalente Säure lassen sich

$$\underset{R}{\overset{R'}{\text{C}}}\ \overset{N\text{--}R''}{\underset{O}{}} \ +\ 2J^\ominus\ +\ 3H^\oplus\ \rightarrow\ \underset{R}{\overset{R'}{}}\text{CO}\ +\ R''\text{--}\overset{\oplus}{N}H_3\ +\ J_2 \qquad \text{Gl. 26}$$

durch Rücktitration der eingesetzten Säuremenge erfassen. Der durch Kombination von Basenäquivalent und Oxidationsäquivalent erhaltene sogenannte BO-Quotient[22] hat für verschiedene oxidierende Verbindungsklassen charakteristische Werte (Tabelle 4). Der leicht zu bestimmende BO-Quotient eignet sich gut zur Charakterisierung von Mischungen von zwei oxidierenden Substanzen, beispielsweise der bei Synthesen auftretenden Mischungen von Oxaziridinen und Chloraminen.

Auch aufgrund der unterschiedlichen Geschwindigkeit der Freisetzung von Jod durch verschiedene Oxidationsmittel sind selektive Bestimmungen möglich. In Mischungen von Chloraminen und Oxaziridinen wird in

Pufferlösung vom pH 6.5 nur das Chloramin von Jodid reduziert. Die Differenz zweier jodometrischer Bestimmungen bei pH 6.5 und in 2n-Schwefelsäure entspricht dem Gehalt an Oxaziridin[22].

Tabelle 4. *BO-Quotienten einiger Verbindungsklassen, definiert als Verbrauch an n/10 Säure im Verhältnis zum Verbrauch an n/5 Thiosulfat bei jodometrischen Titrationen*

Diaziridine	4.0	Chloramine	2.0
Oxaziridine	3.0	Dichloramine	1.5
Peroxide	2.0	N-Chlor-amide	1.0
Persäuren	1.0		

Nach einer jodometrischen Reduktion lassen sich Carbonyl-Verbindung und Amin getrennt oder in Form der SCHIFFschen Base charakterisieren.

Auch in Abwesenheit von Säure sind zweielektronische Redoxreaktionen möglich. Tertiäre Amine lassen sich mit Oxaziridinen zu Aminoxiden oxydieren. Bei der Umsetzung von 2-tert.-Butyl-3-phenyl-oxaziridin mit Brucin in siedendem Methylenchlorid ist die Ausbeute an Brucin-N-oxid quantitativ[6].

2-Cyclohexyl-3-phenyl-oxaziridin kann man mit Triphenylphosphin zur SCHIFFschen Base reduzieren[5]. Dagegen reagieren Oxaziridine in neutraler Lösung nicht mit Diphenylsulfid, so daß Persäuren neben Oxaziridinen analytisch erfaßt werden können[5].

Das Oxaziridin *13* bildete mit Phenyl-magnesiumbromid in 40-prozentiger Ausbeute Phenol[3]; die Reaktion ist noch nicht näher untersucht worden.

$$
\begin{array}{c}
\text{H} \\
\text{C}_6\text{H}_5
\end{array}\!\!\!>\!\!\!
\underset{\underset{\displaystyle 13}{\text{O}}}{\overset{\text{N–t-Bu}}{\diagup\diagdown}}\!\!C
\quad\xrightarrow{\text{LiAlH}_4}\quad
\text{C}_6\text{H}_5\text{–CH=N–t-Bu}
\qquad\text{Gl. 27}
$$

$$
\text{H}_2\text{C}\!\!\!<\!\!\!
\underset{\text{O}}{\overset{\text{N–t-Oct}}{\diagup\diagdown}}
\quad\xrightarrow{\text{LiAlH}_4}\quad
\text{CH}_3\text{–NH–t-Oct}
\qquad\text{Gl. 28}
$$

Reduktionen mit Lithiumalanat wurden zur Konstitutionsermittlung der Oxaziridine durchgeführt. Unter nahezu identischen Bedingungen ging die Reduktion je nach Konstitution des Oxaziridins bis zur SCHIFFschen Base oder bis zum sekundären Amin. *13* ergab die SCHIFFsche Base in 91-proz. Ausbeute (Gl. 27), 2-tert.-Octyl-oxaziridin das sekundäre Amin in 73-proz. Ausbeute (Gl. 28)[6]. Das zu *13* isomere Nitron wurde dagegen unter den gleichen Bedingungen zum N-tert.-Butyl-N-benzyl-hydroxylamin reduziert.

Die katalytische Hydrierung eines Oxaziridins, die schon an einem wenig aktiven Platin-Katalysator ablief, führte zum sekundären Amin, Hydrierung des isomeren Nitrons zum N.N-Dialkyl-hydroxylamin[5].

Überführung von 2-Alkyl-oxaziridinen in Nitroso-Verbindungen

Wie von Krimm[7,35] und von Emmons[36] gezeigt wurde, entstehen durch Weiteroxidation von 2-Alkyl-oxaziridinen mit Peressigsäure aliphatische Nitroso-Verbindungen. Man erhält die von primären oder sekundären Alkylgruppen abgeleiteten Nitroso-Verbindungen in dimerer Form, beispielsweise dimeres Nitroso-cyclohexan aus 2-Cyclohexyl-3-methyl-oxaziridin (*35*) und Peressigsäure (Gl. 29) in 92-proz. Ausbeute.

$$\underset{35}{\overset{H}{\underset{H_3C}{\diagdown}}\!C\!\diagup\!\overset{N-C_6H_{11}}{\underset{O}{\diagup}}} \quad \xrightarrow{\;CH_3\text{-}CO\text{-}OOH\;} \quad \overset{\ominus O}{\overset{\oplus}{N}}\!-C_6H_{11} \quad\longrightarrow\quad CH_3\text{--}CHO \;+\; [C_6H_{11}\text{--}NO]_2 \qquad \text{Gl. 29}$$

Die Oxaziridine brauchen nicht isoliert zu werden, da sie ja ihrerseits mit Peressigsäure hergestellt werden. Die Mehrzahl der von Emmons beschriebenen Beispiele wurde daher so durchgeführt, daß aus dem gewünschten Amin und Butanon durch azeotrope Entwässerung in Benzol die Schiffsche Base hergestellt und mit zwei Mol Peressigsäure direkt zur Nitrosoverbindung umgesetzt wurde. Die Umsetzung war stets nach Stehen über Nacht bei Raumtemperatur beendet. Nur bei der Gewinnung von dimerem α-Nitroso-toluol aus Benzylamin mußte bei 0 °C gearbeitet werden. Auch unter diesen milden Bedingungen entstand als Hauptprodukt Benzaldoxim (60 %) neben dimerem α-Nitroso-toluol (37 %).

Die Ausbeuten an dimeren Nitroso-Verbindungen zeigt Tabelle 5. Die Herstellung über Oxaziridine war die erste allgemein anwendbare und

Tabelle 5. *Gewinnung von dimeren Nitrosoalkanen über Oxaziridine, entsprechend Gleichung 29*

Alkylgruppe des dimeren Nitrosoalkans	Ausb. %	Verfahren	Lit.
Isopropyl	89	A	[35]
n-Octyl-(2)	83	B	[36]
n-Dodecyl	37	B	[36]
n-Octadecyl-(1)	60	B	[36]
Cyclohexyl	93	A	[7]
Benzyl	37	B	[36]
β-Phenyläthyl	71	B	[36]

Verfahren A: Aus Oxaziridin mit 1 Mol Peressigsäure
Verfahren B: Aus Schiffscher Base und 2 Molen Peressigsäure

[35] Krimm, H., u. H. Schnell: Farbenfabriken Bayer AG, Dtsch. Bundes-Pat. 1 073 468 (21. 1. 1960), C. A. 55, 17544 f (1961).
[36] Emmons, W. D.: J. Amer. chem. Soc. 79, 6522 (1957).

ergiebige Synthese der Nitrosoalkane. Frühere Verfahren hatten entweder schlechte Ausbeuten ergeben oder waren auf Einzelfälle beschränkt geblieben.

Oxaziridine mit tert.-Alkylsubstituenten am Stickstoff lassen sich zwar ebenfalls zu Nitroso-Verbindungen oxidieren, die Nitroso-Verbindungen mit tertiärem Alkylrest neigen aber weniger zur Bildung der kristallinen Dimeren und sind wegen ihrer Flüchtigkeit schlecht aus organischen Lösungsmitteln zu isolieren. Es empfiehlt sich daher, die durch Hydrolyse von Oxaziridinen leicht erhältlichen tert.-Alkyl-hydroxylamine in wäßriger Lösung mit Hypobromit zu oxidieren. So wurden tert.-Butyl- und tert.-Octyl-Nitrosoverbindung in 86- bzw. 87-prozentiger Ausbeute gewonnen.

Das Oxaziridin *36*, das aus einem Steroid-alkaloid hergestellt worden war, wurde mit p-Nitro-benzopersäure gespalten. Die gebildete Nitroso-Verbindung lagerte sich im Ansatz in das Oxim *37* um (Gl. 30)[10].

$$p\text{-}NO_2\text{-}C_6H_4\text{-}CO\text{-}OOH \qquad \text{Gl. 30}$$

36 \qquad\qquad 37

Schließlich lassen sich nach einem Patent von H. KRIMM[37] dimere Nitrosoalkane durch Einwirkung von Peressigsäure auf sekundäre Amine herstellen (Gl. 31). Es ist naheliegend, daß auch dabei Oxaziridine Zwischenstufen sind.

$$CH_3\text{-}CO\text{-}OOH \qquad \text{Gl. 31}$$

Reaktionen des 3-Benzoyl-2-cyclohexyl-oxaziridins

Von A. PADWA[8,38] wurde, ausgehend vom Benzil, das 3-Benzoyl-2-cyclohexyl-oxaziridin hergestellt und untersucht. Durch die 3-ständige Benzoylgruppe weicht es in seinen Eigenschaften erheblich von den anderen 2-Alkyl-oxaziridinen ab. Es wird durch Säure relativ schnell zu Benzil und Cyclohexyl-hydroxylamin gespalten (Gl. 32), obwohl die Kationbildung am C-Atom des sich öffnenden Dreiringes durch eine benachbarte Ketogruppe sicher erschwert wird.

$$\begin{array}{l} C_6H_5\text{-}CO\text{-}CO\text{-}C_6H_5 \\ C_6H_{11}\text{-}NHOH \end{array} \qquad \text{Gl. 32}$$

38

[37] KRIMM, H.: Farbenfabriken Bayer AG, Dtsch. Bundes-Pat. 948 417 (30. 8. 1956); C. A. **52**, 18315e (1958).

[38] PADWA, A.: J. Amer. chem. Soc. **87**, 4365 (1965).

An der Reaktion von *38* mit Basen ist der Substituent am Ringkohlenstoff beteiligt. Durch 0.2-normale methanolische Natronlauge wird *38* bei 25 °C innerhalb von zwei Tagen gespalten. Benzoesäure entsteht quantitativ, N-Cyclohexyl-benzamid in 82-prozentiger Ausbeute (Gl. 33).

$$C_6H_5-COOH$$
$$C_6H_5-CO-NH-C_6H_{11}$$

Gl. 33

Eine eigenartige Spaltung tritt bei 12stündigem Erhitzen in Acetonitril ein. Es bildet sich quantitativ das zu *38* isomere Dibenzoyl-cyclohexylamin (Gl. 34).

Gl. 34

Es wird angenommen, daß O—N-Spaltung und Benzoylwanderung synchron verlaufen. Der bicyclobutan-ähnliche Übergangszustand (*38 a*) setzt einen erheblichen Verlust an Freiheitsgraden voraus, was mit den Befunden einer kinetischen Untersuchung in Übereinstimmung ist: Neben einer Aktivierungsenthalpie von 21.2 kcal wurde die für einen monomolekularen Prozeß ungewöhnlich hohe negative Aktivierungsentropie von —22 cal/Grad gefunden.

c) Ein-elektronische Zerfallsreaktionen der 2-Alkyl-oxaziridine

Flüssigphase-Zersetzung

Während 2-tert.-Alkyl-oxaziridine bei Raumtemperatur monatelang stabil sind, erleiden die am Stickstoff durch primäre oder sekundäre Alkylreste substituierten Verbindungen eine langsame Zersetzung. Nach einigen Wochen sind die Verbindungen größtenteils zersetzt. Die Reinheitsgrade der nachstehenden, zunächst analysenreinen Oxaziridine waren nach den angegebenen Zeiten bei Raumtemperatur auf folgende jodometrisch ermittelte Werte abgefallen[6]:

Zeit:	1 Monat	2 Wochen	2 Monate
Reinheitsgrad	32%	54%	2%

In der Siedehitze zersetzte sich 3-Isobutyl-3-methyl-2-n-propyl-oxaz-
iridin (*39*) innerhalb von zwei Stunden vollständig; der Siedepunkt fiel
dabei von 168 °C auf 128 °C ab. Isobutyl-methyl-keton (92 %) und Ammoniak (32 %) wurden neben harzigen Produkten isoliert.

Die Zersetzung wurde als Radikalketten-Reaktion interpretiert (Gl. 35)[6].
Die Entalkylierung des Stickstoffs deutet auf einen Angriff an der Seitenkette. Ein radikalischer Angriff auf eine dem Ring benachbarte C—H-Bindung führt zum Radikal *40 a*, das sich unter Öffnung des Dreiringes in das
Alkoxyradikal *40 b* umlagert. *40 b* setzt dann durch Angriff auf ein Oxaz-
iridin-Molekül die Kette fort.

$$\text{Gl. 35}$$

Die Möglichkeit, daß der Radikalangriff und die Ringöffnung synchron
verlaufen, so daß *40 a* umgangen wird, wurde von EMMONS diskutiert[3].

Die Zersetzung des Oxaziridins *41* verlief analog (Gl. 36). Hauptprodukt war das Enamin *43*, offensichtlich Produkt einer Wasserabspaltung
aus der Zwischenstufe *42*.

$$\text{Gl. 36}$$

Der angegebene Mechanismus macht plausibel, daß 2-tert.-Alkyl-
oxaziridine keine Flüssigphase-Zersetzung erleiden. Ihnen fehlt die zum
Ringstickstoff benachbarte C—H-Bindung.

Spaltung der 2-Alkyl-oxaziridine durch Eisen(II)-salz

Bei der Flüssigphase-Zersetzung ist das Auftreten von Radikalen nicht
streng nachgewiesen; zudem sind die auftretenden Produkte denen des
basenkatalysierten Zerfalls sehr ähnlich. Es sind jedoch Zersetzungen des
Oxaziridinringes bekannt, bei denen ein radikalischer Verlauf durch die Art
der Reaktionsauslösung nahegelegt wird: Der einelektronische Übergang
von Eisen(II) in Eisen(III) löst einen Zerfall der Oxaziridine aus.

2-tert.-Butyl-3-phenyl-oxaziridin (*13* in Gl. 37) wird von einer wäßrigen Eisen(II)-salz-Lösung schon bei Raumtemperatur schnell zersetzt. Nach zwei Stunden isoliert man N-tert.-Butyl-benzamid. Mit stöchiometrischen Mengen Eisensalz ist die Ausbeute quantitativ; mit 0.1 Äquivalent Eisensalz beträgt sie immer noch 68 %. Die Spaltung verläuft also als Kettenreaktion[6].

In Analogie zu Peroxid-Zersetzungen kann angenommen werden, daß die energiereiche Bindung, bei den Oxaziridinen die O—N-Bindung, durch das Metall-Ion einelektronisch gesprengt wird. Dabei entsteht das Alkoxylradikal *44*, das durch Eisen(III)-Ion zum Säureamid oxidiert wird.

$$
\underset{13}{\overset{H}{\underset{C_6H_5}{\bigtriangleup}}\!\!\!N\text{-}t\text{-}Bu\;/\;O}
\xrightarrow[H^{\oplus}]{Fe^{II}}
\underset{44}{\overset{H}{\underset{C_6H_5}{\diagup}}\!\!C\!\!\diagdown\;NH\text{-}t\text{-}Bu\;/\;O^{\bullet}}
\xrightarrow{Fe^{III}}
C_6H_5\text{-}CO\text{-}NH\text{-}t\text{-}Bu \qquad \text{Gl. 37}
$$

Der Reaktionsweg nach Gleichung 37 weicht etwas von der Formulierung von EMMONS ab. EMMONS nimmt an, daß das Radikal *44* durch ein weiteres Molekül Oxaziridin zum Säureamid oxidiert wird, wobei das Oxaziridin seinerseits in das Radikal *44* übergeht.

Die Reaktion nimmt einen anderen Verlauf, wenn das Oxaziridin von einem aliphatischen Aldehyd abgeleitet ist, beispielsweise vom Isobutyraldehyd (*45* in Gl. 38). Das durch einelektronische Ringöffnung gebildete Radikal *46* hat dann die Möglichkeit, das relativ stabile Isopropyl-Radikal abzuspalten. Von dieser Möglichkeit macht es ausschließlich Gebrauch; es entsteht N-Isobutyl-formamid neben Propan und Propen.

$$
\underset{45}{\overset{H}{\underset{i\text{-}Pr}{\bigtriangleup}}\!\!N\text{-}t\text{-}Bu\;/\;O}
\xrightarrow[H^{\oplus}]{Fe^{II}}
\underset{46}{\overset{H}{\underset{i\text{-}Pr}{\diagup}}\!\!C\!\!\diagdown\;NH\text{-}t\text{-}Bu\;/\;O^{\bullet}}
\longrightarrow
\begin{matrix} H\text{-}CO\text{-}NH\text{-}t\text{-}Bu \\ CH_3\text{-}\overset{\bullet}{C}H\text{-}CH_3 \\ \downarrow \\ \text{Propan + Propen} \end{matrix} \qquad \text{Gl. 38}
$$

Die Reaktion wird erheblich komplizierter, wenn ein radikalischer Angriff auf die N-ständige Seitenkette möglich ist. Zersetzung von 2.3.3-Triäthyl-oxaziridin (*47*) mit 0.2 Äquivalenten Eisen(II)-salz lieferte Äthan,

$$
\underset{47}{\overset{C_2H_5}{\underset{C_2H_5}{\bigtriangleup}}\!\!N\text{-}CH_2\text{-}CH_3\;/\;O}
\xrightarrow[H^{\oplus}]{Fe^{II}}
\underset{48}{\overset{C_2H_5}{\underset{C_2H_5}{\diagup}}\!\!C\!\!\diagdown\;NH\text{-}C_2H_5\;/\;O^{\bullet}}
\longrightarrow
\begin{matrix} C_2H_5\text{-}CO\text{-}NH\text{-}C_2H_5 \\ +\;{}^{\bullet}C_2H_5 \end{matrix} \qquad \text{Gl. 39}
$$

$$\Big\downarrow R^{\bullet}$$

$$
\underset{49}{\overset{C_2H_5}{\underset{C_2H_5}{\bigtriangleup}}\!\!N\text{=}CH\text{-}CH_3\;/\;O^{\bullet}}
\xrightarrow{RH}
\overset{C_2H_5}{\underset{C_2H_5}{\diagup}}\!\!CO
\quad \begin{matrix} HN\text{=}CH\text{-}CH_3 \\ \searrow \\ NH_3 \end{matrix} \qquad \text{Gl. 40}
$$

Äthylen und Butan, also typische Folgeprodukte des Äthylradikals, neben Ammoniak (0.55 Mol), Diäthylketon (0.50 Mol) und Propionsäureäthylamid (0.32 Mol). Die Gleichungen 39 und 40 geben eine gegenüber der Originalarbeit[6] etwas vereinfachte Deutung des Reaktionsgeschehens.

Als Konkurrenzreaktionen laufen der Angriff von Eisen(II)-ion auf den Oxaziridin-Ring und ein Radikalangriff auf die N-ständige Seitenkette ab. Der Angriff des Eisen(II)-ions (Gl. 39) führt zu analogen Folgereaktionen wie die in Gl. 38 dargestellte Zersetzungsreaktion, also Zerfall eines Alkoxyl-Radikals (48) in Säureamid und Alkylradikal. Der radikalische Angriff (Gl. 40), der durch das Äthyl-Radikal oder die Alkoxyl-Radikale 48 und 49 erfolgen kann, zieht Folgereaktionen nach sich, die dem Verlauf der Flüssigphase-Zersetzung entsprechen: H-Aufnahme aus einem weiteren Oxaziridinmolekül und Zerfall in Keton und Acetaldimin, das in Folgereaktionen Ammoniak abspaltet.

Besonderes Interesse verdient die Beobachtung, daß bei Einwirkung von Eisen(II)-chlorid auf 47 erhebliche Mengen Äthylchlorid auftreten. Nach der von EMMONS angegebenen Reaktionsgleichung 41[6] gehört die Reaktion zu den von KOCHI an Peroxiden eingehend untersuchten und als Ligandentransfer bezeichneten Reaktionen[39].

$$ \cdot C_2H_5 + ClFe^{II} \longrightarrow C_2H_5 - Cl + Fe^{II} \qquad \text{Gl. 41} $$

Auch aus dem spirocyclischen Oxaziridin 33 entstehen mit Eisen(II)-ion hauptsächlich Säureamide[34]. Hier liegt der interessante Fall vor, daß nach O—N-Spaltung und der sich wieder anschließenden C—C-Spaltung ein Bruchstück entsteht, das Säureamid- und Radikal-Funktion im gleichen Molekül enthält (50 in Gl. 42). Dimerisierung dieses Radikals führt zum Bis-methylamid der Decan-1-10-dicarbonsäure (51).

Gl. 42

Daneben entsteht in etwa 20-prozentiger Ausbeute ein Gemisch der Säureamide 52 und 53.

$$ CH_3-(CH_2)_4-CO-NH-CH_3 \qquad HO-CH_2-(CH_2)_4-CO-NH-CH_3 $$
$$ 52 \qquad\qquad\qquad\qquad 53 $$

---

[39] KOCHI, J. K.: J. Amer. chem. Soc. 78, 4815 (1956); 79, 2942 (1957); 84, 2121 (1962).

An diesem Beispiel wird die Analogie zwischen Oxaziridinen und Peroxiden besonders deutlich. Gleichung 42 entspricht im Bruttoverlauf, in den Zwischenstufen und in den Nebenprodukten *52* und *53* völlig der Eisen(II)-Zersetzung des 1-Hydroxy-cyclohexyl-hydroperoxids (*54*, Gl. 43)[40].

$$\text{Gl. 43}$$

Thermische Isomerisierung zu Säureamiden

Eine der ersten mit den 2-Alkyl-oxaziridinen durchgeführten Reaktionen war die thermische Zersetzung, die zu Säureamiden führt. Sie wurde bereits in einem der ersten Patente von KRIMM beschrieben[41]. Die Reaktion verläuft am übersichtlichsten, wenn der Ringkohlenstoff zwei gleiche Substituenten trägt: Es erfolgt Öffnung des Dreiringes an der O—N-Bindung und Substituentenwanderung vom Kohlenstoff zum Stickstoff (Gl. 44).

$$\text{H}_2\text{C} \overset{\text{N–t-Oct}}{\underset{\text{O}}{\diagdown}} \longrightarrow \text{H–CO–NH–t-Oct} \qquad \text{Gl. 44}$$

Bei spirocyclischen Oxaziridinen verläuft die Substituentenwanderung unter Ringerweiterung. Vom Cyclohexanon abgeleitete Oxaziridine geben Alkylderivate des Caprolactams (Gl. 45).

$$\text{Gl. 45}$$

Wenn der Kohlenstoff des Oxaziridin-Ringes zwei verschiedene Substituenten trägt, entsteht ein Gemisch zweier Säureamide (Gl. 46). Es besteht keine einfache Gesetzmäßigkeit über die Wanderungstendenz einzelner Gruppen[6].

---

[40] HAWKINS, E. C. E.: J. chem. Soc. (London) **1955**, 3463; MINISCI, F.: Gazz. chim. ital. **89**, 626 (1959); C. A. **54**, 12014 d (1960).

[41] KRIMM, H., K. BAUER u. K. HAMANN: Farbenfabriken Bayer AG, Dtsch. Bundes-Pat. 943 228 (20. 12. 1952); C. **1957**, 6896.

$$\underset{n\text{-}Pr}{\overset{H}{>}}C\underset{O}{\overset{N-C_6H_{11}}{<}} \longrightarrow H\text{-}CO\text{-}N\underset{C_6H_{11}}{\overset{n\text{-}Pr}{<}} \quad 43\,\% \qquad\qquad \text{Gl. 46}$$

$$n\text{-}Pr\text{-}CO\text{-}NH\text{-}C_6H_{11} \quad 37\,\%$$

Tabelle 6. *Thermische Isomerisierung von 2-Alkyl-oxaziridinen zu Säureamiden, entsprechend den Gleichungen 44—46*

Oxaziridin	Temp. [°C]	Säureamid	Ausb. %	Lit.
2-n-Octyl-	200	N-tert.-Octyl-formamid	66	6
2-tert.-Butyl-3-isopropyl-	250	N-tert.-Butyl-isobutyramid	63	6
2-Cyclohexyl-3.3-pentamethylen-	205	N-Cyclohexyl-ε-caprolactam	85	7
2-Isobutyl-3.3-pentamethylen-	300	N-Isobutyl-ε-caprolactam	83	6
2-Methyl-3.3-pentamethylen-	300	N-Methyl-ε-caprolactam	88	34
2-Cyclohexyl-3-n-propyl-	200	N-Cyclohexyl-n-butyramid	37	7
		N-Cyclohexyl-N-n-propyl-formamid	43	7
2-Isobutyl-3-isopropyl-	300	N-Isobutyl-isobutyramid	24	6
		N-Isopropyl-N-isobutyl-formamid	48	6
3-Isobutyl-3-methyl-2-n-propyl-	300	N-Methyl-N-n-propyl-isovaleramid	43	6
		N-Isobutyl-N-n-propyl-acetamid	24	6
3-Isopropyl-3-methyl-2-n-propyl-	300	N-Methyl-N-n-propyl-isobutyramid	34	6
		N-Isopropyl-N-n-propyl-acetamid	22	6

Die von EMMONS[6] in der Regel angewendete Temperatur von 300 °C wurde gewählt, um die Reaktion sicher gegen die Flüssigphase-Zersetzung abzugrenzen. Für präparative Zwecke ist Erhitzen in Tetralin (Sdp. 206 °C) ausreichend. Auch in siedendem Dimethylformamid (Sdp. 155 °C) ließ sich 2-n-Octyl-oxaziridin in 15 Stunden umlagern[6].

Über den Mechanismus der Säureamid-Bildung sind nur Vermutungen geäußert worden. Eine homolytische O—N-Spaltung mit anschließender Alkylverschiebung im Diradikal (Gl. 47)[6] ist wahrscheinlicher als die

$$\underset{R'}{\overset{R}{>}}C\underset{O}{\overset{N-R''}{<}} \longrightarrow \underset{R'}{\overset{R}{>}}C\underset{O^{\cdot}}{\overset{N\cdot-R''}{<}} \longrightarrow R\text{-}CO\text{-}N\underset{R''}{\overset{R'}{<}} \qquad \text{Gl. 47}$$

später vermutete, stereoelektronisch außerordentlich ungünstige Synchronreaktion[3].

II. 2-Aryl-oxaziridine

1. Synthese und Syntheseversuche

Die am Stickstoff durch Arylreste substituierten Oxaziridine sind um Größenordnungen instabiler als die alkylsubstituierten Vertreter. Sie sind meistens nicht einmal bei Raumtemperatur stabil und scheinen auch säureempfindlicher zu sein als die N-Alkyl-oxaziridine. Die Herstellung nach dem Persäureverfahren gelang nur in einigen Fällen aus den SCHIFFschen Basen aliphatischer Ketone. Die aus der Persäure dabei gebildete Carbonsäure mußte durch Basenzusatz unschädlich gemacht werden. H. KRIMM[7] erhielt aus Cyclohexanon-anil in 86-prozentiger Ausbeute das kristalline 2-Phenyl-3.3-pentamethylen-oxaziridin (*55*, Gl. 48). Eine entsprechende Verbindung wurde aus dem Anil des 4-Methyl-cyclohexanons synthetisiert.

$$\text{Gl. 48}$$

55

Die p-Chlor-Verbindung *56* bildete sich in 92-proz. Ausbeute aus der SCHIFFschen Base und Peressigsäure unterhalb —10 °C.

Der von den 2-Aryl-3.3-dialkyl-oxaziridinen ausschließlich beschrittene Weg der Weiterreaktion führt unter Umlagerung zu Lactamen (Gl. 49). Diese Umlagerung, die bei den N-alkylierten Oxaziridinen Temperaturen von 200—300 °C erfordert, geht bei den 2-Aryl-oxaziridinen meistens schon bei Raumtemperatur spontan vor sich. Präparativ wurde sie von H. KRIMM durch Erwärmen xylolischer Lösungen durchgeführt. Dabei gab *56* N-p-Chlorphenyl-ε-caprolactam in 90-proz. Ausbeute (Gl. 49).

56   Gl. 49   *57*

Unter den gleichen Bedingungen bildete *55* in 77-proz. Ausbeute N-Phenyl-ε-caprolactam, die in situ umgesetzte analoge Verbindung des Cyclopentanons 31 % N-Phenyl-δ-valerolactam (*57*).

2.3-Diaryl-oxaziridine lassen sich nach dem Persäureverfahren überhaupt nicht mehr herstellen. Aus p-Nitro-benzaldehydanil und Peressigsäure wurde nur das Säureamid erhalten (Gl. 50)[23].

$$p\text{-}NO_2\text{-}C_6H_4\text{-}CH\text{=}N\text{-}C_6H_5 \longrightarrow p\text{-}NO_2\text{-}C_6H_4\text{-}CO\text{-}NH\text{-}C_6H_5$$

$$\text{Gl. 50}$$

Ebenfalls scheiterten Versuche von A. PADWA[8,38], aus dem Anil (*58*) oder dem p-Methoxy-anil des Benzils mit Persäure Oxaziridine herzustellen. Isoliert wurden nur die Dibenzoyl-Derivate der aromatischen Amine (Gl. 51); offensichtlich war also die gleiche Umlagerung abgelaufen, wie sie die isolierbare N-Cyclohexyl-Verbindung (*59* mit N-Cyclohexyl statt N-Phenyl) bei höherer Temperatur erleidet (Gl. 34).

$$C_6H_5-CO\diagdown\overset{C_6H_5}{C}=N-C_6H_5 \rightarrow \left[\overset{C_6H_5}{\underset{C_6H_5-CO}{C}}\diagup\overset{N-C_6H_5}{\underset{O}{}}\right] \rightarrow \overset{C_6H_5-CO}{\underset{C_6H_5-CO}{}}\diagdown N-C_6H_5 \qquad \text{Gl. 51}$$

58   59

2. Photoisomerisierung von N-Aryl-nitronen

Das Bekanntwerden von Isomeren der Nitrone und deren leicht erfolgender Übergang in Säureamide brachte die Aufklärung einer lange bekannten Reaktion, der Photoisomerisierung von N-Aryl-nitronen zu Säureamiden. Die erste Beobachtung dieser Umwandlung lag fast 50 Jahre zurück. L. ALESSANDRI[42] hatte gefunden, daß α.N-Diphenyl-nitron (*60*) im Sonnenlicht neben anderen Produkten Benzanilid bildet (Gl. 52).

$$C_6H_5-CH=\overset{\oplus}{N}\diagdown\overset{C_6H_5}{\underset{O^{\ominus}}{}} \quad\xrightarrow{h\cdot\nu}\quad C_6H_5-CO-NH-C_6H_5 \qquad \text{Gl. 52}$$

60

Neuere Beispiele[43] sind die Isomerisierung des Acridin-Derivates *61*[44] oder des Triphenyl-nitrons (*62*)[45] (Gleichungen 53 und 54).

$$\text{Gl. 53}$$

61

$$\overset{C_6H_5}{\underset{C_6H_5}{}}\diagdown C=\overset{\oplus}{N}\diagup\overset{C_6H_5}{\underset{O^{\ominus}}{}} \rightarrow C_6H_5-CO-N\diagup\overset{C_6H_5}{\underset{C_6H_5}{}} \qquad \text{Gl. 54}$$

62

Da im Zuge dieser Reaktion mehrere Bindungen gelöst und neu geknüpft werden, würde eine Zwischenstufe, die bereits eine C—O-Bindung enthält, das Verständnis der Reaktion sehr erleichtern. Sofort nach Bekanntwerden der Oxaziridine wurde daher von mehreren Autoren vermutet, daß die ersten Produkte der Photolyse ebenfalls Oxaziridine sind. F. KRÖHNKE[46] deutete die Photoisomerisierung des Nitrons *63* zum

[42] ALESSANDRI, L.: Atti Accad. naz. Lincei (Rom) **19** II, 122 (1910).
[43] Kurze Zusammenfassung: DE MAYO, P. In: Advances in Organic Chemistry, Vol. 2, p. 411. New York: Interscience Publishers, Inc., 1960.
[44] CHARDONNENS, L., u. P. HEINRICH: Helv. chim. Acta **32**, 656 (1949).
[45] SCHEINBAUM, M. L.: J. Org. Chem. **29**, 2200 (1964).
[46] KRÖHNKE, F.: Liebigs Ann. Chem. **604**, 203 (1957).

3*

Diacylimid *65* über das Oxaziridin *64*. Dessen Weiterreaktion, die O—N-Spaltung des Dreiringes und Acylwanderung vom Kohlenstoff zum Stickstoff (Gl. 55), entspricht einer später von A. PADWA[8,38] an einer stabilen, *64* entspr. N-Alkyl-Verbindung realisierten Umlagerung (Gl. 34).

$$
\begin{array}{c}
\underset{63}{\overset{\displaystyle H\diagdown}{\underset{C_6H_5-CO\diagup}{C=\overset{\oplus}{N}}}\diagup\!\!\!\diagdown\!\!\overset{C_6H_4-p-N(CH_3)_2}{O^{\ominus}}} \qquad\xrightarrow{\ h\cdot\nu\ }\qquad
\underset{64}{\overset{\displaystyle H\diagdown}{\underset{C_6H_5-CO\diagup}{C}}\diagup\!\!\!\diagdown\!\!\overset{N-C_6H_4-p-N(CH_3)_2}{O}} \qquad \text{Gl. 55}
\end{array}
$$

$$
\underset{66}{p-R-C_6H_4-CH=\overset{\oplus}{N}\diagup\!\!\!\diagdown\!\!\overset{C_6H_5}{O^{\ominus}}}
\qquad\qquad
\underset{65}{\overset{H-CO\diagdown}{\underset{C_6H_5-CO\diagup}{N-C_6H_4-p-N(CH_3)_2}}}
$$

Vermutet wurde eine Oxaziridin-Zwischenstufe auch von KAMLET und KAPLAN[47]. Sie konnten zeigen, daß die photochemische Umwandlung eine allgemeine Reaktion der Nitrone ist. So verschiedene Verbindungen wie α.N-Diphenyl-nitron (*66*, R = H), sein p-Nitro- und sein p-Methoxy-Derivat wandelten sich beim Belichten ihrer methanolischen Lösungen schnell um. Oxaziridine wurden als Primärprodukte der Reaktion vermutet; die Lösungen dürften jedoch schon sekundäre Umwandlungsprodukte enthalten haben[24].

Experimentell gesichert wurde die vermutete Nitron-Oxaziridin-Umlagerung ein Jahr später durch SPLITTER und CALVIN. Sie konnten zeigen, daß am Stickstoff aliphatisch substituierte Nitrone bei der Belichtung isolierbare Oxaziridine ergeben[23]. Versuche an arylsubstituierten Verbindungen führten zu Lösungen von 2-Aryl-oxaziridinen, die wegen ihrer Zersetzlichkeit nicht isoliert wurden. In einer neueren ausführlichen Publikation[24] berichteten die Autoren über genauere Untersuchungen an den Lösungen der 2.3-Diaryl-oxaziridine. Deren Isolierung steht jedoch noch aus.

Weitere Kenntnisse der 2.3-Diaryl-oxaziridine wurden durch vereinzelte Untersuchungen vermittelt, die zeitlich zwischen der vorläufigen und der ausführlichen Publikation von SPLITTER und CALVIN liegen. SHINDO und UMEZAWA[25] beobachteten bei der Belichtung von α.N-Diphenyl-nitron (*60*) das Auftreten einer IR-Bande bei 1247 cm^{-1}, die sie dem 2.3-Diphenyl-oxaziridin (*67*) zuordneten. Sie wiesen darauf hin, daß die Folgereaktionen des 2.3-Diphenyl-oxaziridins ebenfalls licht-induziert ablaufen können. Beim Arbeiten in Methanol fanden sie Benzaldehyd, Nitrosobenzol, Benzalanilin und Spuren Benzanilid (Gl. 56).

---

[47] KAMLET, M. J., and L. A. KAPLAN: J. Org. Chem. **22**, 576 (1957).

$$
\begin{array}{c}
\underset{C_6H_5}{\overset{H}{\diagup}}\!\!\!\!\diagup \overset{N-C_6H_5}{\underset{O}{\diagdown}} \\
67
\end{array}
\longrightarrow
\begin{array}{l}
C_6H_5-CHO \\
C_6H_5-NO \\
C_6H_5-CH{=}N-C_6H_5 \\
C_6H_5-CO-NH-C_6H_5
\end{array}
\qquad \text{Gl. 56}
$$

SHINZAWA und TANAKA belichteten α.N-Diphenylnitron mit Licht der Wellenlänge 3130 Å in Cyclohexan. Sie konnten das entstandene 2.3-Diphenyl-oxaziridin (*67*) jodometrisch sowie durch UV- und IR-Spektroskopie nachweisen[48]. Die Quantenausbeute betrug in Cyclohexan 0.28, in Äthanol 0.18 und war unabhängig von der Belichtungsdauer, der Konzentration, der Temperatur und der Anwesenheit von Sauerstoff. Für die Zersetzung des 2.3-Diphenyl-oxaziridins (*67*) wurden in Cyclohexan $E_a = 25.9$ kcal und $A = 2.9 \cdot 10^{11}$ sec.$^{-1}$ gefunden.

SPLITTER und CALVIN haben mit der ausführlichen Veröffentlichung ihrer Untersuchungen über Oxaziridine begonnen. Die erste Mitteilung befaßt sich mit der Isomerisierung der α.N-Diaryl-nitrone, den UV-Spektren der 2.3-Diaryl-oxaziridine und ihren Zersetzungsreaktionen[24].

3. Absorptionsspektren der 2.3-Diaryl-oxaziridine

Durch Belichtung von Aldonitronen in verschiedenen Lösungsmitteln erzeugten SPLITTER und CALVIN eine Reihe von 2.3-Diaryl-oxaziridinen und untersuchten sie in Lösung. Es wurde darauf geachtet, daß nicht durch Überbelichtung weitere Umwandlungen ausgelöst wurden. Die UV-Spektren wurden zur Sicherung der Oxaziridin-Struktur herangezogen und dazu insbesondere mit denen der isomeren Nitrone und von vergleichbar substituierten Epoxiden verglichen.

Der 3-ständige Aryl-Rest wurde durch p-Substitution mit einer Nitro-Gruppe beziehungsweise einer Dimethylamino-Gruppe variiert, der 2-ständige Arylrest durch eine m-ständige Nitro-Gruppe. Die UV-Spektren der vier 2.3-Diaryl-oxaziridine *67*, *68*, *69* und *70* zeigten die erwarteten starken Abweichungen von den Spektren der isomeren Nitrone, dagegen weitgehende Übereinstimmung mit entsprechend substituierten Epoxiden, wie die folgende Zusammenstellung zeigt (Tab. 7).

In Lage und Intensität der Absorptionsmaxima stimmen die 2.3-Diaryl-oxaziridine mit den entsprechend substituierten Epoxiden überein. Auch erleiden beide Verbindungsklassen die gleiche bathochrome Verschiebung beim Übergang von 2-Alkyl- zu 2-Aryl-Verbindungen. Ein Vergleich der Absorptionsintensitäten von 2.3-Diphenyl-oxaziridin (*67*) und Anilin im 250-mμ-Bereich zeigte geringe Resonanz zwischen der Phenylgruppe und

---

[48] SHINZAWA, K., and I. TANAKA: J. Phys. Chem. **68**, 1205 (1964); C. A. **60**, 15331 h (1964).

Tab. 7. *UV-Absorptionsmaxima von* α.*N-Diarylnitronen, den durch Photoisomerisierung erzeugten 2.3-Diaryl-oxaziridinen und entsprechend substituierten Epoxiden* [24]

$$\text{(Struktur 60)} \qquad \text{(Struktur 67)} \qquad \text{(Struktur)}$$

	60	67	
λ_{max} (mμ)	322 (Benzol)	222 265 272 (Äthanol)	228 267
ε	20200	13600 2800 2200	23500 902

$$\text{(Struktur)} \qquad \text{(Struktur 68)} \qquad \text{(Struktur)}$$

		68	
λ_{max} (mμ)	367 (Benzol)	266 (Äthanol)	274
ε	19800	11800	13500

$$\text{Nitron} \qquad \text{(Struktur 69)}$$

	Nitron	69
λ_{max} (mμ)	374 (Benzol)	271 (Isooctan)
ε	30900	30000

$$\text{Nitron} \qquad \text{(Struktur)}$$

	Nitron	
λ_{max} (mμ)	390 (Benzol)	276 360 (Diäthyläther)
ε	27300	30000 1000

den einsamen Elektronen des Stickstoffs, was auf ungünstige sterische Gegebenheiten des Dreiringes zurückgeführt wurde. Ein Vergleich zwischen 2-Phenyl- und 2-Alkyl-oxaziridinen zeigte, daß erstere im 210—230-mμ-Bereich stärker absorbieren, was auf einen Beitrag des Phenyl—N—O-Elektronensystems deutete. Schließlich wurde eine schwache langwellige Absorption der 2.3-Diaryl-oxaziridine, die bei den Epoxiden nicht auftritt, aber einer entsprechenden Absorption der Nitrone ähnelt, als Folge einer Wechselwirkung zwischen beiden Arylgruppen angesprochen.

Die kurzwellige Absorptionsbande der Oxaziridine erleidet in Äthanol eine Rotverschiebung, was eine Erhöhung der Elektronendichte am Sauerstoff im angeregten Zustand anzeigt.

4. Reaktionen der 2.3-Diaryl-oxaziridine

Der sicherste chemische Beweis für das Vorliegen von Oxaziridinen in den Ansätzen der Photoisomerisierung war das Oxidationsvermögen gegenüber Jodid. Lösungen von *67* und *68* in Äthanol setzten 72—75 % der für eine vollständige Oxaziridinbildung berechneten Jodmenge frei. Dagegen waren die beiden durch den Dimethylamino-Rest substituierten Oxaziridine *69* und *70* in Äthanol so instabil, daß eine Oxidationswirkung gegenüber Jodid nicht nachzuweisen war.

Die 2.3-Diaryl-oxaziridine gingen in mehr oder weniger großem Umfang in isomere Säureamide über; dabei konkurrierten Arylwanderung, die zu substituierten Formamiden führte (Gl. 57), und Wasserstoff-Wanderung, die zu substituierten Benzamiden führte (Gl. 58).

$$H-CO-N\begin{array}{c}C_6H_5\\C_6H_5\end{array}\qquad \text{Gl. 57}$$

69 %

$$C_6H_5-CO-NH-C_6H_5\qquad \text{Gl. 58}$$

67   11 %

Bei geeigneter Substitution verwandelte sich das 2.3-Diaryl-oxaziridin in das Nitron zurück. Die Nitronbildung war bei dem Oxaziridin *70* Hauptreaktion (Gl. 59).

$$\text{Gl. 59}$$

70

Schließlich traten auch die Produkte einer Hydrolyse, Aldehyd und Aryl-hydroxylamin, auf (Gl. 60). Diese Reaktion nahm bei Wasserzusatz an Umfang zu, ließ sich aber auch bei möglichstem Ausschluß von Wasser nicht völlig unterdrücken.

$$\xrightarrow{H_2O}\quad \begin{array}{l}Ar-CHO\\Ar'-NHOH\end{array}\qquad \text{Gl. 60}$$

Tabelle 8 zeigt den Umfang der einzelnen Reaktionen, ihre Halbwertszeiten und die Abhängigkeit vom Lösungsmittel. Die Ergebnisse sind in Benzol, Aceton und Isooctan qualitativ gleich, in Äthanol dagegen weichen sie drastisch ab.

Tab. 8. *Halbwertszeiten, Lösungsmittelabhängigkeit und Produkte der Zersetzung von 2.3-Diaryloxaziridinen*[24] *bei 25°C*

$\begin{array}{c} H \quad N-Ar' \\ \diagdown C \diagup \\ Ar \diagup \diagdown O \end{array}$		substit. Benzamid	substit. Formamid	Nitron	Aldehyd
67 Ar = C_6H_5	Benzol 66 Stdn.	74%	—	Spuren	10%
Ar' = C_6H_5	Äthanol 2 Stdn.	11%	69%	Spuren	19%
68 Ar = p-NO_2—C_6H_4	Benzol 48 Stdn.	72%	—	—	23%
Ar' = C_6H_5	Äthanol 1 Stde.	31%	19%	—	39%
69 Ar = p-$(CH_3)_2$N—C_6H_4	Benzol 10 Stdn.	38%	43%	14%	Spuren
Ar' = C_6H_5	Äthanol 2 Sek.	—	86%	4%	5%
70 Ar = p-$(CH_3)_2$N—C_6H_4	Benzol 1.5 Stdn.	12%	—	84%	Spuren
Ar' = m-NO_2—C_6H_4	Äthanol 5 Sek.	—	5%	94%	—

Bei einer vorläufigen Deutung der Ergebnisse der Zersetzung von 2.3-Diaryl-oxaziridinen bevorzugen SPLITTER und CALVIN polare Spaltungen der Bindungen. Sowohl die O—N-Spaltung als auch die C—O-Spaltung führen zur Ausbildung einer negativen Ladung am Sauerstoff. Die Nitro-Gruppe am 3-ständigen Aryl-Rest (*68*) beschleunigt daher die Zersetzung etwa um den Faktor 2. Die O—N-Spaltung schafft eine teilweise positive Ladung am Stickstoff, die O—C-Spaltung eine solche am Kohlenstoff. Arylreste an N und C werden daher wegen ihrer Fähigkeit, positive Ladungen zu stabilisieren, auf beide Spaltungen fördernd einwirken, was die gegenüber alkylsubstituierten Oxaziridinen erheblich gesteigerte Zersetzungsneigung erklärt. Die Fähigkeit zur Stabilisierung positiver Ladungen ist beim p-Dimethylamino-Rest sehr groß, beim Phenyl-Rest groß, beim Nitrophenyl-Rest gering. Die Nitronbildung wird daher nur bei den vom p-Dimethylamino-benzaldehyd abgeleiteten Oxaziridinen (*69* und *70*) beobachtet. Nur bei *70* ist sie Hauptreaktion, weil die O—N-Spaltung durch die Nitro-Gruppe am N-Aryl behindert wird.

Das Gewicht der beiden konkurrierenden Säureamid-Bildungen verschiebt sich beim Wechsel des Lösungsmittels. Beim Übergang von Benzol zu Äthanol gewinnt immer die Arylwanderung (Gl. 57) an Umfang. Für

die Arylwanderung wird daher Nachbargruppenbeteiligung bei der Ringöffnung angenommen. Analogien für die Lösungsmittelabhängigkeit der
Arylbeteiligung bei Umlagerungen sind bekannt[49]. Die H-Wanderung
(Gl. 58) ist dagegen weniger vom Lösungsmittel abhängig. Trotz der
ungünstigen sterischen Voraussetzungen wird daher eine Mehrzentren-
reaktion in Erwägung gezogen.

III. Am Ringstickstoff unsubstituierte Oxaziridine (Isoxime)

Im Gegensatz zu anderen stickstoff-haltigen Dreiringen wie Äthylen-
iminen oder Diaziridinen hängen die Eigenschaften der Oxaziridine außerordentlich stark von der Substitution am Ringstickstoff ab. Besonders ausgeprägt ist der Unterschied zwischen den 2-Alkyl-oxaziridinen und den am
Stickstoff unsubstituierten Oxaziridinen. Die Mehrzahl der Reaktionen der
unsubstituierten Oxaziridine hat keine Analogie bei den N-alkylierten Verbindungen. Um die Unterschiede beider Verbindungstypen auch in der
Benennung hervorzuheben, werden die am Stickstoff unsubstituierten
Oxaziridine in diesem Abschnitt als „Isoxime" bezeichnet. Der Name verknüpft mit den zugrunde liegenden Carbonyl-Verbindungen und weist
außerdem auf die Isomerie mit den Oximen hin.

1. Synthese der Isoxime; Strukturbeweis

R. OHME[50] beobachtete 1961, daß die Aminierung von Ketonen nicht
nur zu 2-Alkyl-oxaziridinen, sondern auch zu den alkylfreien Verbindungen
führen kann. Eine alkalische Lösung von Hydroxylamin-O-sulfonsäure
ließ mit Cyclohexanon eine ätherlösliche, stark oxidierende Substanz entstehen, in der das Pentamethylen-oxaziridin (Cyclohexanon-isoxim, _71_)
vermutet wurde. Wegen ihrer Zersetzlichkeit, die die der 2-Alkyl-oxaziri-
dine um viele Zehnerpotenzen übertraf, ließ sich die Substanz nicht isolieren (Gl. 61).

$$\text{\Large$\bigcirc$}=O \xrightarrow{\ NH_2-OSO_3H;\ NaOH\ } \quad \text{(71)} \qquad \text{Gl. 61}$$

Eine Reindarstellung von _71_ gelang auch später nicht. Die Ausbeute an
_71_ ließ sich aber auf 50 % steigern. Die Umsetzung entsprechend Gleichung 61 wurde in Gegenwart eines organischen Lösungsmittels durchge-

---

[49] COLLINS, C. J., W. T. RAINEY, W. B. SMITH and I. A. KAYE: J. Amer. chem. Soc. **81**, 460 (1959).
[50] OHME, R.: Dissertation, Humboldt-Universität, Berlin 1962.

führt, so daß das gebildete Oxaziridin sofort der Einwirkung der Natronlauge entzogen wurde. So wurde es möglich, die neue Verbindungsklasse zu studieren[51].

Die Reindarstellung glückte beim Butanon-isoxim (*72*), das unter den gleichen Reaktionsbedingungen in 30-prozentiger Ausbeute entstand. Es konnte bei Raumtemperatur im Vakuum destilliert werden[52]. Eine entsprechende Verbindung des Benzaldehyds (*73*) ließ sich als ätherische Lösung gewinnen. Die Ausbeute betrug auch ca. 30 %[53].

Orientierende Versuche zeigten eine 10- bis 15-prozentige Oxaziridin-Bildung aus Aceton, Pentanon-(2), Diacetonalkohol, Heptanon und Allylaceton[54]. Die Reaktion versagte aber bei Formaldehyd, aliphatischen Aldehyden, Acetophenon und Benzophenon. Wie im Kapitel über Diaziridine diskutiert werden wird, neigen unverzweigte aliphatische Ketone und Cyclohexanon besonders zur Dreiringbildung. In diesen Fällen kann die Bildung von Isoximen mit den sehr schnellen Folgereaktionen konkurrieren.

Die Oxaziridin-Bildung wird am besten als intramolekulare Aminierung des Sauerstoffs in der Zwischenstufe *75* aufgefaßt. Als intramolekulare Reaktion verläuft diese Aminierung besonders schnell. Die Reaktion der Hydroxylamin-O-sulfonsäure (*74*) mit Alkali geht in eine um den Faktor 1000 beschleunigte Reaktion (*75*) über, wenn Cyclohexanon zugegeben wird[52]. Das Geschwindigkeitsverhältnis der beiden Aminierungsreaktionen ist sicher noch wesentlich größer, da nur ein Teil der Hydroxylamin-O-sulfonsäure an das Keton addiert ist.

Das Geschwindigkeitsverhältnis ist aufschlußreich für den *Mechanismus der Dreiringbildung*. Es zeigt eine Beteiligung des Ketons am geschwindigkeitsbestimmenden Schritt der Dreiringbildung an. Ein vorgelagerter irreversibler Zerfall der Hydroxylamin-O-sulfonsäure ist daher auszuschließen. Ein ohnehin wenig wahrscheinlicher reversibler Zerfall der Hydroxylamin-O-sulfonsäure ist ebenfalls auszuschließen, da bei einem

[51] SCHMITZ, E., R. OHME und S. SCHRAMM: Z. Chem. **3**, 190 (1963).
[52] SCHMITZ, E., R. OHME und S. SCHRAMM: Chem. Ber. **97**, 2521 (1964).
[53] SCHRAMM, S.: Dissertation, Humboldt-Universität, Berlin 1966.
[54] SCHRAMM, S.: Diplomarbeit, Humboldt-Universität, Berlin 1963.

unvollständigen Zerfall in Gegenwart von markiertem Sulfat keine Markierung aufgenommen wird[52]. Die Isoxim-Bildung ist daher sicher keine Nitren-Reaktion.

Analog liegen die Verhältnisse bei der alkalischen Zersetzung des Chloramins. Mit überschüssiger 1n-Natronlauge reagiert Chloramin bei 27° mit einer Halbwertszeit von etwa drei Stunden[55]. Bei Anwesenheit von Cyclohexanon ist die Hälfte des Chloramins bei 0°C schon nach einer Minute verschwunden. Zugesetzter Äther extrahiert in 42-prozentiger Ausbeute Cyclohexanon-isoxim (*71*, Gl. 62)[34].

$$\text{Gl. 62}$$

Auch hier beschleunigt das Keton etwa um den Faktor 1000, wenn man die unterschiedliche Temperatur berücksichtigt. Interessant ist aber auch ein Vergleich zwischen der Bildungsgeschwindigkeit von *71* und der Bildung seiner N-Methyl-Verbindung aus Cyclohexanon und N-Chlormethylamin (Gl. 12)[22]. Die Reaktionszeiten präparativer Ansätze zeigen, daß *71* etwa 150mal schneller gebildet wird als die N-Methyl-Verbindung.

Eine weitere Synthese des Cyclohexanon-isoxims (*71*) wurde kürzlich bekannt[17]. *71* bildet sich in 18-prozentiger Ausbeute, wenn Bis-cyclohexyliden in Gegenwart von Ammoniak ozonisiert wird (Gl. 63). Zwischenstufe ist das Aminhydroperoxid *76*.

$$\text{Gl. 63}$$

Einige Eigenschaften und Reaktionen der Isoxime gleichen denen der 2-Alkyl-oxaziridine. Alle Isoxime haben den charakteristischen unangenehmen Geruch der Oxaziridine. Die Basizität beider Typen von Oxaziridinen dürfte in der gleichen Größenordnung liegen. Für Cyclohexanonisoxim beträgt der Verteilungskoeffizient zwischen Äther und Wasser 8, zwischen Äther und 2n-Schwefelsäure 2, zwischen Äther und 6n-Schwefelsäure 0.32[53]. In 2n-Schwefelsäure ist das Isoxim also knapp zur Hälfte protoniert; die Basizität ist etwas geringer als die Basizität einfacher Säureamide[56].

[55] ANBAR, M., and G. YAGIL: J. Amer. chem. Soc. **84**, 1790 (1962).

[56] ARNETT, E. M. In: Progress in Phys. Org. Chemistry, Vol. 1, p. 344. New York and London: Interscience Publishers 1963.

In starken Mineralsäuren werden die Isoxime bei Raumtemperatur mit Halbwertszeiten von einigen Stunden zu Keton und Hydroxylamin hydrolysiert (Gl. 64). Die Größenordnung der Hydrolysegeschwindigkeit entspricht der der 2-Alkyl-oxaziridine.

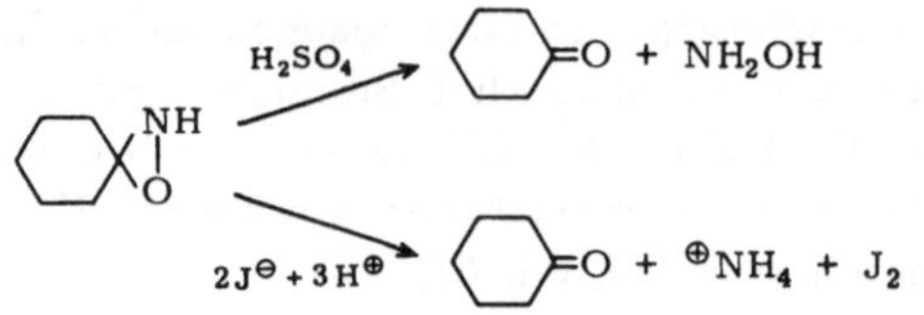

$$\text{Gl. 64}$$

$$\text{Gl. 65}$$

Völlig analog wie bei den 2-Alkyl-oxaziridinen verläuft auch die Reduktion mit Jodid in saurer Lösung. Unter Bildung von Keton und Ammoniak werden zwei Äquivalente Jod freigesetzt (Gl. 65)[51].

Dem Verhalten der 2-Alkyl-oxaziridine entspricht auch die relative Beständigkeit der Isoxime in inerten Lösungsmitteln. Ätherische Lösungen von Cyclohexanon-isoxim sind bei 0 °C einige Wochen haltbar; benzolische Lösungen sind gegen stundenlanges Sieden unempfindlich[53].

Eine direkte Verknüpfung der Isoxime mit den 2-Alkyl-oxaziridinen gelang durch Alkylierung: Aus *71* und tert.-Butylbromid wurde 2-tert.-Butyl-3.3-pentamethylen-oxaziridin erhalten (Gl. 66). Damit war die schon durch die analoge Synthese nahegelegte Oxaziridin-Struktur der Isoxime sichergestellt.

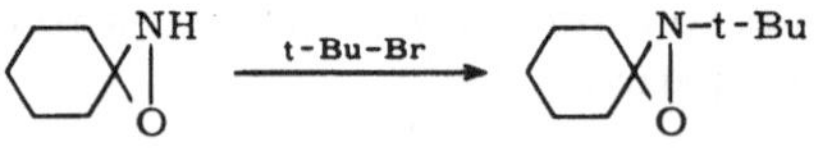

$$\text{Gl. 66}$$

Die geringe Säureempfindlichkeit erlaubte sogar eine Alkylierung in saurem Medium. Cyclohexanon-isoxim ließ sich mit Dimethylolharnstoff zu dem bifunktionellen Oxaziridin *77* kondensieren[52].

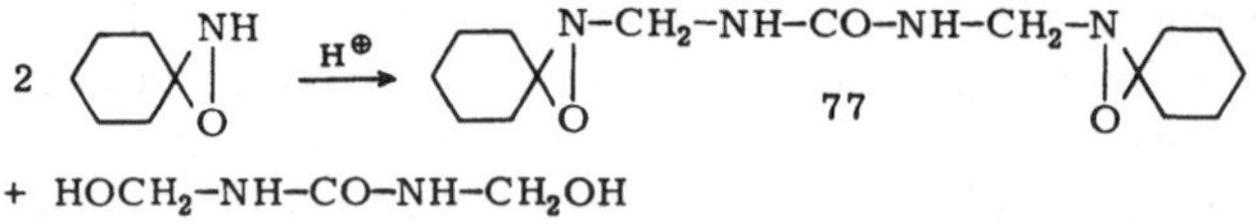

$$\text{Gl. 67}$$

$$+ \; HOCH_2-NH-CO-NH-CH_2OH$$

Analog zu einer Reaktion der entspr. 2-Methyl-Verbindung verläuft schließlich die Umsetzung von *71* mit Eisen(II)-salz. Durch einelektronische Öffnung beider Ringe und Dimerisierung entsteht Decan-1.10-dicarbonsäure-diamid (Gl. 68). Die Ausbeute beträgt nur 11 % der Theorie.

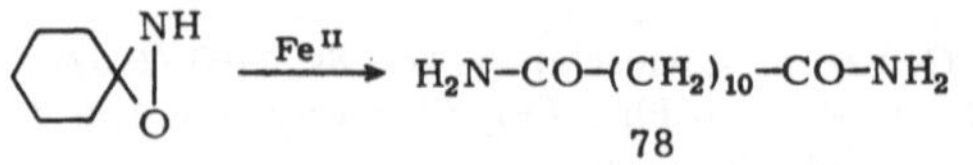

$$\text{Gl. 68}$$

2. Aminierungsreaktionen der Isoxime

Die bisher angeführten Reaktionen der Isoxime waren nach den Erfahrungen an 2-Alkyl-oxaziridinen vorauszusehen und gestatteten eine sichere Einordnung der Isoxime in die Klasse der Oxaziridine. Charakteristisch für die Isoxime ist aber eine Reihe von Reaktionen, die ohne Analogie bei den N-Alkyl-Verbindungen sind. Die Isoxime besitzen eine außerordentlich starke Tendenz, ihren Stickstoff auf andere Moleküle zu übertragen. Diese Aminierungsreaktionen erfolgen in der Mehrzahl der Fälle durch nucleophilen Angriff eines Reaktionspartners auf die NH-Gruppe des Isoxims. So bildet sich beispielsweise (Gl. 69) durch Einwirkung von Methylat auf Cyclohexanon-isoxim (71) unter Knüpfung einer O—N-Bindung ein Derivat des O-Methyl-hydroxylamins (78)[57].

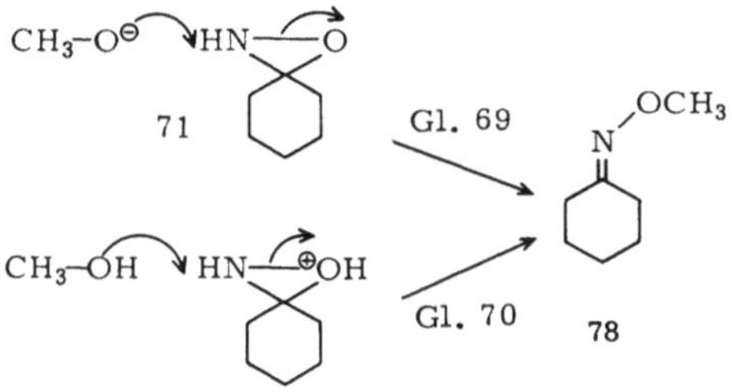

Seltener verlaufen Aminierungen unter Säurekatalyse. Das durch Protonierung in seiner Reaktionsfähigkeit gesteigerte Isoxim vermag wenig nucleophile Komponenten wie Methanol zu aminieren (Gl. 70).

Auch die Hydrolyse der Isoxime zu Hydroxylamin in saurem Medium scheint teilweise als Aminierung des Wassers zu verlaufen. Hydrolyse in ^{18}O-markiertem Wasser führt zu einem teilmarkierten Hydroxylamin[58].

Die Aminierung des Anilins erfordert keine Säurekatalyse. Butanon-isoxim (72) gibt in ätherischer Lösung seine NH-Gruppe an Anilin ab. In 22-prozentiger Ausbeute entsteht Phenylhydrazin (Gl. 71).

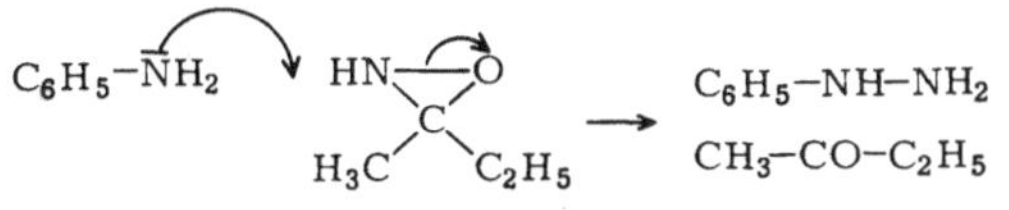

Wesentlich glatter verläuft die Aminierungsreaktion mit aliphatischen SCHIFFschen Basen[52]. Aus N-n-Propyliden-cyclohexylamin (79) und Cyclohexanon-isoxim erhält man in 80-prozentiger Ausbeute das Diaziridin 80. Dessen Hydrolyse zu Cyclohexylhydrazin beweist die eingetretene N—N-Verknüpfung (Gl. 72).

---

[57] SCHMITZ, E.: Stud. Cerc. Chim. (Bukarest) 13, 483 (1965).
[58] SCHMITZ, E., u. G. KOZAKIEWICZ, unveröffentlicht.

$$C_2H_5-CH=N-C_6H_{11}$$

79 → **80** → $C_6H_{11}-NH-NH_2$ Gl. 72

Bei Katalyse durch starke Basen kann auch Säureamid-stickstoff aminiert werden. Formanilid (*81*) reagiert in Gegenwart von Natriumäthylat mit Benzaldehyd-isoxim in 59-prozentiger Ausbeute zu Benzaldehyd-phenylhydrazon (Gl. 73)[53]. Die Formylgruppe wird als Äthylformiat eliminiert.

81 → $C_6H_5-CH=N-NH-C_6H_5$ Gl. 73

Überraschenderweise trat Benzaldehyd-phenylhydrazon auch auf, wenn Benzaldehyd-isoxim (*73*) ohne Reaktionspartner mit äthanolischer Äthylatlösung zersetzt wurde (Gl. 74)[53]. Hauptprodukt der Umsetzung war erwartungsgemäß Benzaldoxim-O-äthyläther (*82*); als drittes Produkt entstand Benzamid.

Während *82* als Aminierungsprodukt des Äthylats sofort plausibel ist, überrascht die Bildung der beiden anderen Produkte. Da Benzaldehydphenylhydrazon nach Gleichung 73 aus Formanilid entstehen kann, scheint Benzaldehyd-isoxim (*73*) sich unter Basenkatalyse zunächst in die isomeren Säureamide Benzamid und Formanilid (*81*) umzulagern. Letzteres wird dann weiter aminiert.

73 $\xrightarrow{C_2H_5O^\ominus}$

$C_6H_5-CH=N-OC_2H_5$ (22%)
82

$C_6H_5-CONH_2$ (13%)   Gl. 74

81 ⟶ $C_6H_5-CH=N-NH-C_6H_5$ (8%)

Besonders eindrucksvoll zeigt sich die Aminierungstendenz des Cyclohexanon-isoxims (*71*) bei der Synthese. In Abwesenheit von aminierbaren Partnern aminiert es unter bestimmten Bedingungen die Vorstufe seiner Bildung (*75*). Unter N—N-Verknüpfung, der eine Eliminierung von Sulfat folgt, bildet sich 1.1'-Dihydroxy-azocyclohexan (*83*)[59]. Das kristalline *83* ist Hauptprodukt, wenn bei der Synthese von Cyclohexanon-isoxim kein organisches Lösungsmittel anwesend ist, das den Dreiring dem wäßrigen Medium entzieht.

---

[59] SCHMITZ, E., R. OHME u. S. SCHRAMM: Angew. Chem. **75**, 208 (1963); Angew. Chem. int. ed. **2**, 157 (1963).

$$\text{71} \qquad \text{75} \qquad \text{83} \qquad\qquad \text{Gl. 75}$$

Die Ausbeute an der Azoverbindung *83* (Gl. 75) beträgt etwa 40 %, berechnet auf Hydroxylamin-O-sulfonsäure. Geht man vom Chloramin aus, liegt sie bei 33 %[60]. *83* ist als Halbaminal des Diimins sehr zersetzlich; in Gegenwart von etwas Säure oder Base zerfällt es in Cyclohexanon und Diimin, das durch seine hydrierenden Eigenschaften nachgewiesen werden kann[61].

Obwohl *83* die doppelte Summenformel des Isoxims hat, ergaben sich bisher keine Hinweise, daß es auch durch Dimerisierung des Isoxims entstehen kann. Es wurde immer nur beobachtet, wenn neben Isoxim noch Keton und Hydroxylamin-O-sulfonsäure oder Chloramin anwesend waren. *83* ist daher nicht Zwischenstufe der alkalischen Zersetzung des Cyclohexanon-isoxims.

Cyclohexanon-isoxim wird bereits durch hydroxyl-haltige Lösungsmittel schnell zersetzt. Während es in Äther wochenlang unzersetzt haltbar ist, zersetzt es sich in Äthanol bei Raumtemperatur innerhalb weniger Minuten. Besonders empfindlich ist *71* gegen wäßrige Natronlauge. Beim Behandeln einer Lösung von *71* in Toluol mit 2n-Natronlauge entstanden Cyclohexanon, Stickstoff und Ammoniak, daneben geringe Mengen Hydrazin und Hydroxylamin (Gl. 76)[53].

$$\text{71} \qquad \xrightarrow{\ominus OH} \qquad =O \qquad \begin{array}{cccc} N_2 & NH_2OH & N_2H_4 & NH_3 \\ 69\% & 1,5\% & 5\% & 21\% \end{array} \qquad \text{Gl. 76}$$

Stickstoff und Ammoniak als Hauptprodukte deuten auf einen Zerfall, wie er für die Aminierungsmittel Chloramin und Hydroxylamin-O-sulfonsäure nachgewiesen worden ist[62]. Der beobachtete Zerfall der Hydroxylamin-O-sulfonsäure in je ein Mol Stickstoff und Ammoniak läßt sich als Folge von drei Aminierungsschritten auffassen (Gl. 77):

$$HO^{\ominus} \xrightarrow{NH_2-X} HO-NH_2 \xrightarrow{NH_2-X} HN=NH \xrightarrow{NH_2-X} N\equiv N + NH_3 \qquad \text{Gl. 77}$$

Dabei ist der dritte Aminierungsschritt in die beiden Teilreaktionen Gl. 78 und 79 aufzulösen, deren Addition den Bruttoumsatz des dritten Aminierungsschrittes ergibt.

---

[60] MURAWSKI, D.: Dissertation, Humboldt-Universität, Berlin 1965.
[61] Zusammenfassung über Diimin: HÜNIG, S., H. R. MÜLLER u. W. THIER: Angew. Chem. **77**, 368 (1965).
[62] SCHMITZ, E., R. OHME u. G. KOZAKIEWICZ: Z. anorg. allg. Chem. **339**, 44 (1965).

$$2 \, HN{=}NH \longrightarrow N_2H_4 + N_2 \qquad \text{Gl. 78}$$

$$N_2H_4 + NH_2{-}X \longrightarrow HN{=}NH + NH_3 \qquad \text{Gl. 79}$$

$$NH{=}NH + NH_2{-}X \longrightarrow N_2 + NH_3$$

Auf die alkalische Zersetzung des Cyclohexanon-isoxims angewendet bedeutet Gleichung 76, daß die Reaktion durch einen Angriff von Hydroxyl-Ion auf die NH-Gruppe des Isoxims eingeleitet wird, was als Analogie zu den anderen Aminierungsreaktionen des Isoxims plausibel ist. Auch der Nachweis von Hydroxylamin und Hydrazin bei der Isoxim-Zersetzung ist mit einer Zersetzung nach den Gleichungen 77—79 vereinbar. Dagegen gelang es nicht, das von Gleichung 79 geforderte Diimin als Zwischenstufe nachzuweisen. Alkalisch zerfallendes Cyclohexanon-isoxim zeigt keine Hydrierwirkung gegenüber Mehrfachbindungen.

Interessant ist das Auftreten von Hydroxylamin bei der alkalischen Zersetzung des Isoxims *71*. Es ist nämlich verschiedentlich versucht worden, das als Primärprodukt der alkalischen Zersetzung von Chloramin vermutete Hydroxylamin durch Zusatz eines Ketons abzufangen. Beispielsweise isolierte R. E. McCoy[63] bei der alkalischen Zersetzung des Chloramins in Gegenwart von Cyclohexanon in geringer Ausbeute Cyclohexanon-oxim. Es ist denkbar, daß sich das Hydroxylamin auf dem Weg über das Isoxim gebildet hatte, denn die Isoxim-Bildung verbraucht Chloramin etwa 1000 mal schneller als die Reaktion des Chloramins mit Hydroxyl-Ion.

M. Anbar und G. Yagil[55] wiesen in Ansätzen, in denen Chloramin mit Alkali reagiert hatte, mit Diacetyl-monoxim und Nickelsalz 2—5 % Hydroxylamin nach. Bei dem Versuch, das Hydroxylamin schon während der Reaktion abzufangen, machten sie die merkwürdige Beobachtung, daß das Dioxim sich zwanzigmal schneller bildete, als für die Hydroxylamin-Bildung aus der bekannten Reaktionsgeschwindigkeit des Chloramins mit Alkali zu erwarten war. Sie postulierten eine nicht näher definierte Reaktion zwischen Carbonyl-Gruppe und Chloramin. Eine Reaktion über ein Isoxim würde die Beobachtungen erklären.

Wenig untersucht ist die thermische Zersetzung der Isoxime. Cyclohexanon-isoxim (*71*) ist ohne Verdünnungsmittel so instabil, daß es noch nicht gelang, es auf ein mehr als 80-prozentiges Produkt anzureichern[53]. Eine Probe von einigen Gramm *71* beginnt sich schon bei Raumtemperatur so heftig zu zersetzen, daß Selbsterhitzung auf 200 °C eintritt. Unter heftiger Stickstoffentwicklung bildet sich Cyclohexanon. Außerdem wurden etwas Ammoniak und Cyclohexanon-azin nachgewiesen. Daneben wurde in 1—3-prozentiger Ausbeute eine kristalline Substanz beobachtet, die als n-Capronsäureamid identifiziert wurde (*84*, Gl. 80).

---

[63] McCoy, R. E.: J. Amer. chem. Soc. 76, 1447 (1954).

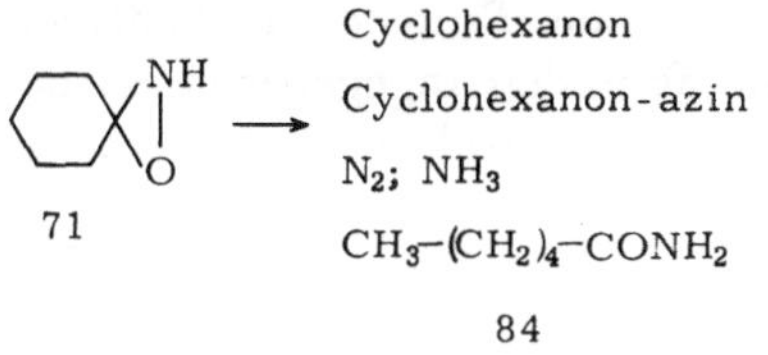

Gl. 80

IV. 2-Acyl-oxaziridine

1. Herstellung von 2-Acyl-oxaziridinen

Die am Stickstoff unsubstituierten Oxaziridine hatten sich als sehr instabil erwiesen. Insbesondere wurden sie unter den alkalischen Bedingungen ihrer Herstellung in ganz kurzer Zeit zersetzt, oft so schnell, daß sie sich dem direkten Nachweis entzogen. Es wurde daher nach Wegen gesucht, die Isoxime durch N-Substitution zu stabilisieren. Zunächst interessierte die Möglichkeit, die Isoxime bei der Herstellung abzufangen. Schon die ersten Versuche zeigten, daß stark oxidierende Acylverbindungen entstanden, wenn bei der Synthese der Isoxime Benzoylchlorid zugesetzt wurde. Nach Gleichung 81 bildeten sich 2-Benzoyl-oxaziridine. Die Ausbeuten einiger orientierender Versuche zeigt Tabelle 9[53].

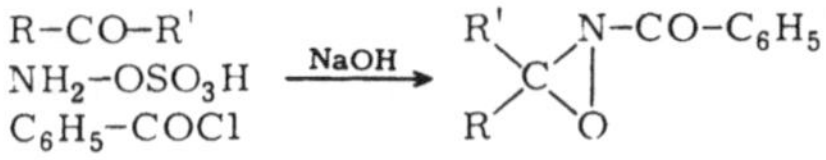

Gl. 81

Tabelle 9. *Jodometrisch ermittelte Ausbeuten an 2-Benzoyl-oxaziridinen bei der Umsetzung von Carbonyl-Verbindungen mit Hydroxylamin-O-sulfonsäure und Benzoylchlorid (Gl. 81)*

Carbonyl-Verbindung	Ausb. in %
Isobutyraldehyd	20
Oenanthaldehyd	18
Cyclopentanon	17
Cycloheptanon	16
Diacetonalkohol	28
Benzaldehyd	27
p-Nitro-benzaldehyd	15

Die Mehrzahl der in Tabelle 9 aufgeführten Carbonyl-Verbindungen, beispielsweise die aliphatischen Aldehyde, hatten in Abwesenheit des Benzoylchlorids keine nachweisbaren Mengen Isoxim ergeben. Durch Abfangen der Isoxime läßt sich der Anwendungsbereich der Oxaziridin-Synthese also erweitern.

Aus Cyclohexanon und aus Trimethyl-acetaldehyd wurden die 2-Benzoyl-oxaziridine *85* und *86* in den angegebenen Ausbeuten präparativ hergestellt. Mit p-Nitro-benzoylchlorid wurde *87* erhalten.

$$85\ (40\,\%) \qquad\qquad 86\ (30\,\%) \qquad\qquad 87\ (57\,\%)$$

Setzte man bei der Synthese des Cyclohexanon-isoxims Phosgen zu, so bildete sich in 40-prozentiger Ausbeute das Säurechlorid *88*, das mit Ammoniak beziehungsweise Dimethylamin zu den Harnstoff-Derivaten *89* und *90* umgesetzt wurde (Gl. 82).

$$88 \qquad\qquad\qquad\qquad 89\colon R = H$$
$$90\colon R = CH_3$$

Gl. 82

Da sehr bald die ungewöhnliche Reaktivität der 2-Acyl-oxaziridine erkannt wurde, wurde eine größere Anzahl verschieden substituierter Verbindungen benötigt. Sie wurden durch Acylierung der zunächst in Lösung hergestellten Isoxime des Cyclohexanons, Benzaldehyds oder Butanons hergestellt. Als Acylierungsmittel dienten Säurechloride, Isocyanate, Cyansäure oder Acetanhydrid, wobei die in Tabelle 10 zusammengestellten 2-Acyloxaziridine erhalten wurden.

Tabelle 10. *N-Acylierung von Isoximen*

Isoxim aus	Acylierungsmittel	Ausb. in %	Schmp. [°C]	jodometr. ermittelte akt. Substanz in %
Butanon	p-Nitrophenylisocyanat	70	96—98	99
Cyclohexanon	Acetanhydrid	70	Sdp.$_{0.3}$ 51–53	97
Cyclohexanon	Cyansäure	74	128	99
Cyclohexanon	n-Butyl-isocyanat	75	58	100
Cyclohexanon	Phenyl-isocyanat	86	107—108	99.5
Cyclohexanon	p-Tosyl-isocyanat	61	82—84	94
Benzaldehyd	p-Nitro-benzoylchlorid	31	132*	97
Benzaldehyd	Cyansäure	60	111—112	100
Benzaldehyd	n-Undecyl-isocyanat	40	67—68	79.5

* Schmp. des durch Umlagerung gebildeten 1.3.4-Dioxazols.

Wie die Ausbeuten der Tabelle 10 erkennen lassen, verlief die Acylierung in der Regel glatt. Komplikationen ergaben sich nur in einem Falle. Die

Umsetzung von 3-Phenyl-oxaziridin (*73*) mit p-Nitro-benzoylchlorid in Äther ergab zwei oxydierende Verbindungen, von denen eine das erwartete p-Nitro-benzoyl-Derivat *91* war. Die andere Verbindung war chlor-haltig und erwies sich als N-Chlor-p-nitrobenzamid (*92*). Da die N-Chlor-Verbindung unter den Reaktionsbedingungen nicht aus *91* entsteht, muß sie bereits in einem mit der Acylierung konkurrierenden Schritt gebildet werden, etwa nach Gleichung 83[53].

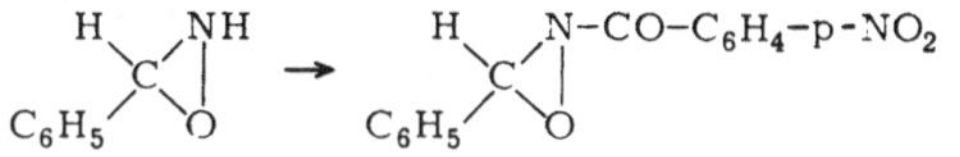

Ein mit *85* in Schmelzpunkt und dünnschichtchromatographischem Verhalten identisches 2-Benzoyl-3.3-pentamethylen-oxaziridin wurde in geringer Menge bei der Ozonisierung von Biscyclohexyliden in Gegenwart von Benzamid gebildet[64].

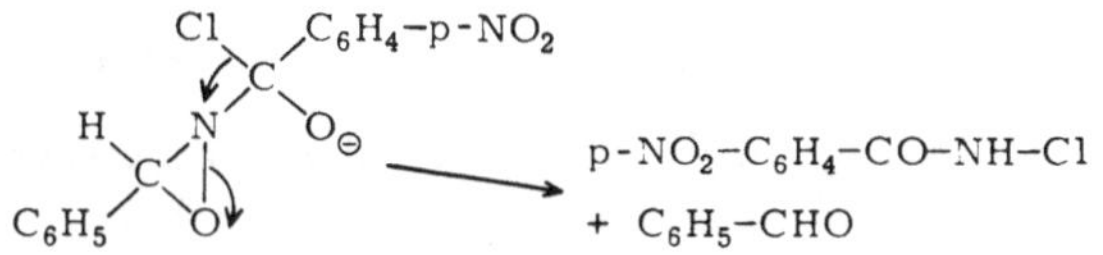

Der Strukturbeweis der 2-Acyl-oxaziridine gründet sich hauptsächlich auf die Reduktion mittels Jodid[65]. Sie verläuft in allen Fällen praktisch quantitativ und liefert entsprechend Gleichung 84 die Acyl-Komponente als Säureamid, die Carbonyl-Komponente und zwei Äquivalente Jod.

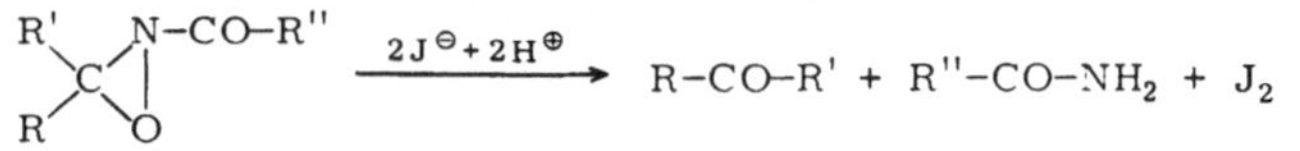

Benzamid, p-Nitro-benzamid beziehungsweise Phenylharnstoff wurden in 70—80-prozentiger Ausbeute aus jodometrischen Reduktionsansätzen entsprechend substituierter Oxaziridine isoliert, die Carbonyl-Komponenten in etwa 90-prozentiger Ausbeute. Die titrimetrisch ermittelten Ausbeuten an Jod sind in Tabelle 10 aufgeführt.

Ebenso wie im Oxidationsvermögen stimmen die 2-Acyl-oxaziridine in der Stabilität gegen Säure mit den 2-Alkyl-oxaziridinen überein. Die bei saurer Hydrolyse zu erwartenden Hydroxamsäuren ließen sich qualitativ durch die Eisen(III)-chlorid-Reaktion nachweisen. Sie ließen sich aber

[64] SCHULZ, M., A. RIECHE u. D. BECKER: Chem. Ber. **99**, 3233 (1966). BECKER, D.: Dissertation Humboldt-Universität, Berlin 1966.

[65] SCHMITZ, E., R. OHME and S. SCHRAMM: Tetrahedron Letters No. **23**, 1857 (1965).

nicht anreichern, da sie unter den relativ energischen Hydrolysebedingungen
weitergespalten wurden. Beispielsweise mußte zur vollständigen Hydrolyse

$$\text{Gl. 85}$$

des 2-Benzoyl-3.3-pentamethylen-oxaziridins (*85*) zwei Stunden mit sieden-
der zweinormaler Schwefelsäure behandelt werden. Die Hydrolyse ergab
Benzoesäure (69 %), Hydroxylamin (39 %) und Cyclohexanon (90 %)
(Gl. 85).

2. Isomerisierungsreaktionen der 2-Acyl-oxaziridine

a) Ringerweiterung zu Dioxazolen

An den 2-Acyl-oxaziridinen wurden drei Isomerisierungen unter Erhaltung der Summenformel beobachtet[53]. Am verbreitetsten ist eine Ringerweiterung, in deren Verlauf die C—N-Bindung des Dreiringes gelöst
und eine neue Bindung zum Carbonylsauerstoff geknüpft wird. Es entstehen 1.3.4-Dioxazole (*93*, Gl. 86).

$$\text{Gl. 86}$$

In Tabelle 11 sind einige Beispiele der Ringerweiterung zusammengestellt. Die je nach Art der Substituenten für eine vollständige Umlagerung

Tabelle 11. *Ringerweiterung von 2-Acyl-oxaziridinen zu 1.3.4-Dioxazolen,
entsprechend Gleichung 86*

Nr.	Acylrest	Substitution am Ring-C-atom	Reaktionsbe- dingungen	Ausbeute in % d. Th.
1.	Benzoyl	3.3-Pentamethylen	6 Stdn., sied. Toluol	64
2.	p-Nitro-benzoyl	3.3-Pentamethylen	6 Stdn., sied. Benzol	58
3.	Benzoyl	3-Phenyl	0.5 Stdn., sied. Benzol	49
4.	p-Nitro-benzoyl	3-Phenyl	15 Min., sied. Benzol	81
5.	Acetyl	3-Phenyl	10 Min., * 70°	54
6.	Benzoyl	3-tert.-Butyl	10 Stdn., sied. Toluol	keine Reaktion

* In Gegenwart von etwas Schwefelsäure umgelagert.

erforderlichen Reaktionsbedingungen deuten auf eine polare Öffnung des Dreiringes entsprechend dem in Gleichung 86, Formel *85*, eingezeichneten Pfeil. Diese Ringöffnung wird sowohl durch Übergang zu einer stärkeren Säure als Acylkomponente (Beispiele 1 und 2) als auch durch zunehmende Alkylsubstitution am Ringkohlenstoff (Beispiele 6 und 1) begünstigt.

Im präparativen Ergebnis ähnelt die Reaktion der bekannten Ringerweiterung von 1-Acyl-aziridinen zu Oxazolinen[66] (Gl. 87).

$$\text{Gl. 87}$$

Das bei der Ringerweiterung der 2-Acyl-oxaziridine entstehende Ringsystem war bereits bekannt. Nach O. Exner[67] bildet es sich in einigen Fällen aus Ketalen durch Umsetzung mit Hydroxamsäuren. Die Reaktion von Cyclohexanon-diäthylacetal mit Benzhydroxamsäure oder p-Nitro-benzhydroxamsäure (Gl. 88) lieferte Verbindungen, die mit den Ringerweiterungsprodukten der Beispiele 1 und 2 (Tabelle 11) identisch waren[65].

$$\text{Gl. 88}$$

Das Ringerweiterungsprodukt des Beispiels 3 war durch 1.3-dipolare Addition von Benzonitril-oxid an Benzaldehyd hergestellt worden (Gl. 89)[68].

$$\text{Gl. 89}$$

Zwei weitere Strukturen (*94* und *95*), die mit den 2-Acyl-oxaziridinen isomer sind und formal aus Carbonyl-Verbindung, Hydroxylamin und Acylgruppe aufgebaut werden können, sind für die Isomerisierungsprodukte auszuschließen. Die O-Acyloxime (*94*) sind bekannt und mit den hier diskutierten Verbindungen nicht identisch. Sie sollten zudem gegenüber Jodid oxidierend wirken[69].

$$\begin{array}{cc}
\underset{R}{\overset{R'}{\diagup}}C=N-O-CO-R'' & \underset{R}{\overset{R'}{\diagup}}C=\overset{\oplus}{N}\diagdown\underset{O^{\ominus}}{\overset{CO-R''}{}}\\
94 & 95
\end{array}$$

[66] Heine, H. W.: Angew. Chem. **74**, 772 (1962).

[67] Exner, O.: Coll. Czech. Chem. Comm. **21**, 1500 (1956); Chem. Listy **50**, 779 (1956); C. A. **50**, 15477 g (1956).

[68] Huisgen, R., and W. Mack: Tetrahedron Letters (London), No. **17**, 583 (1961).

[69] Zinner, G.: Angew. Chem. **69**, 480 (1957).

Durch das Fehlen der Carbonyl-Bande im IR-Spektrum der Isomerisierungsprodukte wird sowohl die Struktur eines O-Acyl-oxims (*94*) als
auch die N-Acyl-nitron-Struktur (*95*) ausgeschlossen.

Die Dioxazole besitzen nicht mehr die Säurestabilität der 2-Acyl-
oxaziridine. Der durch die EXNERsche Synthese nahegelegte Charakter als
acetalartige Verbindungen der Hydroxamsäuren wird durch die Hydrolyse
bestätigt:

$$\text{(Struktur 96)} \quad \longrightarrow \quad p\text{-}NO_2\text{-}C_6H_4\text{-}CO\text{-}NHOH \qquad \text{Gl. 90}$$

96 wurde von zweinormaler Schwefelsäure bei kurzem Erwärmen in
Cyclohexanon und p-Nitro-benzhydroxamsäure gespalten (Gl. 90)[53].

b) Isomerisierung zu einem O-Carbamoyl-oxim

Ein anderer Verlauf der Isomerisierung wurde beobachtet, als das Addukt aus Benzaldehyd-isoxim und Phenyl-isocyanat (*97*) erwärmt wurde. Es
ging in siedendem Toluol innerhalb einer Stunde in 75-prozentiger Ausbeute in ein Isomeres über, das zum Unterschied von den Dioxazolen noch
oxidierend gegenüber Jodid wirkte. Es wurde als O-Phenylcarbamoyl-
benzaldoxim (*99*) identifiziert[65].

$$\text{(97)} \quad \longrightarrow \quad \text{[(98)]} \quad \longrightarrow \quad \text{(99)} \qquad \text{Gl. 91}$$

Die Umwandlung nach Gleichung 91 erinnert etwas an die thermische
Isomerisierung von 2-Alkyl-oxaziridinen zu Nitronen (Gleichung 16), die,
ausgehend von *97*, ein N-Acyl-nitron (*98*) ergeben müßte. N-Acyl-nitrone
sind jedoch nicht stabil; alle Versuche zu ihrer Herstellung haben zu den
isomeren O-Acyl-oximen geführt[67]. Die Zwischenstufe *98* läßt eine Stabilisierung zu *99* unter Acylwanderung sehr plausibel erscheinen.

c) Diacylimid-Bildung

Ebenfalls unter Erhaltung der Bruttozusammensetzung verläuft eine
Reaktion, die bei der Umsetzung von 2-Acyl-oxaziridinen mit Aminen
entdeckt wurde. Cyclohexylamin in Benzol verwandelte das p-Nitroben-

zoyl-Derivat des 3-Phenyl-oxaziridins (*91*) schon bei Raumtemperatur in p-Nitrobenzoyl-benzamid (*100*; Gl. 92)[53].

$$H\diagdown \underset{C_6H_5\diagup}{\overset{H}{C}}\diagup \overset{N-CO-C_6H_4-p-NO_2}{\underset{O}{|}} \quad \xrightarrow[\text{5 Min., 20°}]{C_6H_{11}-NH_2} \quad C_6H_5-CO-NH-CO-C_6H_4-p-NO_2 \qquad Gl.\ 92$$

$$91 \qquad\qquad\qquad\qquad\qquad\qquad\qquad\qquad 100$$

Der Mechanismus der Reaktion ist ungeklärt. Die Lösung der C—H-Bindung vom C-Atom des Dreiringes muß trotz der denkbar ungünstigen sterischen Verhältnisse mit der Lösung der O—N-Bindung gekoppelt sein, um unter derart milden Bedingungen ablaufen zu können.

3. Aminierungsreaktionen der 2-Acyl-oxaziridine

Die Isomerisierung des 2-Acyl-oxaziridins *91* bei Einwirkung von Cyclohexylamin ist ein Einzelfall. In der Regel führt die Reaktion von 2-Acyl-oxaziridinen mit Aminen zur Knüpfung von N—N-Bindungen. Der Reaktionsverlauf war zunächst undurchsichtig. Die Gleichungen 93 und 94 zeigen zwei Versuche, deren Ergebnisse zunächst schwer zu vereinen waren[70].

$$H\diagdown \underset{C_6H_5\diagup}{\overset{H}{C}}\diagup \overset{N-CO-NH-C_6H_5}{\underset{O}{|}} \quad \xrightarrow[\substack{\text{5 Min.,}\\\text{Benzol, 25°}}]{C_6H_{11}-NH_2} \quad C_6H_{11}-NH-NH-CO-NH-C_6H_5 \qquad Gl.\ 93$$

$$97 \qquad\qquad\qquad\qquad\qquad\qquad\qquad 101\ (61\%)$$

$$\underset{O}{\diagdown}\overset{N-CO-NH-C_6H_5}{\underset{|}{}} \quad \xrightarrow[\substack{\text{5 Min., sied.}\\\text{Methanol}}]{C_6H_{11}-NH_2} \quad C_6H_5-NH-NH-CO-NH-C_6H_{11} \qquad Gl.\ 94$$

$$102 \qquad\qquad\qquad\qquad\qquad\qquad\qquad 103\,(92\%)$$

Zwei sehr ähnliche Verbindungen, *97* und *102*, ergaben mit dem gleichen Reagenz unter ähnlichen Reaktionsbedingungen substituierte Semicarbazide mit vertauschten Positionen der Substituenten (*101* und *103*)[53]. Die Strukturen der Reaktionsprodukte sind gesichert. *101* wurde zum Vergleich aus einem Derivat des Cyclohexyl-hydrazins mit Phenyl-isocyanat, *103* aus Phenylhydrazin und Cyclohexyl-isocyanat synthetisiert.

Die beiden Reaktionen, von denen die erste zur Knüpfung einer N—N-Bindung zum zugesetzten Amin führt, die zweite zur Knüpfung einer N—N-Bindung zwischen den beiden Stickstoffatomen des 2-Acyl-oxaziridins, erwiesen sich als verallgemeinerungsfähig. Beide Reaktionen erlauben einfache Synthesen von Hydrazin-Derivaten.

---

[70] SCHMITZ, E., R. OHME u. S. SCHRAMM, unveröffentlicht.

a) Intramolekulare N—N-Knüpfung an 2-Carbamoyl-oxaziridinen

Von den beiden Aminierungsreaktionen (Gl. 93 und 94) war die zweite besonders merkwürdig. Hier wurde durch ein Amin eine N—N-Verknüpfung ausgelöst, an der dieses Amin selbst nicht beteiligt war. Ein Hinweis auf den Reaktionsverlauf ergab sich, als beobachtet wurde, daß die Reaktion basenkatalysiert ist. Versetzte man beispielsweise eine methanolische Lösung des Oxaziridins *97* mit etwas verdünnter Natronlauge, so verschwand das Ausgangsmaterial innerhalb von Sekunden, erkennbar an dem Verschwinden des Oxidationsvermögens gegenüber Jodid. In 50-prozentiger Ausbeute bildete sich das Phenylhydrazin-Derivat *104*[65] (Gl. 95).

$$\underset{97}{\underset{C_6H_5}{\overset{H}{\diagup}}\overset{N-CO-NH-C_6H_5}{\underset{O}{C}}} \quad \xrightarrow[\text{CH}_3\text{OH}]{^\ominus\text{OH}} \quad \underset{104}{\overset{C_6H_5-CHO}{C_6H_5-NH-NH-CO-OCH_3}} \qquad \text{Gl. 95}$$

Die Reaktion wird verständlich, wenn man eine Deprotonierung am Anilin-stickstoff annimmt. Dadurch wird der Stickstoff nucleophil und greift den Dreiring-Stickstoff des eigenen Moleküls an (Gl. 96); durch N—N-Knüpfung bildet sich intermediär ein Diaziridinon (*105*).

$$\underset{C_6H_5}{\overset{O}{\diagup}}\overset{CO}{\underset{C}{N}}\overset{}{\underset{H}{\diagdown}} N-C_6H_5 \quad \longrightarrow \quad \underset{105}{HN \overset{\overset{O}{\parallel}}{\underset{C}{\diagup\diagdown}} N-C_6H_5} \quad \xrightarrow{\text{CH}_3\text{OH}} \quad 104 \qquad \text{Gl. 96}$$

Die Bildung des Dreiringes *105* paßt in das Reaktionsschema, nach dem praktisch alle Dreiringe mit zwei Heteroatomen entstehen: Intramolekularer Angriff eines nucleophilen Heteroatoms auf eine vom zweiten Heteroatom ausgehende energiereiche Bindung. Öffnung des Dreiringes *105* unter Aufnahme von Methanol führt dann zum N′-Methoxycarbonyl-phenylhydrazin (*104*).

Die Annahme eines Diaziridinons als Zwischenstufe erscheint gerechtfertigt, da ein Vertreter dieser Verbindungsklasse bekannt ist[71] und dessen Bildungsweg gewisse Ähnlichkeiten mit Gl. 96 aufweist. Er entsteht durch intramolekularen Angriff eines deprotonierten Säureamid-Stickstoffs auf eine N-Halogenbindung.

Ein Reaktionsverlauf entsprechend Gleichung 96 läßt voraussehen, daß die Reaktion ausbleibt, wenn der Säureamid-Stickstoff nicht deprotoniert werden kann. Tatsächlich ist die Dimethylamino-Verbindung *106* gegen Natronlauge selbst in der Siedehitze stabil[53].

---

[71] GREENE, F. D., and J. C. STOWELL: J. Amer. chem. Soc. **86**, 3569 (1964).

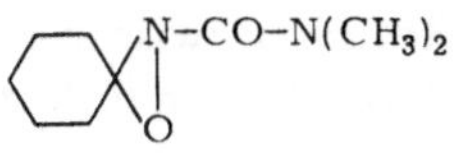

$$106 \qquad 107$$

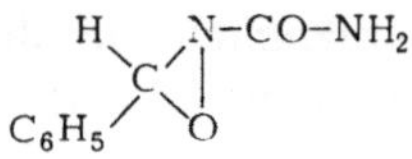

Die intramolekulare N—N-Knüpfung ist ziemlich leicht zu verallgemeinern. Im Gegensatz zu anderen Reaktionen der 2-Acyl-oxaziridine besteht kein grundsätzlicher Unterschied zwischen den vom Cyclohexanon und vom Benzaldehyd abgeleiteten Verbindungen. Die beiden Carbamoyloxaziridine *107* und *108* liefern bei Alkalibehandlung in jeweils fast 90-prozentiger Ausbeute Hydrazin; die etwas reaktionsfähigere Verbindung *107* schon bei Raumtemperatur, *108* bei kurzem Erwärmen. Als Zwischenstufe sollte hier der Grundkörper der Diaziridinone auftreten (*109*), der bei der Weiterreaktion zum Hydrazin die Stufe eines Derivates der Hydrazincarbonsäure passieren sollte. In 70-prozentiger Ausbeute ließ sich der Äthylester *110* fassen, wenn die alkalische Zersetzung von *108* mit Natriumäthylat vorgenommen wurde (Gl. 97).

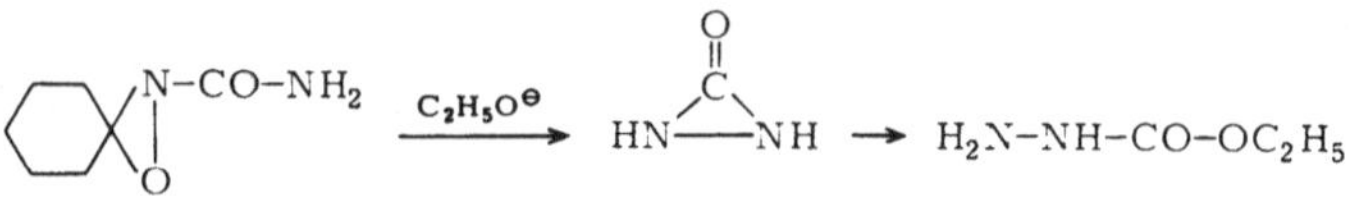

$$108 \qquad 109 \qquad 110 \qquad \text{Gl. 97}$$

Ebenfalls weitgehend unabhängig ist die Reaktion vom Substituenten der Carbamoyl-Gruppe. Ebenso leicht wie die Synthese von Derivaten des Phenylhydrazins und des unsubstituierten Hydrazins gelingt die Herstellung von Alkyl-hydrazinen. Das Addukt von Butyl-isocyanat an Pentamethylen-oxaziridin (*111*) geht bei kurzem Erwärmen mit wäßrig-äthanolischer Natronlauge in 78-prozentiger Ausbeute in Butylhydrazin über (Gl. 98).

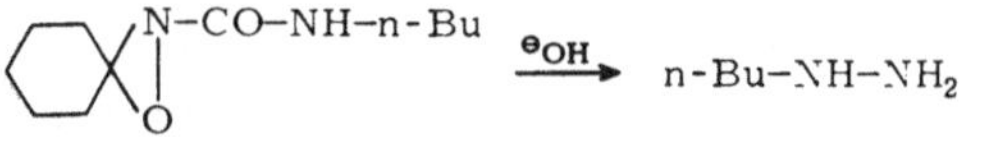

$$111 \qquad \text{Gl. 98}$$

Als basische Katalysatoren sind bereits Amine ausreichend. Das Oxaziridin *102*, das mit Methylat den Ester *104* bildet, reagiert mit Ammoniak zum 1-Phenyl-semicarbazid (*112*, Gl. 99). Ammoniak wirkt also nicht nur als Base, sondern tritt als Reaktionspartner in das Molekül ein.

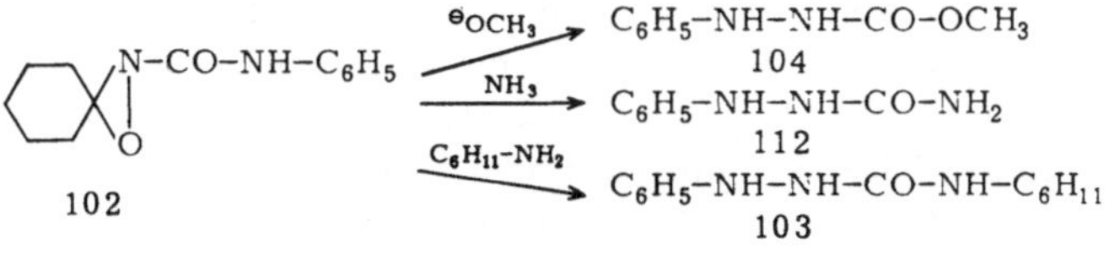

$$102 \qquad 104 \qquad 112 \qquad 103 \qquad \text{Gl. 99}$$

Damit ist die anfänglich rätselhafte Reaktion zwischen 2-Carbamoyl-oxaziridinen und Aminen (Gl. 94) aufgeklärt. Das Amin löst zunächst als basischer Katalysator eine N—N-Knüpfung aus, an der es selbst nicht beteiligt ist, reagiert aber anschließend mit der Diaziridinon-Zwischenstufe zu einem Derivat des Semicarbazids. Ersetzt man in Gleichung 99 Ammoniak durch Cyclohexylamin, so erhält man die im Anfang des Abschnitts beschriebene Bildung von 1-Phenyl-4-cyclohexyl-semicarbazid (*103*, Gl. 94).

b) Intermolekulare Aminierungen mit 2-Acyl-oxaziridinen

Der zweite Weg zu substituierten Semicarbaziden (Gl. 93) ist nach den Erfahrungen an den Isoximen relativ leicht zu deuten. Die Reaktion erscheint als nucleophiler Angriff der zugesetzten Base auf den Stickstoff des Dreiringes. Die Reaktion ist in Gleichung 100 für einen ähnlichen Fall formuliert: Piperidin reagiert mit 2-p-Nitrobenzoyl-3-phenyl-oxaziridin (*91*) zu dem Säurehydrazid *113*[65].

$$C_6H_5\text{-}CHO$$
$$p\text{-}NO_2\text{-}C_6H_4\text{-}CO\text{-}NH\text{-}N \qquad \text{Gl. 100}$$

91   113

Bemerkenswert ist die Geschwindigkeit dieser und ähnlicher Reaktionen. Die Umsetzung entsprechend Gleichung 100 läuft in Benzol unterhalb Raumtemperatur innerhalb weniger Minuten fast quantitativ ab, verläuft also noch um Größenordnungen schneller als die Aminierungsreaktionen des Cyclohexanon-isoxims (Gl. 71 und 72), die bei Raumtemperatur etwa einen Tag dauern.

Einige weitere Beispiele zeigt Gleichung 101. Wieder entstehen in 1-Stellung alkylierte Semicarbazide, wenn mit einem sekundären oder primären Amin umgesetzt wird. Mit Ammoniak bildet sich unsubstituiertes Semicarbazid, das mit dem in der Reaktion freigesetzten Benzaldehyd zum Benzaldehydsemicarbazon reagiert.

$$N\text{-}NH\text{-}CO\text{-}NH_2 \qquad 70\,\%$$
$$C_6H_{11}\text{-}NH\text{-}NH\text{-}CO\text{-}NH_2 \qquad 85\,\% \qquad \text{Gl. 101}$$
$$C_6H_5\text{-}CH\text{=}N\text{-}NH\text{-}CO\text{-}NH_2 \quad 82\,\%$$

107

Die Umsetzung von *107* mit Ammoniak (Gl. 101) ist mechanistisch bereits ein Grenzfall, wie ein Versuch mit N-15-markiertem Ammoniak zeigte. Ein nucleophiler Angriff des markierten Ammoniaks auf unmarkierten Dreiring-Stickstoff sollte zu einem Semicarbazid führen, das alle Markierung in 1-Stellung enthält. Gefunden wurden in 1-Stellung jedoch nur 96 % der Markierung (Gl. 102). Die restliche Markierung befand sich in 4-Stellung. Hier führen also zwei konkurrierende Reaktionen zum gleichen Produkt[72].

$$\begin{array}{c}
\underset{107}{\overset{\displaystyle H}{\underset{C_6H_5}{>}}C\overset{N-CO-NH_2}{\underset{O}{<}}} \quad\xrightarrow{^{15}NH_3}\quad
\begin{array}{l}
{}^{15}NH_2-NH-CO-NH_2 \quad 96\% \\[4pt]
NH_2-NH-CO-{}^{15}NH_2 \quad 4\%
\end{array}
\end{array} \qquad \text{Gl. 102}$$

Die glatt verlaufenden Aminierungen sind auf die vom Benzaldehyd abgeleiteten 2-Acyl-oxaziridine beschränkt. Das vom Cyclohexanon abgeleitete 2-Benzoyl-3.3-pentamethylen-oxaziridin reagierte mit Piperidin erst in siedendem Äthanol und lieferte nur 11 % des Säurehydrazids *114* (Gl. 103).

$$\underset{85}{\text{oxaziridin}} \quad\xrightarrow{\text{Piperidin}}\quad C_6H_5-CO-NH-\underset{114}{N} \qquad \text{Gl. 103}$$

Die Übertragung einer Acylamid-Gruppierung auf nucleophile Partner hat wenig Analogien. Die sehr stark nucleophilen Thioäther können bei der

$$\underset{CH_3-CO}{\overset{R_2SI}{>}}NH-Cl \quad\rightarrow\quad \underset{CH_3-CO}{\overset{R_2S^{\oplus}}{>}}NH \qquad \text{Gl. 104}$$

Umsetzung mit N-chlorierten Säureamiden eine Bindung vom Schwefel zum Stickstoff herstellen (Gl. 104)[73].

c) Bildung von Triazanen aus 2-Acyl-oxaziridinen und Hydrazinen

Die ungewöhnlich große Geschwindigkeit, mit der manche 2-Acyl-oxaziridine ihre Stickstoff-Funktion auf nucleophile Partner übertragen, erlaubt die Gewinnung von zersetzlichen Amidoverbindungen, die auf anderen Wegen nicht zugänglich sind. So wurde ein Zugang zu substituierten Triazanen gefunden. N. N-Dimethylhydrazin reagiert analog den Aminen mit 2-Carbamoyl-Derivaten des 3-Phenyl-oxaziridins. Mit *97* erfolgt innerhalb von Sekunden Aminierung (Gl. 105)[74]. Das in Benzol schwerlösliche Oxaziridin *97* geht auf Zusatz von Dimethylhydrazin in Lösung; nach etwa zwei Minuten kristallisiert das Triazanium-betain *115* aus. Die Ausbeute beträgt etwa 70 %, bei einer analogen Verbindung, der die Phenyl-Gruppe fehlt, 80 %.

---

[72] Schmitz, E., u. G. Kozakiewicz, unveröffentlicht.
[73] Likhosherstov, M. V.: J. allg. Chem. **17**, 1478 (1947); C. A. **43**, 172 d (1949).
[74] Schmitz, E., S. Schramm und H. Simon: Angew. Chem., im Druck.

$$\text{(97)} \quad \text{Gl. 105}$$

Damit existiert ein einfacher Zugang zu den noch fast völlig unerforschten Homologen des Hydrazins.

Die außerordentlich milden Herstellungsbedingungen waren eine wesentliche Voraussetzung für die Entdeckung der Triazanium-betaine, denn die Lebensdauer der Verbindungen übersteigt kaum die kurzen Reaktionszeiten ihrer Herstellung. Die Triazanium-betaine versuchen auf verschiedenen Wegen, eine ihrer N—N-Bindungen zu lösen. 1-(N-Phenylcarbamoyl)-2.2-dimethyltriazanium-betain (*115*) zersetzt sich sowohl in neutraler wäßriger Lösung als auch in festem Zustand unter Bildung von Phenylharnstoff (Gl. 106). Zweites Produkt ist Tetramethyl-tetrazen (*116*).

$$\text{(115)} \quad \text{Gl. 106}$$

Eine außerordentlich schnelle Spaltung von *115* erfolgt durch Jodid in saurer Lösung, das anscheinend am unsubstituierten Molekülende angreift. Es entsteht Ammoniak unter Freisetzung von zwei Äquivalenten Jod.

Die Reaktion mit Jodid verläuft nicht quantitativ; *115* setzt ebenso wie die phenyl-freie Verbindung nur 70—75 % der berechneten Jodmenge frei. Es konkurriert nämlich eine sehr schnelle Zersetzung der Triazanium-betaine durch Säure. *115* wird durch verdünnte Mineralsäure in ungefähr einer Sekunde gespalten, wobei eine der Methyl-Gruppen in Formaldehyd übergeht. Bei der sauren Zersetzung von *117* wurden 0.86 Mol Formaldehyd gefunden (Gl. 107).

$$\text{(117)} \quad \text{Gl. 107}$$

Die Triazanium-betaine haben den quartären Stickstoff als Strukturmerkmal mit den Dialkyl-triazaniumsalzen (*118*)[75] gemeinsam. Die Annahme, daß Triazan-Derivate nur dann zugänglich sind, wenn der mittlere Stickstoff quartär ist, erwies sich jedoch als unrichtig. Auch aus Monoalkylhydrazinen ließen sich Triazane herstellen. Aus dem Oxaziridin *107* entstand mit Methylhydrazin das Triazan *119*.

---

[75] Gösl, R.: Angew. Chem. **74**, 470 (1962).

$$H_2N-\overset{R}{\underset{R}{\overset{\oplus}{N}}}-NH_2 \qquad H_2N-N-NH-CO-NH_2$$
$$\underset{CH_3}{}$$

118 119

Die Verbindung *119* wirkt ebenfalls oxidierend gegenüber Jodid. Aber auch hier ist die Ausbeute nicht quantitativ, da andere Spaltungen konkurrieren. Sowohl durch Säure als auch beim Aufbewahren der kristallinen Substanz erfolgt N—N-Spaltung unter Freisetzung von Ammoniak. Daneben treten Formaldehyd und Semicarbazid auf. Das Semicarbazid enthält die bei der Triazan-Bildung neu geknüpfte N—N-Bindung (Gl. 108).

$$H_2N-\underset{CH_3}{N}-NH-CO-NH_2 \;\rightarrow\; NH_3;\; CH_2O;\; H_2N-NH-CO-NH_2 \qquad \text{Gl. 108}$$

119

Ähnlich, aber über eine weitere faßbare Zwischenstufe, verläuft die Zersetzung der entsprechenden Cyclohexyl-Verbindung *120*. Sie entsteht aus dem Oxaziridin *97* und Cyclohexylhydrazin in 70-prozentiger Ausbeute als kristalline Verbindung. Die farblosen Kristalle von *120* gehen beim Versetzen mit verdünnter Salzsäure augenblicklich in gelbe Kristalle über, in denen die Azoverbindung *121* vorliegt (Gl. 109).

$$\begin{array}{ccc} & & \\ \end{array}$$

$$\text{97} \xrightarrow{\;C_6H_{11}-NH-NH_2\;} H_2N-\underset{C_6H_{11}}{N}-NH-CO-NH-C_6H_5 \qquad \text{Gl. 109}$$

120

$$NH_3 \;+\; C_6H_{11}-N=N-CO-NH-C_6H_5$$

121

Wie zu erwarten zerfällt die Azoverbindung durch Säurebehandlung leicht in Cyclohexanon und 4-Phenyl-semicarbazid.

V. Oxaziridine als Zwischenstufen von Umsetzungen

Verschiedentlich sind Oxaziridine als Zwischenstufen von Reaktionsfolgen angenommen worden. Die in den letzten Jahren an authentischen Oxaziridinen gewonnenen Erfahrungen gestatten eine Diskussion dieser in der Regel nicht direkt nachgewiesenen Oxaziridine.

1. Bei Belichtung von *122* in Äthanol bilden sich p-Chlor-nitrosobenzol und Phenanthridon (Gl. 110)[76]. Als Zwischenstufen werden *123* und das Oxaziridin *124* angenommen. Der Übergang des Oxaziridins in Phenanthridon entspricht der bekannten Isomerisierung der 1.3-Diaryl-oxaziridine in Säureamide.

---

[76] TAYLOR, E. C., B. FURTH and M. PFAU: J. Amer. chem. Soc. **87**, 1400 (1965).

$$122 \quad\quad 123 \quad\quad 124 \quad\quad + \text{Ar-NO} \qquad\qquad \text{Gl. 110}$$

$$\text{Ar} = \text{p-Cl-C}_6\text{H}_4$$

2. Die Belichtung von Tolan in Nitrobenzol liefert Dibenzoylanilin (Gl. 111)[45]. Einer der zur Diskussion gestellten Mechanismen verläuft über das Oxaziridin *59*. Die eigenartige Bildungsweise von *59* ist ohne

$$\text{Gl. 111}$$

$$59$$

Analogie; die Weiterreaktion zum Dibenzoyl-anilin gewinnt dadurch an Wahrscheinlichkeit, daß der Versuch, *59* aus dem Anil des Benzils und Persäure herzustellen, ebenfalls zum Dibenzoyl-anilin geführt hatte (Gl. 51)[8,38].

3. 4.9-Diazapyren (*125*) geht beim Behandeln mit Wasserstoffperoxid in Essigsäure bei 70 °C in das Hydroxamsäurederivat *126* über[77] (Gl. 112).

$$\text{Gl. 112}$$

$$125 \quad\quad\quad 126$$

Die Autoren nehmen Oxaziridin-Bildung (*127*), Weiteroxidation zum N-Oxid *128* und dessen Zerfall zum N-Hydroxy-amid an (Gl. 113). Während die beiden Oxidationsschritte durch Analogien belegt sind, vermißt man beim Oxaziridin *127* die Isomerisierung zum Lactam und bei *128* den Zerfall zur Nitroso-Verbindung.

$$\text{Gl. 113}$$

$$127 \quad\quad 128$$

---

[77] GAWLAK, M., and R. F. ROBBINS: J. chem. Soc. (London) **1964**, 5135.

4. Fraglich ist das Auftreten eines Oxaziridins bei der Reaktion von N-Diphenylmethylen-benzamid (*129*) mit Persäure, die zu Phenol und N-Benzoyl-benzamid (*133*) führt (Gl. 114)[78].

$$
\begin{array}{c}
\underset{C_6H_5}{\overset{C_6H_5}{\diagdown}}C=N-CO-C_6H_5 \quad 129 \\[2mm]
+ \; R-CO-OOH
\end{array}
\;\longrightarrow\;
\begin{array}{c}
\underset{C_6H_5}{\overset{C_6H_5}{\diagdown}}\underset{\underset{O-CO-R}{|}}{\overset{NH-CO-C_6H_5}{C}} \\[2mm]
130 \quad O \\[2mm]
\Big\downarrow ? \\[2mm]
\underset{C_6H_5}{\overset{C_6H_5}{\diagdown}}\underset{\overset{O}{\diagup}}{\overset{N-CO-C_6H_5}{C}} \\[2mm]
131
\end{array}
\quad
\begin{array}{c}
C_6H_5-C\overset{N-CO-C_6H_5}{\underset{O}{\diagdown}} \quad 132 \\
C_6H_5 \\[2mm]
\Big\downarrow \\[2mm]
C_6H_5-CO-NH-CO-C_6H_5 \\
133 \\[2mm]
+ \; \text{Phenol}
\end{array}
\qquad \text{Gl. 114}
$$

Diese Produkte können, worauf schon der Autor hinweist, auch durch Addition der Persäure und anschließende Heterolyse von *130* entstehen. Die Bildung des Oxaziridins *131* ist ohne Basenkatalyse wenig wahrscheinlich; der angenommene Zerfall des Oxaziridins (*131*) zu *132* ist stereoelektronisch ungünstig.

5. Durchaus diskutabel ist die Annahme von PAQUETTE, daß bei der Umsetzung von N-Chlor-O-benzylhydroxylamin mit Natriumäthylat 3-Phenyl-oxaziridin (*73*) durchlaufen wird (Gl. 115)[79]. Deprotonierung in Benzyl-Stellung würde ein nucleophiles Zentrum schaffen, das das N-ständige Chlor intramolekular verdrängt, was dem Bildungsmechanismus vieler Dreiringe entspricht.

$$
\underset{\ominus}{\overset{C_6H_5}{\diagdown}}CH\overset{O}{\diagup}NH-Cl
\;\longrightarrow\;
\underset{C_6H_5}{\overset{H}{\diagdown}}\underset{\overset{O}{\diagdown}}{\overset{NH}{C}}
\;\longrightarrow\; C_6H_5-CO-NH_2 \qquad \text{Gl. 115}
$$

73

Tatsächlich führt die Einwirkung von Äthylat auf das inzwischen bekannt gewordene 3-Phenyl-oxaziridin[53] zur Bildung von Benzamid (Gl. 74). Auch PAQUETTE hatte bei seiner Umsetzung Benzamid isoliert; er hatte die Stabilität von *73* jedoch bedeutend überschätzt.

6. Benzaldoxim wird in Cyclohexan bei Belichtung zu Benzamid isomerisiert. 3-Phenyl-oxaziridin wurde als Zwischenstufe angenommen (*73*, Gl. 116)[80]. *73* ist im inerten Lösungsmittel jedoch so stabil, daß es, wenn wirklich vorhanden, leicht hätte nachgewiesen werden können.

[78] PADWA, A.: Tetrahedron Letters (London) No. **14**, 879 (1965).
[79] PAQUETTE, L. A.: Tetrahedron Letters (London) No. **11**, 485 (1962).
[80] AMIN, J. H., and P. DEMAYO: Tetrahedron Letters No. **24**, 1585 (1963).

$$C_6H_5-CH=NOH \xrightarrow{h \cdot \nu} \underset{73}{\overset{H \quad NH}{\underset{C_6H_5}{\diagup}\diagdown_{O}}} \rightarrow C_6H_5-CO-NH_2 \qquad \text{Gl. 116}$$

7. Chinon-anil-N-oxide wirken bei Belichtung als Quellen von Phenyl-nitren (Gl. 117)[81]. Da in *134* drei Bindungen gelöst und zwei Bindungen neu geknüpft werden müssen, sollte man eine Zwischenstufe annehmen. Naheliegend ist ein Oxaziridin (*135*), dessen Bildung durch Photoisomeri-sierung der Nitron-Gruppierung viele Analogien hat. Das Herausbrechen des Stickstoffs aus dem Oxaziridinring unter Ausbildung einer Carbonyl-Gruppe ist bei stabilen Oxaziridinen allerdings noch nicht beobachtet worden.

$$\underset{134}{} \xrightarrow{h \cdot \nu} \underset{135}{} \rightarrow \quad + \; C_6H_5-\overline{\underline{N}} \qquad \text{Gl. 117}$$

8. Die umgekehrte Reaktion, Addition von Phenyl-nitren an eine Carbonyl-Gruppe zum Oxaziridin (Gl. 118), ist postuliert worden[82]. Phenylazid wurde in Benzaldehyd oder Cyclohexanon thermisch zersetzt. In 75- bzw. 70-prozentiger Ausbeute wurden die entsprechenden SCHIFF-schen Basen des Anilins isoliert. Weder die Bildungsweise noch die ange-nommene Zersetzung des Oxaziridins ist wahrscheinlich.

$$C_6H_5-N_3 \xrightarrow{-N_2} C_6H_5-\overline{\underline{N}} \xrightarrow{C_6H_5-CHO} \underset{C_6H_5}{\overset{H \quad N-C_6H_5}{\diagup}\diagdown_{O}} \qquad \text{Gl. 118}$$

$$C_6H_5-CH=N-C_6H_5$$

9. Eine Oxaziridin-Zwischenstufe (*137*) wird bei der einelektronischen Oxidation des Nitro-nitrons *136* zu Stickoxid und Keton angenommen (Gl. 119)[83]. Vergleichbar substituierte Oxaziridine sind nicht bekannt, je-doch erklärt die Zwischenstufe *137* die Wanderung der Sauerstoff-Funktion vom Stickstoff zum Kohlenstoff. Es ist allerdings wenig plausibel, daß die Dreiringbildung vor dem oxidativen Eingriff in das Molekül erfolgen soll.

[81] PEDERSEN, C. J.: J. Amer. chem. Soc. **79**, 2295, 5014 (1957).

[82] NEUMAN, L. A., W. I. MAITING u. M. M. SCHEMJAKIN: Isw. Akad. Nauk SSSR **1962**, 1498.

[83] BOWERING, W. D. S., V. M. CLARK, R. S. THAKUR and Lord A. TODD: Liebigs Ann. Chem. **669**, 106 (1963).

$$136 \rightarrow 137 \xrightarrow{-e^{\ominus}} \quad R\text{-CO-R}' + NO \qquad \text{Gl. 119}$$

10. Das Oxim des Diacetyls (*138*) reagiert mit salpetriger Säure zu Diacetyl und Distickstoff-monoxid (Gl. 120). Als Zwischenstufe wurde das 2-Nitroso-oxaziridin *139* postuliert und durch ^{18}O-Markierung nachgewiesen[84]: Das N_2O enthielt die gesamte Markierung des Nitrits.

$$138 \xrightarrow{HNO_2} \quad 139 \rightarrow CH_3\text{-CO-CO-CH}_3 + N_2O \qquad \text{Gl. 120}$$

Die Reaktionen Gl. 117, 119 und 120 stimmen darin überein, daß aus dem angenommenen Oxaziridin der Stickstoff mit seinem Substituenten herausbricht und eine Carbonyl-Verbindung hinterläßt. In der allgemeinen Formulierung (Gl. 121) stellt $\underline{N}$–X die Bruchstücke $N\text{-}C_6H_5$, N–O· und N–NO dar.

$$140 \rightarrow \quad \text{>CO} + \underline{N}\text{-X} \qquad \text{Gl. 121}$$

In zwei Fällen sind ausgehend von stabilen Oxaziridinen durch Substitution am Stickstoff Zwischenstufen durchlaufen worden, die der Formulierung *140* entsprechen und tatsächlich in Carbonylverbindung und ein stickstoffhaltiges Fragment N –X zerfallen:

Die Umsetzung von Pentamethylen-oxaziridin mit salpetriger Säure führt quantitativ zu Cyclohexanon und Distickstoff-monoxid (Gl. 122)[52]. Das nitrosierte Oxaziridin *141* entspricht völlig der von WIELAND und GRIMM[84] angenommenen Zwischenstufe der Nitrosierung des Diacetylmonoxims (*139*) und liefert analoge Spaltstücke.

---

[84] WIELAND, TH., u. D. GRIMM: Chem. Ber. 96, 275 (1963).

$$\text{(Gl. 122)}$$

141

Die von EMMONS[36] über ein Oxaziridin-N-oxid (*142*) formulierte Bildung von Nitrosoalkanen aus 2-Alkyl-oxaziridinen und Peressigsäure durchläuft ebenfalls eine Stufe, die der allgemeinen Formulierung *140* entspricht (Gl. 123).

$$\text{(Gl. 123)}$$

142

Diaziridine

Die Diaziridine (*1*) enthalten zwei Stickstoffatome in einem gesättigten dreigliedrigen Ring. Bei der Bezifferung erhält der Kohlenstoff die Ziffer 3. Die Bezeichnung Diaziridin hat sich allgemein durchgesetzt. In der älteren Literatur, in der Diaziridine fälschlich als Strukturalternative der Hydrazone (*2*) diskutiert wurden, sprach man auch von „Hydrazi-methylenen". Das Präfix Hydrazi- ist kürzlich wieder vorgeschlagen worden[1], um Diaziridine der Steroid-Reihe einfach an die Nomenklatur der ihnen zugrunde liegenden Ketone anzuschließen. Die ersten authentischen Diaziridine wurden auch als Isohydrazone[2] und als Diaza-cyclopropane[3] bezeichnet.

$$
\begin{array}{cc}
\text{Struktur } 1 & \text{Struktur } 2
\end{array}
$$

Die Diaziridine sind Isomere der Hydrazone. Sie sind fast immer in Hydrazine überführbar und sind oft Zwischenstufen von ergiebigen *Hydrazin-Synthesen*. Umgekehrt ist ihre Synthese aus Hydrazin-Derivaten nie gelungen. Der Dreiring kann nur durch Knüpfung der N—N-Bindung geschlossen werden*.

Wie bei den Oxaziridinen waren es drei Arbeitskreise, die unabhängig voneinander und fast gleichzeitig die ersten authentischen Diaziridine herstellten. Im Gegensatz zu den Oxaziridin-Synthesen waren die ersten Diaziridin-Synthesen nicht beabsichtigt.

I. Synthese der Diaziridine

1. Synthese mit Chloramin oder N-Chlor-alkylaminen

Bei dem Versuch, 3.4-Dihydro-isochinolin (*3*) mit N-Chlor-methylamin zum Tetrazinderivat *6* umzusetzen (Gl. 1), beobachtete E. SCHMITZ[4] das

---

* Gelegentlich mitgeteilte Syntheseversuche aus Aldehyden und komplizierten Hydrazinderivaten haben sicher keine Diaziridine ergeben. Z. B.: VON PLESSING, C.: Arch. Pharmaz. **297**, 240 (1964).

[1] CHURCH, R. F., A. S. KENDE u. M. J. WEISS: J. Amer. chem. Soc. **87**, 2665 (1965).

[2] ABENDROTH, H. J., u. G. HENRICH: Angew. Chem. **71**, 283 (1959).

[3] PAULSEN, S. R., u. G. HUCK: Chem. Ber. **94**, 968 (1961).

[4] SCHMITZ, E.: Angew. Chem. **71**, 127 (1959).

5*

Auftreten einer basischen Verbindung mit dem halben Molekulargewicht von 6. Die neue Verbindung ging mit Säuren in Salze des Kations *5*, dieses mit Lauge in das gewünschte Tetrazinderivat *6* über. Für die unbekannte Verbindung wurde sofort eine Diaziridin-Struktur (*4*) vermutet.

Gl. 1

H. J. ABENDROTH und G. HENRICH[2,5] hatten versucht, durch Gasphasenchlorierung von Ammoniak Hydrazin herzustellen. Um gebildetes Hydrazin vor der Weiterchlorierung zu schützen, wurde Aceton-Dampf zugefügt. Anstelle des erwarteten Acetonazins erhielten sie ein isomeres Acetonhydrazon, das als 3.3-Dimethyl-diaziridin (*7*) angesprochen wurde (Gl. 2).

Gl. 2

S. R. PAULSEN arbeitete ebenfalls an einer neuen Hydrazin-Synthese. Von ihm wurden die Produkte einer Gasphasenchlorierung des Ammoniaks mit flüssigen aliphatischen Ketonen zusammengebracht, wobei ebenfalls Diaziridin-Bildung eintrat. Beispielsweise bildete sich *8* aus Butanon fast quantitativ[3,6].

Bei den drei genannten Diaziridin-Synthesen dürfte die N-Halogenverbindung die entscheidende Rolle gespielt und entweder mit der SCHIFFschen Base 3.4-Dihydro-isochinolin (*3*) oder dem System Keton-Ammoniak reagiert haben. Es zeigte sich sehr schnell, daß diese 1959 publizierten Beispiele keine Einzelfälle waren, sondern Eckpunkte einer neuen Synthese von außerordentlicher Spannweite[7,8]. Innerhalb weniger Jahre wurde eine große Zahl von Diaziridinen hergestellt. Sie sind in den folgenden Ab-

[5] ABENDROTH, H. J., u. G. HENRICH, Farbenfabriken Bayer AG, Dtsch. Bundes-Pat. 1 082 889 (17. 3. 1958); Brit. Pat. 890 334 (17. 3. 58/28. 2. 62); C. A. **58**, 1463a (1963).

[6] PAULSEN, S. R., (Bergwerksverband GmbH), Belg. Pat. 588 352 (7. 3. 1959).

[7] SCHMITZ, E.: Angew. Chem. **73**, 23 (1961).

[8] SCHMITZ, E.: Sitzungsbericht Nr. 6/1962 der Dtsch. Akad. d. Wiss. Berlin: Akademie-Verlag 1962.

schnitten nach dem Grad der Alkylierung der Ringstickstoffe geordnet; diese Einteilung dient nur der Ordnung des Materials, nicht einer Differenzierung der Reaktion in verschiedene Varianten.

a) 3.3-Dialkyl-diaziridine

Die Synthese der 3.3-Dialkyl-diaziridine ist nicht nur in der Wahl des Ausgangsketons (Tabelle 1), sondern auch in den Reaktionsbedingungen recht variationsfähig. Es kann mit gleich gutem Erfolg in der Gasphase oder in Lösung gearbeitet werden. ABENDROTH und HENRICH[2,5] führten die Reaktion (Gl. 2) in der Gasphase durch. 100 Mol Ammoniak und 5 Mol Acetondampf je Stunde wurden vereinigt und mit 2 Mol Chlor zur Reaktion gebracht. Bei einem Druck von 0.3 Atmosphären stellte sich eine Temperatur von 85—90 °C ein. 3.3-Dimethyl-diaziridin (7) bildete sich in 75-proz. Ausbeute.

Bei der Arbeitsweise von PAULSEN und HUCK[3,6] werden die Ammoniakchlorierung und die Reaktion mit dem Keton getrennt durchgeführt. Ein durch Gasphasenchlorierung erhaltenes Gemisch von Chloramin und Ammoniak wurde in unverdünnte oder gelöste aliphatische Ketone eingeleitet. Die verwendeten Lösungsmittel reichten von Wasser bis zu Ligroin. In einigen Fällen waren polare Lösungsmittel von Vorteil, da sie die Löslichkeit des Ammoniaks im Reaktionsmedium erhöhen; in anderen Fällen mußte die Löslichkeit des Ammoniaks durch unpolare Lösungsmittel herabgesetzt werden, um Konkurrenzreaktionen zwischen Keton und Ammoniak zurückzudrängen.

Auch beim Einleiten zunächst getrennter Gasströme von Ammoniak und Chlor in flüssiges Keton, beispielsweise Diäthylketon, erfolgt in ausgezeichneter Ausbeute Diaziridin-Bildung[3].

Die Gasphasenchlorierung des Ammoniaks kann auch dadurch umgangen werden, daß man das Chloramin aus methanolischem Ammoniak und tert.-Butyl-hypochlorit bei tiefer Temperatur erzeugt[9].

Durch Arbeiten in flüssigem Ammoniak lassen sich Ausbeuten von 93—96 % an 7 oder 8 erhalten[10a].

Tabelle 1 enthält alle nach den verschiedenen Varianten des Chloramin-Verfahrens hergestellten 3.3-Dialkyl-diaziridine. Man sieht, daß aliphatische gesättigte Ketone sehr gute Ausbeuten geben. Es fällt auf, daß die mit Erfolg eingesetzten Ketone keine Doppelbindung enthalten und nicht mehr als eine α-ständige Verzweigung der Alkylkette. Als einziges

---

[9] SCHMITZ, E., u. R. OHME: Chem. Ber. 94, 2166 (1961).
[10a] PAULSEN, S. R., (Bergwerksverband GmbH). DAS 1 209 568 (28. 9. 63/27. 1. 66).

Tabelle 1. *3.3-Dialkyl-diaziridine (9) aus Ketonen, Ammoniak und Chloramin*

$$\underset{R'}{\overset{R}{>}}CO + NH_3 + NH_2Cl \longrightarrow \underset{R'}{\overset{R}{>}}C\underset{NH}{\overset{NH}{<}} \qquad \text{Gl. 3}$$

9

R	R'	Ausb. in %	Sdp. [°C]/ Torr	Schmp. [°C]	Lit.
Methyl	Methyl	75	106/760	40	[2,5,11]
Methyl	Äthyl	99	32/17	22	[3,6,12]
Äthyl	Äthyl	95—97	58/24	56	[3,6]
Methyl	n-Propyl	—	48/15	—10	[3]
Methyl	Isopropyl	—	67/50	55—56	[3,13]
n-Propyl	n-Propyl	33	73/11	1	[9]
Methyl	Isobutyl	88	55/13	—	[10b]
Äthyl	Amyl	—	78/2	—	[10b]
Methyl	Benzyl	52	—	73	[14]

aromatisches Keton ist Acetophenon in einem Patent erwähnt[10b]. Die
Ausbeute ist nicht mitgeteilt, dürfte aber gering gewesen sein.

In den letzten Jahren ist aus der Diaziridin-Synthese ein *Verfahren zur
Hydrazin-Gewinnung* entwickelt worden, das sich anschickt, den Raschig-
Prozeß abzulösen[15,16]. Dieses sogenannte „Bergbau-Verfahren" ist von
PAULSEN, basierend auf den oben zitierten Patenten[6,10,12] ausgearbeitet

Schema des sog. Bergbau-Verfahrens zur Hydrazin-Synthese

[10b] PAULSEN, S. R., (Bergwerksverband GmbH). Dtsch. Bundes-Pat. 1 126 395 (25. 5. 59/
[11] 29. 3. 62), C. A. **57**, 9857 f (1962).
ABENDROTH, H. J., (Farbenfabriken Bayer AG). Dtsch. Bundes-Pat. 1 089 878 (3. 3. 59/
15. 9. 60), C. A. **57**, 3289 i (1962).
[12] PAULSEN, S. R., u. G. HUCK, (Bergwerksverband GmbH). DAS 1 123 330 (7. 3. 59/
8. 2. 62), C. **1963**, 12603.
[13] PAULSEN, S. R., (Bergwerksverband GmbH). Franz. Pat. 1 250 305 (7. 3. 60/29. 3. 61),
C. **1964**, Nr. 39, S. 262.
[14] PAGET, CH. J., and CH. S. DAVIS: J. med. Chem. 7, 626 (1964).
[15] Chem. Eng. News 27, 38—40 **1965**.
[16] Nachr. Chem. Techn. **13**, 381 (1965).

worden: Zuerst wird Butanon mit Ammoniak und Chlor in 3-Äthyl-3-methyldiaziridin (*8*) übergeführt (s. Schema). Entweder hydrolysiert man nun *8* mit wäßriger Schwefelsäure zu Hydrazinsulfat oder man überführt es mit einem sauren Katalysator bei 50 °C in Gegenwart überschüssigen Ketons in Butanon-azin, das sich mit Wasser bei 130—180 °C und 5—10 Atmosphären direkt zu Hydrazinhydrat spalten läßt. Beide Methoden der Spaltung liefern das Keton zurück.

Während der Raschig-Prozeß nur in 60-prozentiger Ausbeute Hydrazin liefert, beträgt die Ausbeute beim „Bergbau-Verfahren" 90 %. Die Konzentration an Hydrazin, die beim Raschig-Prozeß 2 % nicht überschreiten darf, damit die Zersetzung des Hydrazins in erträglichen Grenzen bleibt, kann beim Bergbau-Verfahren 7 % betragen. Die hohen Eindampfkosten des in wäßriger Lösung arbeitenden Raschig-Prozesses werden daher beim Bergbau-Verfahren vermieden, bei dem nur Butanon destilliert werden muß. Der Energiebedarf des neuen Verfahrens ist daher erheblich geringer als beim Raschig-Prozeß.

Auch das auf der Überführung von Aceton in 3.3-Dimethyl-diaziridin basierende Verfahren von ABENDROTH (Gl. 2) scheint inzwischen zur Produktionsreife entwickelt worden zu sein[15].

b) Bicyclische Diaziridine aus Aldehyden

In methanolischem Ammoniak reagieren auch Aldehyde mit Ammoniak und Chloramin unter Diaziridin-Bildung. Man isoliert jedoch nicht die

Tabelle 2. *3.5.3'-Trialkyl-diaziridino-(1'.2': 1.2)-1.2.4-triazolidine (11) aus Aldehyden, Ammoniak und Chloramin entsprechend Gleichung 4*

Aldehyd	Ausbeute in % d. Th.	Schmp.	Lit.
Acetaldehyd	46	114—115°	[17]
Propionaldehyd	74	104—105.5°	[17]
n-Butyraldehyd	80	84—86°	[17]
Isobutyraldehyd	59	143—144°	[18]
Trimethylacetaldehyd	72	92—95°	[18,19]
2-Methyl-n-butyraldehyd	73	127—128.5°	[18]
Benzaldehyd	32	160—162°	[17]

3-Alkyl-diaziridine (*10*), sondern Produkte, die zwei weitere Moleküle des Aldehyds und ein drittes Stickstoffatom enthalten. Sie wurden als Diaziridino-triazolidine (*11*) erkannt (Gl. 4)[17].

---

[17] SCHMITZ, E.: Chem. Ber. **95**, 688 (1962).
[18] HABISCH, D.: Dissertation, Humboldt-Universität Berlin 1966.
[19] FREY, H. M., and I. D. R. STEVENS: J. chem. Soc. (London) **1965**, 3101.

Tabelle 2 zeigt, daß die Ausbeuten bei einfachen aliphatischen Aldehyden gut sind. Benzaldehyd reagiert mit mäßiger Ausbeute.

$$R-CHO \quad NH_3 \quad NH_2Cl \longrightarrow \begin{bmatrix} H \quad NH \\ C \\ R \quad NH \end{bmatrix} \longrightarrow \quad Gl. 4$$

10   11

c) 1.3-Dialkyl-diaziridine und 1.3.3-Trialkyl-diaziridine

Aliphatische SCHIFFsche Basen reagieren mit Chloramin in ätherischer Lösung unter Bildung von 1-Alkyl-diaziridinen (*12*, Gl. 5)[20,21].

$$\begin{matrix} R' \quad R'' \\ C=N \\ R \end{matrix} \quad + \quad NH_2Cl \longrightarrow \begin{matrix} R' \quad NH \\ C \\ R \quad N-R'' \end{matrix} \qquad Gl. 5$$

12

Tabelle 3. *Diaziridine aus Schiff'schen Basen und Chloramin entsprechend Gleichung 5*

| SCHIFFsche Base aus | | Ausbeute in % d. Th. | Schmp. | Lit. |
Carbonylverbindung	und Amin			
Acetaldehyd	Cyclohexylamin	46	30°	21
Propionaldehyd	Cyclohexylamin	55	28°	21
Oenanthaldehyd	Cyclohexylamin	54	18°	21
Oenanthaldehyd	n-Butylamin	53	16°	21
n-Butyraldehyd	Benzylamin	26	13°	21
Aceton	Isopropylamin	40	—9°	21
Aceton	Cyclohexylamin	64	17°	21
Cyclohexanon	Cyclohexylamin	71	36°	21

Tabelle 3 läßt erkennen, daß die Ausbeute praktisch unabhängig von der Amin-Komponente der SCHIFFschen Base ist. Auch die Carbonyl-Komponente ist variierbar. SCHIFFsche Basen von aliphatischen Ketonen reagieren ebenso glatt wie die aliphatischer Aldehyde. Auch die Größe des N-ständigen Alkyl-Restes scheint ohne Einfluß zu sein. SCHIFFsche Basen des Cyclohexylamins reagieren nicht schlechter als die des n-Butylamins. Dagegen gelang noch keine Diaziridin-Synthese mit aromatischen Aminen; Cyclohexanon-anil lieferte mit ätherischem Chloramin nur Cyclohexanon-chlorimid (*13*) (Gl. 6)[7].

---

[20] SCHMITZ, E.: Dtsch. Bundes-Pat. 1 107 238 (ab 21. 12 1959).
[21] SCHMITZ, E., u. D. HABISCH: Chem. Ber. 95, 680 (1962).

$$\text{(cyclohexyl)}{=}N{-}C_6H_5 + NH_2Cl \rightarrow \text{(cyclohexyl)}{=}N{-}Cl + C_6H_5{-}NH_2 \qquad \text{Gl. 6}$$

13

d) 1.2.3-Trialkyl-diaziridine

Von den bekannten Reaktionen des Chloramins sind nur wenige auf N-Chlor-alkylamine übertragbar. Neben einer Herabsetzung der Reaktionsfähigkeit als Aminierungsmittel dürfte die Möglichkeit einer intramolekularen HCl-Eliminierung schuld an der verminderten Brauchbarkeit der N-Chlor-alkylamine (14) in der organischen Synthese sein. Beispielsweise sind alle Versuche gescheitert, die Raschig'sche Hydrazin-Synthese vom Chloramin auf N-Chlor-alkylamine zu übertragen[7].

Es war daher überraschend, daß es ohne Schwierigkeiten gelang, bei der Diaziridin-Synthese Chloramin durch N-Chlor-alkylamine zu ersetzen. SCHIFFsche Basen reagierten mit N-Chlor-alkylaminen (14) in ätherischer Lösung unter Dreiringbildung[20,22]; über die Ausbeuten an 1.2.3-Trialkyl-diaziridinen unterrichtet Tabelle 4.

Tabelle 4. *Synthese von 1.2.3-Trialkyl-diaziridinen (15) aus Schiff'schen Basen und N-Chlor-alkylaminen (14) entsprechend Gleichung 7*

$$
\begin{array}{l}
R{-}CH{=}N{-}R' \\
\\
R''{-}NH{-}Cl
\end{array}
\quad\rightarrow\quad
\begin{array}{c}
H\diagdown\ \ N{-}R'' \\
\ \ C\ \ | \\
R\diagup\ \ N{-}R'
\end{array}
\qquad \text{Gl. 7}
$$

14   15

Aldehyd R—CHO	Amin R'—NH$_2$	N-Chlor-alkyl-amin R''—NHCl	Ausbeute in % d. Th.	Sdp./Torr	Lit.
Methyl	n-Butyl	n-Butyl	64	50—51°/1.5	[22]
Äthyl	Cyclohexyl	Methyl	57	92—93°/12	[22]
n-Propyl	n-Butyl	n-Butyl	71	64—66°/0.02	[22]
n-Hexyl	n-Butyl	Methyl	63	79—81°/0.6	[22]
n-Hexyl	n-Butyl	n-Butyl	53	106—107°/0.8	[22]
n-Hexyl	Methyl	Methyl	68	42—43°/1	[22]
n-Propyl	n-Butyl	Methyl	42	49—51°/0.02	[22]
n-Propyl	n-Butyl	n-Propyl	50	60—62°/0.02	[22]
n-Propyl	n-Butyl	Äthyl	55	55—57°/0.02	[22]
3.4-Dihydro-isochinolin		Methyl	50	111.5—113°/10	[23]
7-Methyl-3.4-dihydro-isochinolin		Methyl	69	Schmp. 68.5—70°	[23]

In die Tabelle 4 ist die Synthese zweier Diaziridine aus 3.4-Dihydro-isochinolin (3) beziehungsweise seinem 7-Methylderivat aufgenommen.

[22] SCHMITZ, E., u. K. SCHINKOWSKI: Chem. Ber. 97, 49 (1964).
[23] SCHMITZ, E.: Chem. Ber. 95, 676 (1962).

Zum Unterschied von allen vorhergehenden Beispielen der Tabelle wurden diese beiden Umsetzungen in wäßrig-alkalischer Lösung durchgeführt.

Bei den Diaziridin-Synthesen nach Gl. 7 ist wieder die Größe des N-Alkylrestes der SCHIFFschen Base ohne Einfluß auf die Ausbeute. Eine SCHIFFsche Base des Cyclohexylamins reagiert ebenso glatt wie eine SCHIFFsche Base des Methylamins. Dagegen ist die Größe des Alkylrestes der N-Halogen-Komponente von Bedeutung. N-Chlor-alkylamine mit sekundärem Alkylrest bildeten kein Diaziridin. Die Bedeutung der Größe primärer Alkylgruppen der N-Chlor-Komponente zeigte sich bei der Synthese von Diaziridinen mit zwei verschiedenen N-Alkylresten. Die Synthese bereitete immer dann Schwierigkeiten, wenn der Alkylrest der Chloramin-Komponente größer war als der N-Alkylrest der SCHIFFschen Base. Bei dem Versuch, das an den N-Atomen durch Methyl und Butyl substituierte Diaziridin *16* aufzubauen, wurden je nach dem Syntheseweg unterschiedliche Ergebnisse erzielt. Die SCHIFFsche Base des Butylamins ergab mit

$$C_6H_{13}-CH=N-C_4H_9 \qquad \rightarrow \qquad \begin{matrix} H & N-CH_3 \\ & C \\ C_6H_{13} & N-C_4H_9 \end{matrix} \qquad \text{Gl. 8}$$
$$CH_3-NHCl$$
$$16$$

N-Chlor-methylamin in 63-prozentiger Ausbeute das gewünschte Diaziridin *16* (Gl. 8). Dagegen erhielt man aus der SCHIFFschen Base des Methylamins mit N-Chlor-butylamin (Gl. 9) ein Substanzgemisch, aus dem neben dem unsymmetrischen Diaziridin *16* die beiden symmetrischen Diaziridine *17* und *18* isoliert werden konnten[22].

$$C_6H_{13}-CH=N-CH_3 \qquad \rightarrow \qquad \begin{matrix} H & N-CH_3 \\ & C \\ C_6H_{13} & N-C_4H_9 \end{matrix} \qquad 16$$
$$C_4H_9-NHCl$$

$$\begin{matrix} H & N-CH_3 \\ & C \\ C_6H_{13} & N-CH_3 \end{matrix} \qquad 17 \qquad \text{Gl. 9}$$

$$\begin{matrix} H & N-C_4H_9 \\ & C \\ C_6H_{13} & N-C_4H_9 \end{matrix} \qquad 18$$

Unter den milden Bedingungen einer Diaziridin-Synthese ist also bereits mit einem Aminaustausch der SCHIFFschen Base (Gl. 10) und einer Umchlorierung (Gl. 11) zu rechnen. Beide Reaktionen kommen dann zum Zuge, wenn durch ungünstige Substitution am Stickstoff der Ringschluß verlangsamt wird. Es empfiehlt sich daher, bei der Synthese unsymmetrischer Diaziridine das Amin mit dem größeren Alkylrest als SCHIFFsche Base einzusetzen.

$$R-CH=N-CH_3 + C_4H_9-NH_2 \rightleftharpoons R-CH=N-C_4H_9 + CH_3-NH_2 \quad \text{Gl. 10}$$

$$CH_3-NHCl + C_4H_9-NH_2 \rightleftharpoons CH_3-NH_2 + C_4H_9-NHCl \quad \text{Gl. 11}$$

Tetramethyl-diaziridin (*19*) ist von ABENDROTH durch Gasphasenchlorierung von Methylamin in Gegenwart von Aceton erhalten worden (Gl. 12)[24].

$$\text{Gl. 12}$$

19

2. Diaziridin-Synthesen mit Hydroxylamin-O-sulfonsäure

Hydroxylamin-O-sulfonsäure (*20*) reagiert bei Diaziridin-Synthesen grundsätzlich gleichartig wie Chloramin. Ihre Anwendung hat verschiedene Vorteile. Sie ist eine stabile, geruchlose Verbindung; sie kann auf Vorrat gehalten werden und ist leicht zu dosieren. Sie ist neuerdings Handelsprodukt. Wegen ihrer Unlöslichkeit in Äther ist sie von den meisten organischen Substanzen leicht abzutrennen. Störende Nebenprodukte treten kaum auf. Die basenkatalysierte Selbstzersetzung der Hydroxylamin-O-sulfonsäure führt praktisch ausschließlich zu Stickstoff und Ammoniak. Die oft lästigen chlorhaltigen Nebenprodukte der Chloramin-Reaktionen entfallen.

Vor allem aber zeichnet sich die Hydroxylamin-O-sulfonsäure vor dem Chloramin durch größere Reaktionsfähigkeit aus. Verschiedene Ketone, die mit Chloramin kein Diaziridin mehr bilden, reagieren mit Hydroxylamin-O-sulfonsäure. Besonders reaktionsfähige Carbonyl-Verbindungen wie Cyclohexanon oder Aceton können in wäßriger Lösung umgesetzt werden und geben Diaziridin-Ausbeuten von etwa 80 % der Theorie. In weniger günstigen Fällen muß in wasserfreiem Lösungsmittel, in der Regel Methanol, gearbeitet werden. Wie im Abschnitt über den Mechanismus der Diaziridin-Bildung ausgeführt wird, erfolgt die Wasserabspaltung aus den Komponenten nicht im irreversiblen Schritt der Dreiring-Bildung, sondern in einer vorgelagerten Gleichgewichtsreaktion (Gl. 13), deren Gleichgewichtslage durch Wasser verschlechtert wird.

$$\text{Gl. 13}$$

---

[24] ABENDROTH, H. J., (Farbenfabriken Bayer AG). Dtsch. Bundes-Pat. 1 127 907, C. A. **57**, 9664 i (1962); Zusatz zum Brit. Pat. 890 334, C. **1965**, 27 2583; Brit. Pat. 904 545 (20. 12. 60/29. 8. 62), C. **1966**, S 1663.

Bei wenig reaktionsfähigen Ketonen kommt man zuweilen noch zum Ziel, wenn man statt des Ketons dessen SCHIFFsche Base einsetzt[9], die in methanolischem Ammoniak ihre Amin-Komponente schnell gegen Ammoniak austauscht, so daß die Reaktion ohne Wasserabspaltung ablaufen kann. So kann man beispielsweise Diaziridine aus Cyclopentanon, Cyclo-

Tabelle 5. *3.3-Dialkyl-diaziridine aus Ketonen, Ammoniak und Hydroxylamin-O-sulfonsäure entsprechend Gleichung 13*

	Keton	Verfahren W: in Wasser M: in Methanol SB: Keton als SCHIFFsche Base	Ausb. %	Sdp. [°C] Torr	Schmp. [°C]	Lit.
1.	Aceton	W	80*		40	[25]
2.	Cyclopentanon	SB	19		75	[26]
3.	Cyclohexanon	W	61—70		104—07	[27]
4.	4-Methyl-cyclohexanon	W	37		81—82	[28]
5.	Cycloheptanon	SB	30		40	[29]
6.	Acetol	M	38*	62/0.05	42	[30]
7.	Acetoin	M	80*	58—63/0.04	52	[30]
8.	2-Hydroxy-cyclohexanon	M	45		133	[31]
9.	2-Hydroxy-cycloheptanon	M	19		64—65	[30]
10.	Diacetonalkohol	M	50			[30]
11.	3.4-Dihydroxy-4-methyl-pentanon-2	M	67			[30]
12.	4-Dimethylamino-butanon-2	M	41			[30]
13.	8-Thiabicyclo-(3.2.1)-octanon-3	M	33		169—71	[28]
14.	Acetophenon	SB	9	73—80/12	41—42	[9]
15.	5α-Androstan-17β-ol-3-on-acetat	M	68		154—56	[1]
16.	5α-Androstan-17β-ol-3-on	M	54		149—51	[1]
17.	17α-Methyl-5α-androstan-17β-ol-3-on	M	56		175—78	[1]
18.	5β-Androstan-3.17-dion**	M	53		150—52	[1]
19.	17-Methyl-5α-androstan-9(11)-en-17β-ol-3-on	M	32		192—96	[1]

* Ausbeute vor der Isolierung titrimetrisch ermittelt.
** Diaziridin-Bildung in 3-Stellung.

[25] ABENDROTH, H. J.: Angew. Chem. **73**, 67 (1961).
[26] OHME, R.: Dissertation, Humboldt-Universität, Berlin 1962.
[27] SCHMITZ, E., and R. OHME: Org. Syntheses **45**, 83 (1965).
[28] UEBEL, J. J., and J. C. MARTIN: J. Amer. chem. Soc. **86**, 4618 (1964).
[29] STARK, A.: Diplomarbeit, Humboldt-Universität, Berlin 1963.
[30] HÖRIG, CH.: Dissertation, Humboldt-Universität, Berlin, 1966.
[31] SCHMITZ, E., A. STARK u. CH. HÖRIG: Chem. Ber. **98**, 2509 (1965).

heptanon und Acetophenon erhalten, die sich in direkter Reaktion aus den Ketonen nicht mehr bilden. In der Regel wurden dafür SCHIFFsche Basen des Cyclohexylamins eingesetzt.

Bei besonders reaktionsträgen Ketonen versagt auch diese Variante. tert.-Butyl-methyl-keton, Benzophenon oder Campher bilden keine Diaziridine mehr. Die Reaktionsbedingungen lassen sich nicht verschärfen, da die Hydroxylamin-O-sulfonsäure sonst mit dem Ammoniak reagiert.

Die Reaktion von Ketonen mit Ammoniak und Hydroxylamin-O-sulfonsäure ist die wirksamste Synthese für 3.3-Dialkyl-diaziridine. Tabelle 5 umfaßt daher nicht nur Synthesen mit einfachen Ketonen, sondern auch mit hydroxyl-substituierten Ketonen, Aminoketonen, Acetophenon sowie eine ganze Reihe von Diaziridin-Synthesen aus Steroidketonen.

Ersetzt man Ammoniak durch primäre aliphatische Amine, so erhält man in guter Ausbeute 1-Alkyl-diaziridine[25,26,27] (Gl. 14). Mit Cyclohexanon oder Aceton als Carbonyl-Komponente kann wieder in wäßriger Lösung gearbeitet werden. Einige Beispiele der Tabelle 6 durchlaufen das Diaziridin nur als nicht isolierte Zwischenstufe einer Synthese von Alkylhydrazinen.

$$
\begin{array}{l}
R\text{–}CO\text{–}R' \\
R''\text{–}NH_2 \\
NH_2\text{–}OSO_3H
\end{array}
\longrightarrow
\underset{12}{\;}
\longrightarrow
R''\text{–}NH\text{–}NH_2
\qquad\qquad Gl.\,14
$$

Tabelle 6. *1.3.3-Trialkyl-diaziridine aus Keton, Amin und Hydroxylamin-O-sulfonsäure entsprechend Gleichung 14*

Keton	Amin	Ausb. %	Schmp. [°C]	Lit.
Aceton	Methylamin	70 *	0—3	[32]
Butanon	Methylamin	75	Sdp.$_{760}$ 113	[32]
Cyclohexanon	Methylamin	80	35—36	[33]
Cyclohexanon	n-Propylamin	—	—	[25]
Cyclohexanon	n-Butylamin	48 **	—	[32]
Cyclohexanon	Cyclohexylamin	53	35—36	[26]
Cyclohexanon	Benzylamin	83 **	—	[32]
Phenylaceton	Methylamin	60	Sdp.$_{0.75}$ 76	[14]
Acetophenon	Methylamin			[14]
Benzaldehyd	Methylamin			[14]

* Ausbeute vor der Isolierung titrimetrisch ermittelt.
** Substanz nicht isoliert.

[32] OHME, R., u. E. SCHMITZ, unveröffentlicht.
[33] SCHMITZ, E., R. OHME u. R.-D. SCHMIDT: Chem. Ber. **95**, 2714 (1962).

Auch 3.4-Dihydro-isochinolin reagiert mit Hydroxylamin-O-sulfonsäure. In 38-prozentiger Ausbeute erhält man das Diaziridin *21* (Gl. 15)[34].

$$\text{Gl. 15}$$

Eine Diaziridin-Synthese unter Verwendung von N-Alkyl-hydroxylamin-O-sulfonsäuren ist grundsätzlich möglich: N-Methyl-hydroxylamin-O-sulfonsäure ergibt mit Cyclohexanon und Ammoniak das Diaziridin *22* (Gl. 16)[33].

$$\text{Gl. 16}$$

Bei allen bisher abgehandelten Verfahren der Diaziridin-Synthese fehlen die vom Formaldehyd abgeleiteten Diaziridine. Ihre Synthese gelang erst aufgrund von Vorstellungen über den Mechanismus der Dreiringbildung.

3. Mechanismus der Diaziridin-Synthese

Die Mehrzahl der Bildungsreaktionen dreigliedriger Ringe, insbesondere solcher mit Heteroatomen, verlaufen als intramolekulare S_N2-Reaktionen (Gl. 17)[35]. Eine austretende Gruppe X, in der Regel Halogen, wird durch eine 3-ständige nucleophile Gruppe verdrängt. Als nucleophile Gruppe können Carbeniat, Alkoxid, Mercaptid oder Amin-stickstoff dienen, was zur Bildung von Cyclopropanen, Epoxiden, Episulfiden oder Aziridinen führt.

$$\text{Gl. 17}$$

Die Diaziridin-Bildung aus SCHIFFschen Basen und Chloramin fügt sich in dieses Schema ein, wenn man zunächst Addition des Chloramins an die C—N-Doppelbindung annimmt (Gl. 18). Der Diaziridin-Ringschluß ist dann als intramolekulare Raschig'sche Hydrazin-Synthese an dem Addukt *23* aufzufassen.

$$\text{Gl. 18}$$

---

[34] SCHMITZ, E., u. R. OHME: Chem. Ber. **95**, 2012 (1962).

[35] SCHMITZ, E.: Angew. Chem. **76**, 197 (1964); Angew. Chem. int. ed. **3**, 333 (1964).

Die Zwischenstufe *23* könnte auch direkt aus Chloramin, Carbonyl-Verbindung und Amin durch Aminoalkylierung entstehen; die SCHIFFsche Base ist keine notwendige Zwischenstufe, jedoch gibt es Anhaltspunkte dafür, daß sogar bei der Diaziridin-Synthese aus Keton, Ammoniak und Hydroxylamin-O-sulfonsäure zunächst ein Ketimin gebildet wird[1].

Eine *23* entsprechende aminal-artige Zwischenstufe der Diaziridin-Bildung aus Hydroxylamin-O-sulfonsäure ist bereits in Gleichung 13 formuliert worden.

Der als Analogie zu Carben-Reaktionen naheliegende Mechanismus einer Dreiringbildung über eine Zwischenstufe mit Elektronensextett („Nitren") ist bereits durch grobe kinetische Versuche auszuschließen. Die Diaziridin-Bildungen verlaufen um Größenordnungen schneller als die Selbstzersetzung des Chloramins in Abwesenheit von Carbonyl-Verbindung

$$NH_2Cl \xrightarrow{\ominus OH} NH \xleftarrow{\diagdown C = N-R'} \diagup C \diagdown \begin{smallmatrix} NH \\ | \\ N-R' \end{smallmatrix} \qquad \text{Gl. 19}$$

und Amin. Die beiden letztgenannten Komponenten greifen also das Chloramin an, was einen Nitren-Mechanismus (Gl. 19) ausschließt[35]. Entsprechendes gilt für die Diaziridin-Bildung aus Hydroxylamin-O-sulfonsäure.

Der in den Gleichungen 13 und 18 vorgeschlagene Mechanismus der Diaziridin-Bildung erklärt mehrere Beobachtungen:

1. Cyclohexanon bildet bedeutend leichter Diaziridine als Cyclopentanon oder Cycloheptanon (Beispiele 2, 3 und 5 in Tabelle 5). Das Ausbeutemaximum beim Sechsringketon ist typisch für Carbonyl-Additionen[36].

2. Je schlechter die Gleichgewichtslagen verschiedener Ketone für reversible Carbonyl-Additionen sind, um so sorgfältiger muß auf Abwesenheit von Wasser geachtet werden. Auch das deutet darauf hin, daß der Dreiringbildung eine unter Wasserabspaltung erfolgende Kondensationsreaktion vorgelagert ist. Dieses Argument spricht jedoch nicht gegen das Auftreten von SCHIFFschen Basen.

3. Das vorgelagerte Gleichgewicht zwischen Carbonyl-Verbindung und einer acetal-ähnlichen Zwischenstufe der Diaziridin-Bildung (*23*) gewinnt an Wahrscheinlichkeit durch einen Vergleich der Diaziridin-Ausbeuten einiger Ketone mit der Gleichgewichtslage der Dimethylacetal-Bildung der gleichen oder strukturell ähnlicher Ketone (Abb. 1). Die angegebenen Diaziridin-Ausbeuten entstammen entweder der Tabelle 5 oder Angaben von CHURCH, KENDE und WEISS über Versuche an Steroidketonen, bei denen entweder kein Diaziridin gebildet wurde oder die Diaziridine nicht isoliert, sondern sofort zu Diazirinen dehydriert wurden[1]. Man sieht, daß

---

[36] PRELOG, V., u. M. KOBELT: Helv. chim. Acta **32**, 1187 (1949).

die Größenordnung der Zahlenangaben in Abb. 1 paarweise übereinstimmt. Die Diaziridin-Bildung unterliegt also den gleichen, wahrscheinlich sterischen, Beschränkungen wie die Acetalisierung[37]: Die an Sechsringketonen besonders glatt verlaufende Reaktion wird durch eine benachbarte Methylgruppe merklich erschwert, durch eine benachbarte geminale Dimethyl-Gruppierung völlig verhindert. Am Steroid-Skelett erfolgt glatte Reaktion in 3-Stellung; in 2-Stellung ist die Reaktion wegen des Auftretens einer 1.3-diaxialen Wechselwirkung erheblich behindert; in den Stellungen 11, 17 und 20 erfolgt überhaupt keine Diaziridin-Bildung[1].

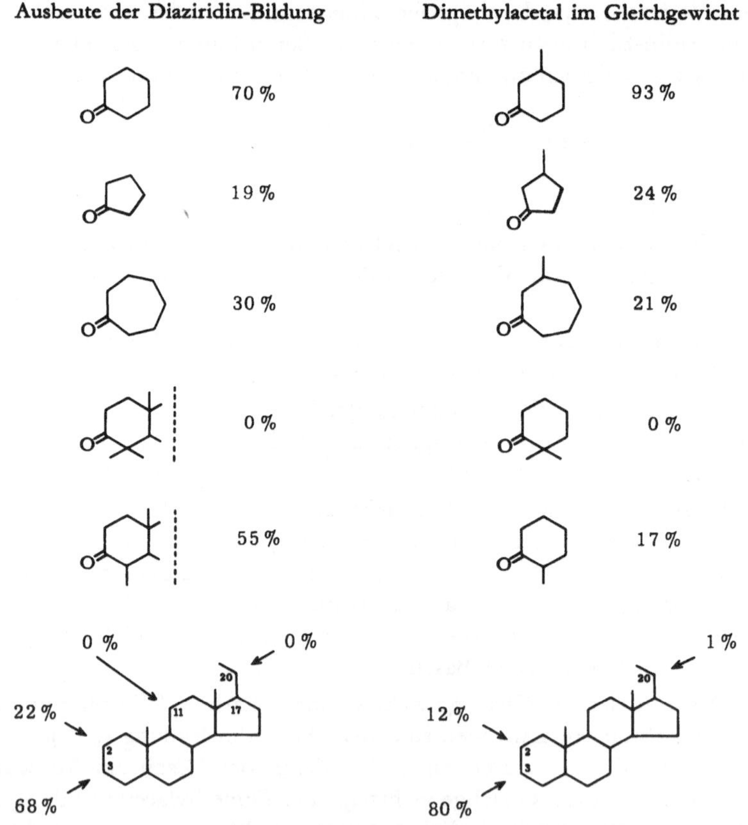

Abb. 1. Gegenüberstellung der Diaziridin-Ausbeuten einiger Ketone und der Gleichgewichtslage der Dimethylacetalbildung unter Standardbedingungen[37]

[37] DJERASSI, C., L. A. MITSCHER and B. J. MITSCHER: J. Amer. chem. Soc. 81, 947 (1959).

4. Die vor allem bei der Umsetzung der N-Chlor-alkylamine beobachtete Anfälligkeit der Diaziridin-Bildung gegen sterische Hinderung ist mit einem Nitren-Mechanismus schwer vereinbar. Dagegen läßt der in Gleichung 18 formulierte Ringschluß durch Rückseitenangriff auf den chlortragenden Stickstoff sterische Hinderung durch Alkyl-Substituenten erwarten.

5. Ringschlüsse durch intramolekulare S_N2-Reaktion bevorzugen die Dreiringbildung[38]. Die Reaktion zwischen einem Amin und einem Chloramin als Ringschlußreaktion gibt für keine Ringgröße so gute Ausbeuten wie für den Dreiring. Beispielsweise verläuft die Fünfringbildung entsprechend Gleichung 20 nur mit 33-prozentiger Ausbeute[39]. Sie geht aber in eine fast quantitativ verlaufende Reaktion über, wenn die beiden Reaktionszentren zusätzlich durch Formaldehyd verknüpft werden (24), so daß ein Dreiring (25) geschlossen wird (Gl. 21)[40].

$$
H_2N-\underset{R}{CH}-CH_2-CH_2-NH_2 \;\xrightarrow[R\,=\,H]{NaOCl}\;
\qquad\qquad \text{Gl. 20}
$$

$$
R = CH_3 \;\Big|\; CH_2O;\,NaOCl
$$

$$
\mathbf{24} \qquad\longrightarrow\qquad \mathbf{25} \qquad\qquad \text{Gl. 21}
$$

6. Im Gegensatz zu einem Nitren-Mechanismus (Gl. 19) läßt die Dreiringbildung entsprechend Gleichung 18 voraussehen, daß die Reaktion nicht durch Basen katalysiert wird. Tatsächlich wird die Diaziridin-Bildung aus Ketonen, Ammoniak und Chlor[3] durch Zusatz von Natronlauge nicht beeinflußt.

7. Die geminale Zwischenstufe 23 der Diaziridin-Bildung sollte auch erreicht werden, wenn man ein primäres Amin an ein Chlorimid anlagert.

$$
\mathbf{26} \qquad\longrightarrow\qquad \mathbf{27} \qquad\qquad \text{Gl. 22}
$$

$$
n\text{-}Pr\text{-}NH_2
$$

---

[38] Z. B. Fruton, J. S. In: R. C. Elderfield: Heterocyclic Compounds, Vol. 1, 61. New York: J. Wiley 1950.

[39] Lüttringhaus, A., J. Jander und R. Schneider: Chem. Ber. 92, 1756 (1959).

[40] Ohme, R., E. Schmitz u. P. Dolge: Chem. Ber. 99, 2104 (1966).

Tatsächlich führt die Reaktion von Cyclohexanon-chlorimid (*26*) mit
n-Propylamin in 65-prozentiger Ausbeute zum Diaziridin *27* (Gl. 22)[41],[*].

Analog kann man die O-Sulfonsäure des Cyclohexanonoxims (*28*) mit
Ammoniak oder Methylamin in Diaziridine überführen (Gl. 23)[42]. Das
Anlagerungsprodukt des Amins an das Oxim-O-sulfonat (*29*) entspricht
der bereits in Gleichung 13 formulierten Zwischenstufe der Diaziridin-
Synthese aus Cyclohexanon, Hydroxylamin-O-sulfonsäure und Amin.

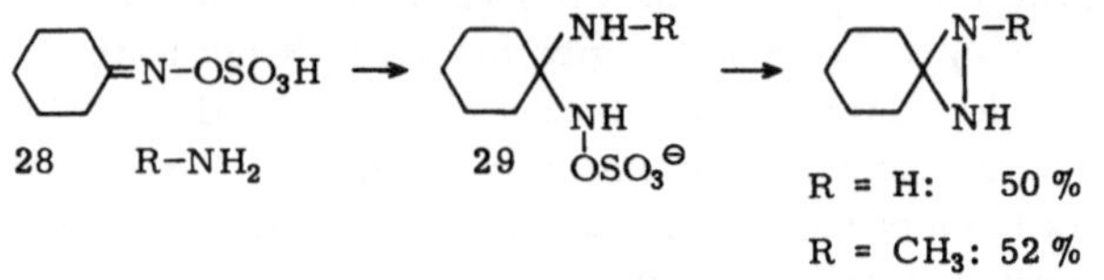

$$
\begin{array}{ccccc}
& & NH-R & & N-R \\
\bigcirc{=}N{-}OSO_3H & \rightarrow & \bigcirc\!\!\!<{\atop NH} & \rightarrow & \bigcirc\!\!\!<{\atop NH} \\
28 \quad R{-}NH_2 & & 29 \quad \overset{|}{O}SO_3^{\ominus} & & R = H:\ \ 50\,\% \\
& & & & R = CH_3:\ 52\,\%
\end{array}
\qquad \text{Gl. 23}
$$

8. Am Stickstoff unsubstituierte Oxaziridine (*30*) übertragen ihre
NH-Gruppe glatt auf Schiffsche Basen unter Diaziridin-Bildung (Gl. 24)[44].
N-alkylierte Oxaziridine geben diese Reaktion nicht. Dieser Unterschied
wird sofort verständlich, wenn man die Reaktion mit einer Anlagerung an
die Schiffsche Base zu *31* beginnen läßt.

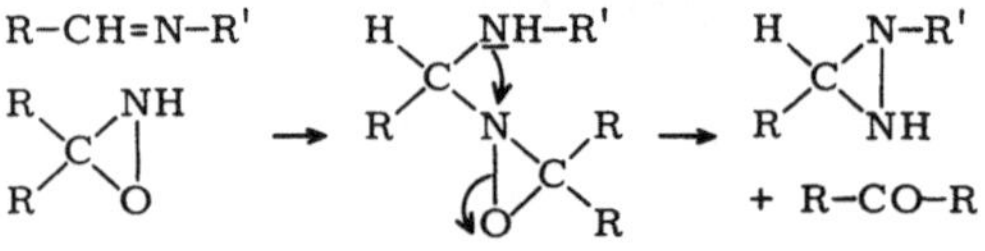

$$
\begin{array}{ccccc}
R{-}CH{=}N{-}R' & & H\quad NH{-}R' & & H\quad N{-}R' \\
\overset{R}{\underset{R}{\bigtriangleup}}{NH \atop O} & \rightarrow & R\!\!-\!\!N\!\!-\!\!R & \rightarrow & R\!\!-\!\!NH \\
& & O\quad R & & +\ R{-}CO{-}R
\end{array}
\qquad \text{Gl. 24}
$$

$$30 \qquad\qquad 31$$

Von den angeführten Argumenten ist keins streng beweisend für einen
Mechanismus der Diaziridin-Synthese über eine geminale Verbindung.
Zusammengenommen lassen sie den Mechanismus aber begründet er-
scheinen. Der Mechanismus wurde auch dadurch plausibel, daß er als
Arbeitshypothese zur Synthese von Dreiringen führte, die vorher nicht
zugänglich waren.

4. Diaziridine des Formaldehyds

Wenn nicht eine Schiffsche Base, sondern eine geminale Verbindung
(*23*) die eigentliche Vorstufe der Diaziridin-Bildung ist, sollte auch Form-

---

[*] In einer Patenschrift wurde bereits 1956 mitgeteilt[43], daß die Umsetzung von Cyclohexanon-chlorimid mit Ammoniak zu einer Verbindung führt, die zu Hydrazin hydrolysiert werden kann. Die Verbindung, die den Schmelzpunkt des Pentamethylen-diaziri-
dins zeigt, wurde jedoch nicht als Diaziridin erkannt, sondern als Hydrat des Cyclo-
hexanon-hydrazons angesehen.

[41] Murawski, D.: Dissertation, Humboldt-Universität, Berlin 1965.
[42] Ohme, R., E. Schmitz u. Ch. Gründemann, unveröffentlicht.
[43] Rudner, B., (W. R. Grace & Co.). Amer. Pat. 2 894 028.
[44] Schmitz, E., R. Ohme u. S. Schramm: Chem. Ber. 97, 2521 (1964).

aldehyd, der in der Regel keine SCHIFFschen Basen bildet, als Ausgangsmaterial für Diaziridin-Synthesen dienen können. Formaldehyd neigt besonders zur Ausbildung geminaler Gruppierungen; seine Reaktion mit
primären aliphatischen Aminen geht in der Regel bis zum Hexahydro-
triazin, dem Trimeren der SCHIFFschen Base.

Die Vermutung, daß die Kondensation des Formaldehyds mit primären
Aminen in alkalischer Lösung nicht über die Stufe der geminalen Verbindung *32* hinausgeht, bestätigte sich. Jede Weiterkondensation würde
eine Reaktion des Formaldehyds mit N-Atomen erfordern, die weniger
reaktiv sind als im Ausgangsamin und sollte daher beim Fehlen jeder Säurekatalyse zurücktreten. Wenn Formaldehyd in Gegenwart von Natronlauge mit zwei Molen eines primären Amins kondensiert wurde, ließen sich
die erhaltenen Lösungen durch Zugabe von Hypochlorit in 1.2-Dialkyl-
diaziridine (*33*) überführen (Gl. 25)[40]. Tabelle 7 zeigt die hergestellten
Verbindungen.

$$
\begin{array}{c}
CH_2O \\
2\ R{-}NH_2
\end{array}
\xrightarrow{\ominus OH}
\underset{32}{H_2C\!\!\begin{array}{c} {}^{NH-R} \\ {}_{NH-R} \end{array}}
\xrightarrow{NaOCl}
\underset{\underset{Cl}{|}}{H_2C\!\!\begin{array}{c} {}^{NH-R} \\ {}_{N-R} \end{array}}
\longrightarrow
\underset{33}{H_2C\!\!\begin{array}{c} {}^{N-R} \\ {}_{N-R} \end{array}}
\qquad \text{Gl. 25}
$$

Tabelle 7. *1.2-Dialkyl-diaziridine aus Formaldehyd, Aminen und Hypochlorit entspr.*
Gleichung 25

Amin	Ausb. %	Sdp. [°C]/Torr
Methylamin	48	49/760
Äthylamin	31	96—97/760
n-Propylamin	53	37.5—38/11
Isopropylamin	28	125—126/760
n-Butylamin	72	34—36/0.015
Isobutylamin	45	nicht isoliert
Benzylamin	27	nicht isoliert
1.3-Diaminobutan	93	57—58/12

Die alkyl-freie Verbindung, das Methylen-diamin (*34*), kann aus seinem
Sulfat[45] durch Neutralisation oder aus dem Bis-trichloracetyl-Derivat *35*
durch alkalische Hydrolyse in der Kälte freigesetzt werden. Mit Hypochlorit erfolgt Cyclisierung; das entstandene Diaziridin (*36*) wird jedoch durch Hypochlorit sofort zum Diazirin dehydriert (Gl. 26)[46].

---

[45] KNUDSEN, P.: Ber. dtsch. chem. Ges. **47**, 2698 (1914).
[46] OHME, R., u. E. SCHMITZ: Chem. Ber. **97**, 297 (1964).

6*

$$H_3\overset{\oplus}{N}-CH_2-\overset{\oplus}{N}H_3$$

$$Cl_3C-CO-NH-CH_2-NH-CO-CCl_3$$

35

$$\xrightarrow{\quad} \underset{34}{H_2C\langle\overset{NH_2}{NH_2}} \xrightarrow{\text{NaOCl}} \underset{36}{H_2C\langle\overset{NH}{NH}} \xrightarrow{\text{NaOCl}} H_2C\langle\overset{N}{N} \qquad\qquad \text{Gl. 26}$$

Eine ergiebige Synthese des Grundkörpers der Diaziridine (*36*) gelingt ausgehend von dem Kondensationsprodukt des Pentamethylen-oxaziridins mit Dimethylol-harnstoff (*37*)[47]. *37* liefert beim Erhitzen mit starker Natronlauge in 50-prozentiger Ausbeute Diaziridin (*36*). Es wurde wegen seiner großen Wasserlöslichkeit noch nicht isoliert (Gl. 27).

$$\text{37} \longrightarrow \underset{36}{H_2C\langle\overset{NH}{NH}} \qquad\qquad \text{Gl. 27}$$

Die Reaktion beginnt mit einer Deprotonierung am Stickstoff in *37*. Im deprotonierten Zustand ist auch Säureamid-stickstoff nucleophil. Rückseitenangriff auf den Oxaziridin-stickstoff schließt den Diaziridin-Ring und öffnet den sauerstoff-haltigen Ring. Hier ist die geminale Vorstufe der Diaziridin-Bildung eine stabile Verbindung, was das Auftreten geminaler Zwischenstufen auch bei den anderen Diaziridin-Synthesen stützt.

In geringer Ausbeute läßt sich Diaziridin (*36*) auch herstellen, wenn man Hydroxylamin-O-sulfonsäure und Dimethylolharnstoff zunächst in saurer Lösung aufeinander einwirken läßt und dann in stark alkalischer Lösung den Diaziridin-Ring schließt (Gl. 28)[48]. Die Ausbeute beträgt 9 %.

$$HOCH_2-NH-CO-NH-CH_2OH$$
$$+\ NH_2-OSO_3H$$

$$\xrightarrow{\ H^{\oplus}\ } -CO-NH\overset{CH_2}{\underset{}{\diagdown}}NH-OSO_3H$$

$$\downarrow$$

$$\underset{36}{H_2C\langle\overset{NH}{NH}} \qquad\qquad \text{Gl. 28}$$

5. Sonstige Diaziridin-Synthesen

a) Diaziridine aus Diazirinen

Die Überführung von Diazirinen in Diaziridine durch Addition von Grignard-Verbindungen (Gl. 29) ist keine Neubildung des Dreiringes.

[47] SCHMITZ, E., R. OHME u. S. SCHRAMM: Tetrahedron Letters (London) No. **23**, 1857 (1965).

[48] SCHRAMM, S.: Dissertation, Humboldt-Universität, Berlin 1966.

Die Anlagerung verläuft oft mit ausgezeichneten Ausbeuten und eignet sich gut zur Synthese 1-substituierter Diaziridine (Einzelheiten werden im Kapitel über Diazirine gegeben werden).

$$\begin{array}{c} R' \\ R \end{array}\!\!>\!\!C\!\!<\!\!\begin{array}{c} N \\ \| \\ N \end{array} \quad \xrightarrow{\;R''\text{-MgX}\;} \quad \begin{array}{c} R' \\ R \end{array}\!\!>\!\!C\!\!<\!\!\begin{array}{c} NH \\ | \\ N\text{-}R'' \end{array} \qquad \text{Gl. 29}$$

b) Diaziridin-Ringschluß durch Azid-Zersetzung

In einem Falle scheint eine Diaziridin-Bildung nach einem Nitren-Mechanismus abzulaufen. Hexafluor-isopropylidenimin (*38*) addiert Stickstoffwasserstoffsäure unter Bildung des 2-Amino-hexafluorisopropyl-azids (*39*). Beim Bestrahlen mit einer Quecksilber-Niederdrucklampe kommt es zu Stickstoff-Abspaltung und Ringschluß zum 3.3-Bis-(trifluormethyl)-diaziridin (*40*, Gl. 30)[49]. Die Ausbeute an Diaziridin (Schmp. 80 °C) beträgt 43 %; thermische Behandlung des Azids bei 350 °C liefert 11 % Diaziridin neben 60 % des isomeren Hydrazons.

$$\begin{array}{c} F_3C \\ F_3C \end{array}\!\!>\!\!C\!\!=\!\!NH \quad \xrightarrow{\;HN_3\;} \quad \begin{array}{c} F_3C \\ F_3C \end{array}\!\!>\!\!C\!\!<\!\!\begin{array}{c} NH_2 \\ N_3 \end{array} \quad \xrightarrow{\;-N_2\;} \quad \begin{array}{c} F_3C \\ F_3C \end{array}\!\!>\!\!C\!\!<\!\!\begin{array}{c} NH \\ | \\ NH \end{array} \qquad \text{Gl. 30}$$

$$\qquad\qquad 38 \qquad\qquad\qquad\qquad 39 \qquad\qquad\qquad\qquad 40$$

II. Eigenschaften der Diaziridine; Strukturbeweis

1. Eigenschaften der Diaziridine

Über die Eigenschaften der Diaziridine sind fast keine systematischen Untersuchungen angestellt worden. Die Kenntnisse ihrer Eigenschaften stammen bislang größtenteils aus Untersuchungen über ihre Herstellung und ihre Umsetzungen.

Die Diaziridine sind immer *farblos*. Löslichkeit und Kristallisationsneigung sind deutlich vom Grad der Alkylierung der Stickstoff-Atome abhängig. Die an beiden N-Atomen unsubstituierten Vertreter sind fast immer kristallin erhalten worden. Bei einfachen aliphatischen Vertretern haben die an einem Stickstoff substituierten Diaziridine Schmelzpunkte um Raumtemperatur; die an beiden N-Atomen alkylierten Diaziridine sind bei Raumtemperatur stets flüssig. Ebenso charakteristische Unterschiede zeigen die drei Gruppen im *Löslichkeitsverhalten*. Pentamethylen-diaziridin als typischer Vertreter der ersten Gruppe ist in Äther schwer, in Wasser sehr

---

[49] MIDDLETON, W. J., and C. G. KRESPAN: J. Org. Chem. **30**, 1398 (1965).

leicht löslich, N.N'-Dialkyl-diaziridine sind (wenn sie nicht ein sehr geringes Molgewicht besitzen) in Wasser unlöslich und mit allen organischen Lösungsmitteln mischbar.

An einem N-Atom alkylierte Diaziridine lassen sich aus organischen Lösungsmitteln verhältnismäßig leicht mit Säure extrahieren; zweinormale Säuren sind in der Regel ausreichend. Bei den N.N'-Dialkyl-diaziridinen benötigt man zur Extraktion höhere Säurekonzentrationen. Auch die Tendenz zur Salzbildung ist unterschiedlich: Von einigen 1.3-Dialkyl-diaziridinen sind gut kristallisierte und stabile Oxalate erhalten worden[21]. Bei 1.2.3-Trialkyl-diaziridinen ließ sich nur mit Eisen(II)-cyanwasserstoffsäure Salzbildung erzwingen[8].

Die Basizität der Diaziridine ist noch nicht gemessen worden. Aus der pH-Abhängigkeit der Hydrolysegeschwindigkeit wurde abgeschätzt, daß 1-Methyl-3.3-pentamethylen-diaziridin etwa die Basizität des Anilins besitzt[35].

Die Diaziridine sind bei Raumtemperatur *weitgehend stabil*. Bei monatelangem Aufbewahren kommt es indessen auch bei 0 °C zu langsamer Zersetzung[22]. Beim Pentamethylen-diaziridin und beim Hexamethylen-diaziridin wurde eine Empfindlichkeit gegen Sauerstoff beobachtet; ersteres bildete bei Sauerstoff-Einwirkung Diazirin und Wasserstoffperoxid. Wenn man die Diaziridine destilliert, sind Temperaturen über 100 °C zu vermeiden.

3.3-Pentamethylen-diaziridin ist weniger *toxisch* als für Hydrazin-Derivate zu erwarten ist. 3.3-Hydrazi-5α-androstan-17β-ol-acetat (Beispiel 15 in Tabelle 5) zeigte stark androgene Eigenschaften[1].

Das in Benzol bei 20 °C gemessene *Dipolmoment* des 1.2-Diäthyl-diaziridins (*41*) beträgt 1.98 D. Das Diaziridin *35* besitzt, wohl als Folge der cis-Fixierung der N-ständigen Substituenten, das wesentlich höhere Dipolmoment von 2.91 D (in Dioxan)[40]. Trotz vergleichbaren Molekulargewichts hat *35* einen wesentlich höheren Siedepunkt als *41* (Tabelle 7). Auch ist *35* aus Wasser sehr viel schwerer mit Äther extrahierbar als *41*.

41   35

Im *Ultraviolett-Bereich* zeigen die Diaziridine, ebenso wie die N-Alkyl-oxaziridine, nur Endabsorption. Bei einer im Infrarot-Spektrum vieler Diaziridine aufgefundenen Bande im 7μ-Bereich dürfte es sich ebensowenig wie bei einer Bande gleicher Lage bei den N-Alkyl-oxaziridinen um eine für den Dreiring charakteristische Bande handeln.

Das Verhalten des 3.3-Pentamethylen-diaziridins und des 3-Äthyl-3-methyl-diaziridins an der Quecksilber-Tropfelektrode deutet auf eine *zweistufige Reduktion* einer protonierten Form des Diaziridins[50]. Als erste Stufe wird eine zweielektronische reduktive Spaltung der N—N-Bindung angenommen (Gl. 30a); nach Abspaltung von Ammoniak wird das Ketimid *42* in einer zweiten Stufe zum primären Amin reduziert.

$$
\underset{\overset{\oplus}{NH_2}}{\overset{NH}{\underset{R}{\overset{R}{C}}}}
\xrightarrow{+2e\,+\,2H^{\oplus}}
\underset{\overset{\oplus}{NH_3}}{\overset{NH_2}{\underset{R}{\overset{R}{C}}}}
\xrightarrow{-NH_3}
\underset{42}{\overset{NH_2}{\underset{R}{\overset{R}{C}}}} \xrightarrow{}\; R_2CH-NH_2
\qquad \text{Gl. 30a}
$$

Bisher wurde nur ein Massenspektrum eines Diaziridins in der Literatur erwähnt. 3.3-Bis-(trifluormethyl)-diaziridin (*40*) zeigte den Molekülpeak bei 180, ferner Peaks bei 112, 93, 69 und 29[49].

2. Strukturbeweis der Diaziridine

Eine Diskussion der Struktur der Diaziridine kann davon ausgehen, daß die Verbindungen Isomere der Hydrazone sind. Die N—N-Bindung ist gesichert, da fast alle Diaziridine zu Hydrazinen gespalten werden können. Die Diaziridin-Gruppierung umfaßt sicher nur ein C-Atom, da sie auch aus Formaldehyd aufgebaut werden kann. Auch Reduktionsversuche bestätigen, daß nur ein C-Atom Bestandteil der charakteristischen Gruppierung ist[3]. Das C-Atom befindet sich noch auf der Oxydationsstufe der Carbonyl-Verbindung, denn diese wird sowohl bei der Hydrolyse als auch bei vorsichtiger Reduktion zurückerhalten.

Hydrazone können von Anfang an außerhalb der Diskussion bleiben. Es sind mehrere Isomerenpaare gleichartig substituierter Hydrazone und Diaziridine bekannt. Sie unterscheiden sich erheblich in den Eigenschaften. Insbesondere zeigen die Diaziridine das schon von den Oxaziridinen her bekannte starke Oxdyationsvermögen. UV- und IR-Spektroskopie haben bisher zur Sicherung der Struktur der Diaziridine kaum beigetragen. Sie schließen aber Strukturalternativen aus, die C—N-Doppelbindungen enthalten.

Messungen der *Bindungswinkel und Atomabstände* von Diaziridinen stehen noch aus[51]. Es sind jedoch wechselseitige Übergänge zwischen den Diaziridinen und den Diazirinen möglich, für die die Molekülgeometrie genau bekannt ist. Auch das Beweismaterial für die Dreiringstruktur der

---

[50] Kitajew, U. P., u. G. K. Budnikow: Coll. Czech. Chem. Comm. **30**, 4178 (1965).

[51] Eine Röntgen-Strukturanalyse des 3.3-Dimethyl-1-(α-hydroxy-β-trichlor-äthyl)-diaziridins steht kurz vor dem Abschluß, Privatmitteilung von Dr. Höhne, Institut für Strukturforschung der DAW, Berlin.

Oxaziridine stützt die Struktur der Diaziridine, da beide Verbindungsklassen viele Analogien aufweisen. Beide Typen von Dreiringen können durch Addition eines Aminierungsmittels an eine Carbonyl-Verbindung entstehen, die in Gegenwart eines Amins zum Diaziridin, in dessen Abwesenheit zum Oxaziridin führt. Die für Carbonyl-Additionsprodukte ungewöhnliche Stabilität gegen saure Hydrolyse ist beiden Verbindungstypen ebenso gemeinsam wie das starke Oxydationsvermögen.

Für die Gleichwertigkeit der Stickstoffatome der Diaziridine, die von der Dreiringstruktur gefordert wird, lassen sich einige Argumente beibringen. Cyclohexanon gibt mit Methylamin und Hydroxylamin-O-sulfonsäure das gleiche Diaziridin *22* wie mit Ammoniak und Methylhydroxylamin-O-sulfonsäure (Gl. 31)[33]. Diese Methyl-Markierung beweist die funktionelle Gleichwertigkeit der N-Atome.

$$\text{Gl. 31}$$

Die Reaktion von Formaldehyd, einer Mischung von Äthylamin und n-Propylamin und Hypochlorit ergibt drei Diaziridine im Verhältnis 1:2:1 (Gl. 32). Bei funktioneller Ungleichwertigkeit der N-Atome müßten vier Isomere auftreten[40].

$$\text{Gl. 32}$$

1.2-Dimethyl-diaziridin (*43*) zeigt im NMR-Spektrum für die Methylgruppen ein scharfes Signal, 1.2-Dibenzoyl-3-tert.-butyl-diaziridin (*44*) nur ein Multiplett im Bereich der orthoständigen Protonen.

Einen direkten Hinweis auf eine Dreiringstruktur gibt die Lage der Signale für die Protonen am Ringkohlenstoff. Die im folgenden Abschnitt mitgeteilten Werte für die Methylenprotonen am Diaziridin-Ring liegen wesentlich höher als für Methylen-Gruppen, die von zwei N-Atomen flankiert sind, zu erwarten ist. Die Verschiebungen zu höheren Feldstärken sind von der gleichen Größenordnung wie beim Übergang von aliphatischen Methylen-Gruppen zum Cyclopropan. Besonders deutlich ist dieser Effekt bei den bicyclischen Diaziridinen *45* und *46*, die die N—C—N-Gruppierung des Diaziridinringes und N—C—N-Gruppierungen in Fünfringen enthalten. Die Diaziridin-Protonen absorbieren bei um nahezu 2 ppm höheren Feldstärken als die entsprechenden Protonen am Fünfring[52].

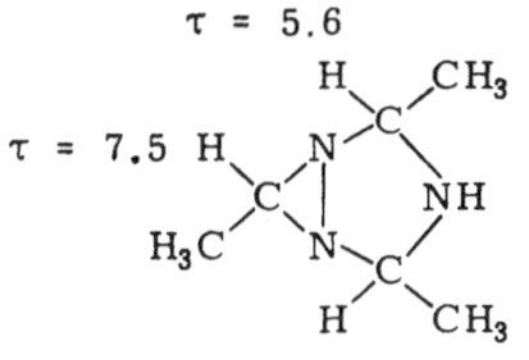

$$\tau = 5.6 \qquad\qquad \tau = 5.9$$

$$\tau = 7.5 \qquad\qquad\qquad \tau = 7.8$$

$$\tau = 6.3$$

45 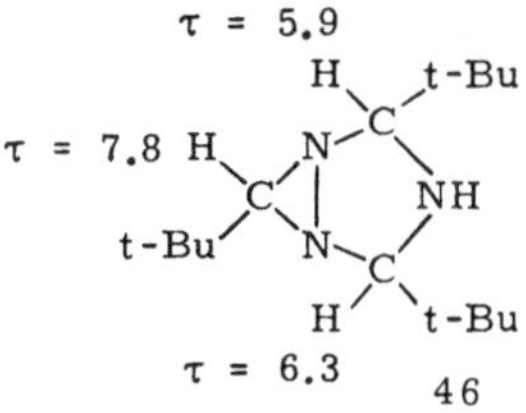 46

Die relativ leichte Abspaltbarkeit von N-ständigen Acylgruppen an Diaziridinen durch Alkali steht in Kontrast zur Stabilität von Säureamid-Gruppierungen, hat jedoch ihre Analogie in der leichten Verfügbarkeit der Acyl-Gruppen in N-Acyl-aziridinen[53]. Auch darin ist ein Argument für die Dreiringstruktur der Diaziridine zu sehen[18].

3. Protonenresonanz-Untersuchungen an Diaziridinen

Die Untersuchung der NMR-Spektren einer Reihe von Diaziridinen führte auf das Problem der Inversion am dreibindigen Stickstoff. Frühere Untersuchungen an Aziridinen[54,55,56] und an Oxaziridinen[6,54] hatten bereits ergeben, daß Stickstoff im dreigliedrigen Ring eine Sonderstellung gegenüber anderen Stickstoff-Verbindungen einnimmt. Für Aziridin-stickstoff ist die Inversionsgeschwindigkeit so verlangsamt, daß sie mit Hilfe der Kernresonanz gemessen werden konnte.

Von A. MANNSCHRECK[57] und von R. RADEGLIA, E. GRÜNDEMANN und R. OHME[58] wurden an den Verbindungen *43* und *47—52* Kernresonanzmessungen durchgeführt. Die Werte wurden gegen Tetramethylsilan als inneren Standard gemessen und sind in der τ-Skala angegeben. Bei den Verbindungen *43, 47* und *48* wurde nur ein Signal für die beiden Methylen-Protonen des Dreiringes gefunden. Eine cis-Anordnung der beiden N-Substituenten mit langsamer Inversion war damit bereits auszuschließen. Die ohnehin wenig wahrscheinliche cis-Anordnung wurde durch die weiteren Untersuchungen völlig ausgeschlossen, da sich zeigte, daß überhaupt keine schnelle Inversion auftritt. Bei langsamer oder fehlender

---

[52] MANNSCHRECK, A.: unveröffentlicht (τ-Werte in Pyridin).
[53] BROWN, H. C., and A. TSUKAMOTO: J. Amer. chem. Soc. **83**, 2016 (1961).
[54] BOTTINI, A. T., and J. D. ROBERTS: J. Amer. chem. Soc. **80**, 5203 (1958).
[55] BOTTINI, A. T., R. L. VANETTEN and A. J. DAVIDSON: J. Amer. chem. Soc. **87**, 755 (1965).
[56] BARDOS, TH. J., CS. SZÁNTAY and C. K. NAVADA: J. Amer. chem. Soc. **87**, 5796 (1965).
[57,58] Eine gemeinsame Veröffentlichung ist in Vorbereitung.

Inversion folgt aus der Gleichheit der Methylen-Protonen des Dreiringes in *47* und *48* die trans-Anordnung der N-ständigen Substituenten. Für das Ausbleiben einer schnellen Inversion sprachen folgende Argumente:

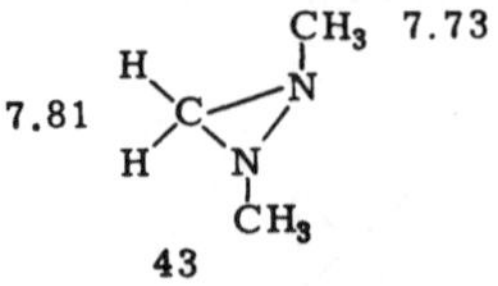

7.81 CH_3 7.73 H_3C NH / H_3C / CH / H_3C CH_3

43 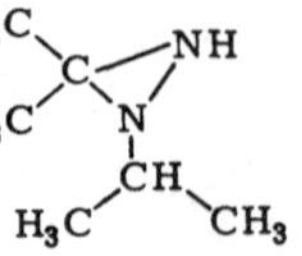   **50**

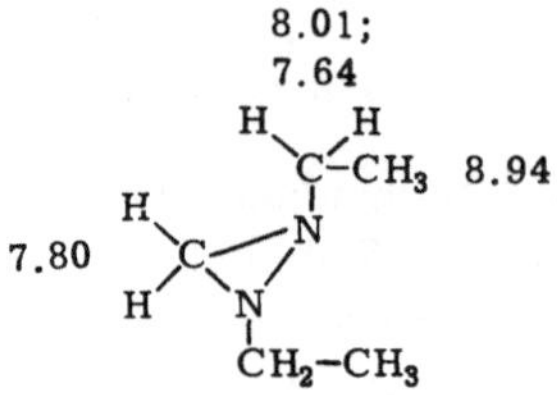

8.01; 7.64 CH_3 8.94 H_3C $CO-NH-C_6H_5$ / H_3C CH_3

7.80 CH_2-CH_3

47 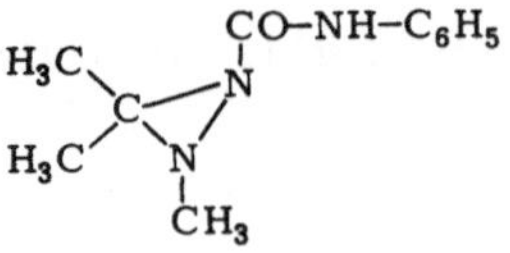   **51**

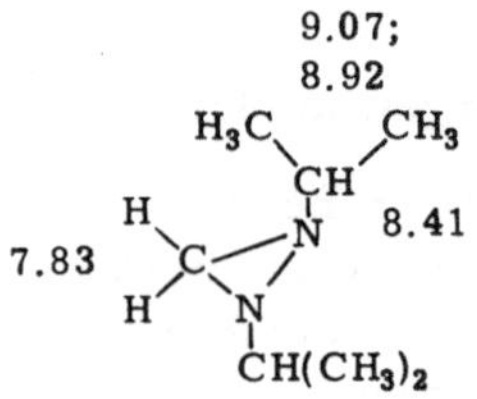

9.07; 8.92 H_3C CH_3 / CH / 8.41 H_3C $CHOH-CCl_3$ / H_3C CH_3

7.83 $CH(CH_3)_2$

48 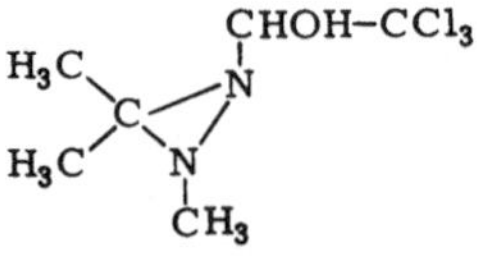   **52**

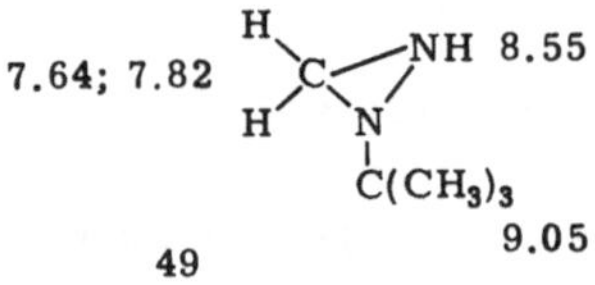

7.64; 7.82 NH 8.55   Gemessen wurden:

$C(CH_3)_3$ 43, 47, 48 in CCl_4

9.05   49 in Diphenyläther

49

Die Methylen-Protonen der Äthyl-Gruppen von *47* waren nicht identisch; es wurde ein ABC_3-Spektrum gefunden. Die Methylen-Gruppen müssen also einem Asymmetriezentrum benachbart sein[59]. Auch die Methyl-Gruppen der Isopropyl-Substituenten in *48* zeigen unterschiedliche chemische Verschiebungen; die Isopropyl-Gruppen stehen also ebenfalls an Asymmetriezentren.

Ein schnelles Durchschwingen der tert.-Butyl-Gruppe in *49* ist auszuschließen, da die drei Ringprotonen ein ABC-Spektrum geben. Auch die beiden Methyl-Gruppen am Ringkohlenstoff der Verbindung *50* sind nicht identisch. Das gleiche gilt für *51* und *52*.

---

[59] POPLE, J. A., W. G. SCHNEIDER and H. J. BERNSTEIN: High Resolution Nuclear Magnetic Resonance. p. 377. New York: Mc Graw-Hill 1959.

Eine Koaleszenz der bei Raumtemperatur aufgespaltenen Signale der Verbindungen *47—52* wurde auch bei höheren Temperaturen nicht beobachtet. Diese Messungen erstreckten sich bis 150 °C, also bis an die Grenze der thermischen Beständigkeit der Diaziridine. Die freien Aktivierungsenthalpien für eine Inversion müssen höher sein als 17 bis 20 kcal.

Eine am 3-Äthyl-1.3-dimethyl-diaziridin begonnene Untersuchung[60] hat gezeigt, daß die Verbindung die beiden Diastereomeren *53*a und *53*b in unterschiedlichen Mengen enthält. Das Verhältnis der noch nicht zugeordneten Isomeren beträgt etwa 7 : 3.

$$53\text{a} \qquad\qquad 53\text{b}$$

III. Reaktionen der Diaziridine

1. Reaktionen unter Erhaltung des Dreiringes

Die Reaktionen der Diaziridine können unter Erhaltung der Dreiringstruktur oder unter Ringöffnung verlaufen. Die erste Gruppe umfaßt praktisch nur Reaktionen, bei denen ein Substituent an einen Ringstickstoff angefügt oder vom Stickstoff abgelöst wird.

Die Alkylierung des Ringstickstoffs mit einfachen Alkylüberträgern ist noch nicht bearbeitet worden, vermutlich, da praktisch jeder Alkylsubstituent schon bei der Dreiringsynthese eingeführt werden kann, so daß an einer nachträglichen Alkylierung kein Interesse besteht. Versuche einer Cyanäthylierung waren erfolglos. Carbonyl-Additionen der Diaziridinstickstoffe sind dagegen häufig beobachtet worden.

a) Carbonyl-Additionen der Diaziridine

Chloral bildet mit Diaziridinen, die wenigstens ein unsubstituiertes Stickstoff-Atom enthalten, gut kristallisierte Additionsprodukte (*54*) (Gl. 33)[26,61].

$$\text{+ } CCl_3\text{-}CH(OH)_2 \rightleftarrows \qquad\qquad \text{Gl. 33}$$

$$54$$

Auch wenn beide N-Atome unsubstituiert sind, wird nur ein Molekül Chloral addiert. Die Addukte eignen sich zur Charakterisierung der

[60] GRÜNDEMANN, E.: Privatmitteilung.
[61] SCHMITZ, E., u. R. OHME: Chem. Ber. **95**, 795 (1962).

Diaziridine sowie zu deren Abtrennung aus Gemischen. In Gegenwart von Alkali werden die Diaziridine regeneriert; das in einer Gleichgewichtsreaktion freigesetzte Chloral erleidet Alkalispaltung.

Der Grundkörper der Diaziridine bildet ein Addukt mit zwei Molekülen Cyclohexanon (*55*) vom Schmp. 104—105 °C[48]. Da bei der Herstellung des Diaziridins nach Gleichung 27 gleichzeitig Cyclohexanon freigesetzt wird, fällt ein Teil des Dreiringes in Form des Adduktes *55* an. 3.3-Dimethyl-diaziridin addiert zwei Moleküle Formaldehyd zu dem kristallinen Addukt *56* (Schmp. 110 C°)[26].

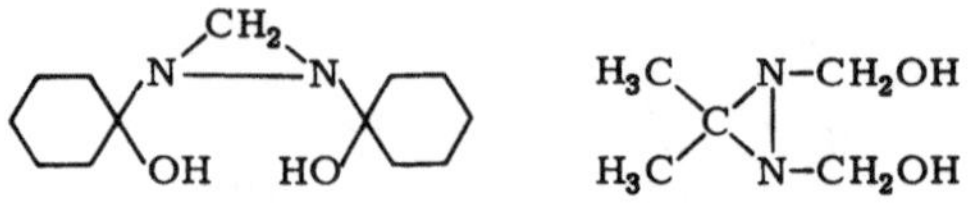

$$
\begin{array}{cc}
\textbf{55} & \textbf{56}
\end{array}
$$

Aliphatische Aldehyde kondensieren mit größter Leichtigkeit mit Diaziridinen. Die 3-Alkyl-diaziridine, bei deren Herstellung Aldehyd und Ammoniak im Überschuß vorhanden sind, kondensieren daher immer einen Triazolidin-Ring an (Gl. 34)[17].

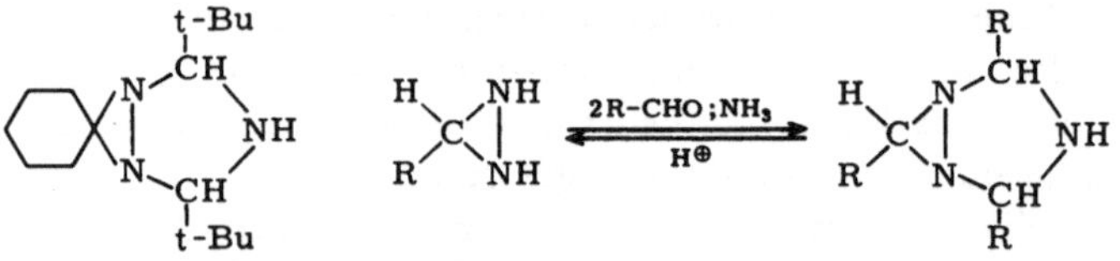

$$
\textbf{57} \qquad \textbf{10} \xrightleftharpoons[\text{H}^{\oplus}]{\text{2 R-CHO ; NH}_3} \textbf{11} \qquad \text{Gl. 34}
$$

Die Ankondensation des Fünfringes gelingt auch mit einem vorher isolierten Diaziridin: Pentamethylen-diaziridin ergibt mit Trimethyl-acetaldehyd und Ammoniak die bicyclische Verbindung *57*[18].

Die Abspaltung des Fünfringes aus dem Bicyclus *11* (Gl. 34) ist durch vorsichtige Hydrolyse möglich, da der Dreiring viel langsamer hydrolysiert wird als der Fünfring. Der gegenüber Methylrot nicht basische Bicyclus *11* (R = tert.-Butyl) kann mit verdünnter Säure bis zum Verbrauch von einem Äquivalent Säure erwärmt werden, ohne daß der Dreiring nennenswert angegriffen wird. Die Isolierung eines 3-Alkyl-diaziridins (*10*) ist auch dann schwierig, da beim Neutralisieren sofort wieder Kondensation eintritt. Durch Adduktbildung mit Chloral gelang es jedoch, 3-tert.-Butyl-diaziridin in 98-proz. Ausbeute abzufangen[18].

3-n-Propyl-diaziridin läßt sich in geringer Ausbeute (8 %) gewinnen, wenn schon bei der Synthese des Dreiringes *58* aus n-Butyraldehyd, Ammoniak und Chloramin (Gl. 35) Chloralhydrat zugesetzt wird[62], das den Dreiring abfängt. Die Adduktbildung mit Chloral kann offensichtlich mit der Ankondensation des Fünfringes konkurrieren.

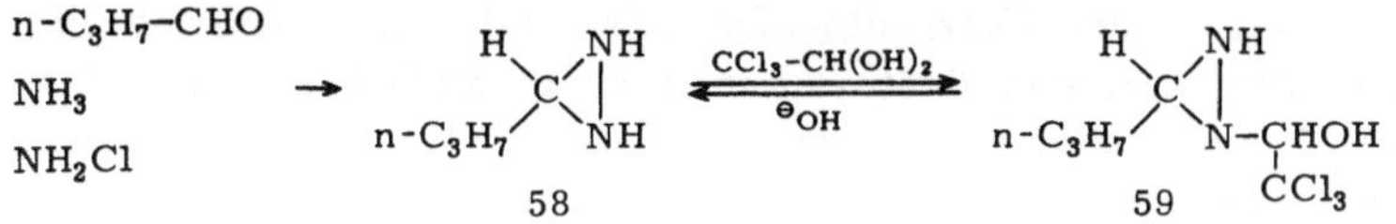

Gl. 35

58 → 59 (structures of diaziridine from n-C_3H_7–CHO, NH_3, NH_2Cl; reaction with CCl_3–CH(OH)$_2$ / $^{\ominus}$OH)

Durch alkalische Zersetzung des Chloral-Addukts *59* wurde das einzige bisher in Substanz isolierte „Aldehyd-isohydrazon" erhalten[62].

An Diaziridinen, die vom Phenyl-aceton abgeleitet sind, sind Mannich-Reaktionen durchgeführt worden[14]. Das Diaziridin *60* ergab mit Formaldehyd und sekundären Aminen Mannichbasen, beispielsweise *61* (Gl. 36). Morpholin konnte durch Piperidin oder Dimethylamin ersetzt werden.

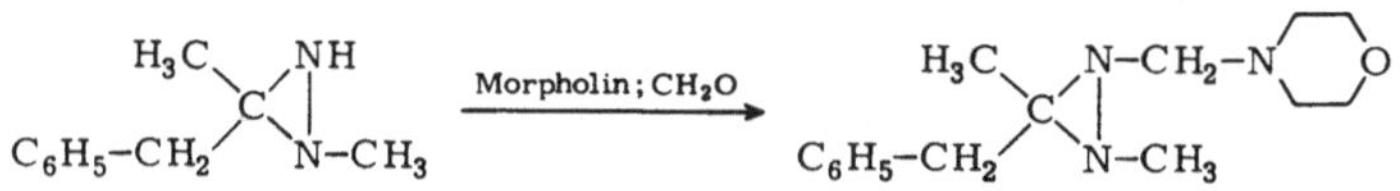

Gl. 36

60 → 61 (Morpholin; CH_2O)

3-Benzyl-3-methyl-diaziridin ging eine zweifache Mannich-Reaktion ein (Gl. 37).

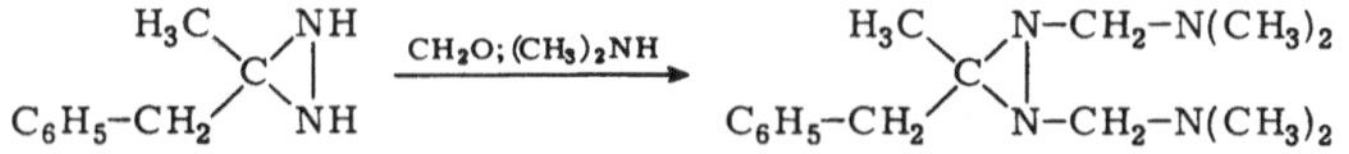

Gl. 37

(CH_2O; $(CH_3)_2NH$)

b) Acylierung der Diaziridine

Diaziridine addieren an unbesetzten Stickstoff-Atomen Phenyl-isocyanat[62,61]. Die Reaktion verläuft beim Vereinigen der Komponenten in Äther mit durchweg guten Ausbeuten und ist daher mit den meisten Diaziridinen zur Charakterisierung durchgeführt worden. Wenn zwei N-Atome unsubstituiert sind, werden zwei Moleküle Phenyl-isocyanat aufgenommen. Im Molekül vorhandene Hydroxyl-Gruppen treten dagegen nicht in Reaktion, wenn man nur zwei Mol Phenylisocyanat verwendet[30]. Die folgenden Typen von Addukten wurden erhalten:

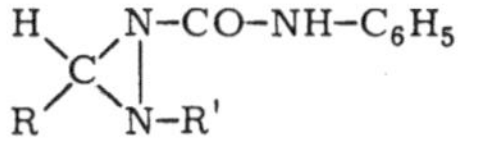

62 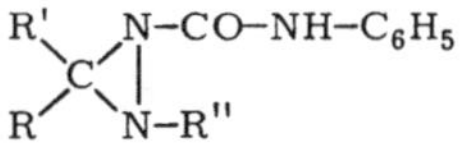   **63**

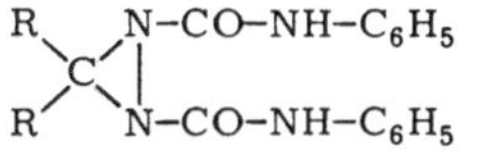

64 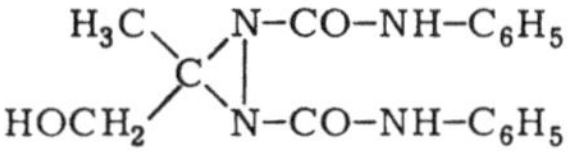   **65**

[62] SCHMITZ, E., u. D. HABISCH: Rev. Chim. (Bukarest) 7, 1281 (1962).

Benzoylierungen des Diaziridin-stickstoffs sind mit Benzoylchlorid in Äther in Gegenwart von Triäthylamin leicht möglich[62], sind aber bisher nur an Diaziridinen durchgeführt worden, die zwei unsubstituierte N-Atome enthalten.

$$H_3C,\ H_3C-C\overset{N-CO-C_6H_5}{\underset{N-CO-C_6H_5}{<}} \qquad H,\ t\text{-}Bu-C\overset{N-CO-C_6H_5}{\underset{N-CO-C_6H_5}{<}} \qquad H_2C\overset{N-CO-C_6H_5}{\underset{N-CO-C_6H_5}{<}}$$

66   67   68

Durch Benzoylierung wurden die schwer oder gar nicht isolierbaren Aldehyd-isohydrazone charakterisiert. Die Isohydrazone des Acetaldehyds, des n-Butyraldehyds und des Trimethyl-acetaldehyds wurden aus ihren Chloral-Addukten freigesetzt und benzoyliert[62]. Auch der Grundkörper der Diaziridine wurde in die Dibenzoyl-Verbindung (*68*) übergeführt[47].

Diacetyl-Derivate wurden von PAULSEN[63] aus 3.3-Diäthyl-diaziridin (*69*) und 3-Äthyl-3-methyl-diaziridin hergestellt.

$$C_2H_5,\ C_2H_5-C\overset{N-CO-CH_3}{\underset{N-CO-CH_3}{<}} \qquad H,\ C_2H_5-C\overset{N-SO_2-C_6H_4-p\text{-}CH_3}{\underset{N-C_6H_{11}}{<}}$$

69   70

Auch die Umsetzungsprodukte mit p-Tosylchlorid (*70*) und mit 3.5-Dinitro-benzoylchlorid sind in je einem Fall beschrieben[62, *].

Die Struktur der Acylierungsprodukte ist bei den von Aldehyden abgeleiteten Diaziridinen *62*, *67*, *68* und *70* sehr einfach zu beweisen: Sie besitzen noch das charakteristische Oxydationsvermögen der Diaziridine gegenüber Jodid. Sehr viel schwieriger war der Strukturbeweis für die von Ketonen abgeleiteten Verbindungen *63*, *64*, *65* und *66*. Sie zeigen überhaupt kein Oxydationsvermögen mehr, so daß es einige Zeit fraglich erschien, ob sie noch den Dreiring enthalten[62, 64]. Die auch bei diesen Verbindungen leicht mögliche Hydrolyse zu acylierten Hydrazinen (*74*, Gl. 38) erlaubte keinen Schluß auf die Struktur. Diacyl-Verbindungen offenkettiger Hydrazone (*72*) geben bei der Hydrolyse unter Acylwanderung die gleichen N.N'-Diacylhydrazine (*74*)[65], die bei der Hydrolyse der 1.2-Diacyl-diaziridine (*71*) zu erwarten sind. Das gleiche gilt für die ursprünglich in die Diskussion um die Struktur einbezogenen fünfgliedrigen Heterocyclen *73*[64].

---

* Einwirkung von p-Tosylchorid auf 3.3-Pentamethylen-diaziridin ergab Cyclohexanon-p-tosylhydrazon (KATO, H., and M. OHTA: Bull. chem Soc. Japan **35**, 2048 (1962); C. **1966**, 13150).

[63] PAULSEN, S. R., (Bergwerksverband GmbH). Dtsch. Bundes-Pat. 1136343 (10.1.61/13.9.62), C. A. **58**, 3436 g (1963).

[64] SCHMITZ, E. In: Advances in Heterocyclic Chemistry, Ed. by A. R. Katritzky, Vol. 2, p. 114. New York: Academic Press 1963.

[65] TAKAGI, S., u. A. SUGII: J. pharmaz. Soc. Japan **79**, 103 (1959); C. A. **53**, 10086h (1959).

$$
\underset{71}{\underset{R}{\overset{R}{>}}C\underset{N-CO-R'}{\overset{N-CO-R'}{<}}}
\qquad
\underset{72}{\underset{R}{\overset{R}{>}}C=N-N\underset{CO-R'}{\overset{CO-R'}{<}}}
\qquad
\underset{73}{\underset{R}{\overset{R}{>}}C\underset{N-N}{\overset{O-C-R'}{<}}\ \underset{CO-R'}{}}
\qquad\qquad \text{Gl. 38}
$$

$$
\underset{74}{R-CO-R \ + \ R'-CO-NH-NH-CO-R'}
$$

Die Struktur wurde schließlich bewiesen, als es gelang, die Acylierungsprodukte der Diaziridine alkalisch unter Rückbildung der Ausgangs-
diaziridine zu spalten[78]. Die Entacylierung verlief bereits unter unerwartet
milden Bedingungen. Beispielsweise ergab Einwirkung von 1-normaler
Natronlauge auf 1.2-Dibenzoyl-3.3-pentamethylen-diaziridin (*75*) schon bei
Raumtemperatur eine 80-prozentige Entbenzoylierung zu Diaziridin *76*
(Gl. 39).

$$
\underset{75}{\text{[Cyclohexan]}\underset{N-CO-C_6H_5}{\overset{N-CO-C_6H_5}{<}}}
\quad\xrightarrow{1n-NaOH}\quad
\underset{76}{\text{[Cyclohexan]}\underset{NH}{\overset{NH}{<}}}
\qquad\qquad \text{Gl. 39}
$$

Bei Wasserbadtemperatur gaben auch die Phenylisocyanat-Addukte
ihren Acyl-Rest ab. Die Verbindungen *77*, *78* und *79* gingen in den angegebenen Ausbeuten in die entacylierten Diaziridine über. Diese wurden

$$
\underset{77:\ 56\%}{\underset{H_3C}{\overset{H}{>}}C\underset{N-CO-NH-C_6H_{11}}{\overset{N-C_6H_{11}}{<}}}
\qquad
\underset{78:\ 33\%}{\underset{H_3C}{\overset{H_3C}{>}}C\underset{N-CO-NH-C_6H_5}{\overset{N-C_6H_{11}}{<}}}
\qquad
\underset{79:\ 43\%}{\text{[Cyclohexan]}\underset{N-CO-NH-C_6H_5}{\overset{N-CO-NH-C_6H_5}{<}}}
$$

durch die nun wieder mögliche Oxydationsreaktion mit Jodid nachgewiesen.
Der Diaziridin-Ring bleibt also bei allen bisher untersuchten Acylierungen
erhalten.

2. Reaktionen unter Öffnung des Diaziridin-Ringes

a) Unter Erhaltung der N—N-Bindung

Hydrolyse zu Hydrazinen

Fast alle Diaziridine lassen sich mit Säuren zu Carbonyl-Verbindung
und Hydrazin-Derivat hydrolysieren[2,3,4]. Die einzige bekanntgewordene
Ausnahme stellen die vom Formaldehyd abgeleiteten Diaziridine dar, deren
Hydrolyse besonders langsam verläuft und deshalb leicht von Neben-
reaktionen überspielt wird[40]. Bei allen übrigen Diaziridinen verläuft die
Hydrolyse mit wäßrigen Säuren im Sinne der Gleichung 40 praktisch ohne
Nebenreaktion ab.

$$\begin{array}{c} R' \\ C \\ R \end{array} \begin{array}{c} N-R''' \\ | \\ N-R'' \end{array} \longrightarrow R-CO-R' + R''-NH-NH-R''' \qquad \text{Gl. 40}$$

Die Diaziridine sind daher Zwischenstufen von ergiebigen Hydrazin-Synthesen. Die präparative Brauchbarkeit hängt in der Regel nur von der Ausbeute des Diaziridin-Ringschlusses ab, selbstverständlich auch davon, ob für die gewünschten Hydrazine andere einfache Synthesen existieren. Die Hydrolyse ist präparativ jedenfalls nie problematisch.

Die Synthese des Hydrazins über 3.3-Dialkyl-diaziridine ist dem Raschig-Prozeß überlegen und wird bereits in die *Technik* eingeführt[15,16]. Ebenso günstig dürfte das Diaziridin-Verfahren für die Synthese von Mono- und Dialkylhydrazinen sein, da hier kein allgemein anwendbares und befriedigendes Verfahren existiert. Alkylhydrazine werden beispielsweise aus Hydrazin in mehrstufigen Verfahren durch Einführung von Schutzgruppen, Alkylierung und Entfernung der Schutzgruppen hergestellt. Zur Gewinnung von Methylhydrazin kann man Benzaldazin mit Dimethylsulfat methylieren und anschließend hydrolysieren[66]. N.N'-Dimethylhydrazin und N.N'-Diäthylhydrazin werden durch Alkylierung von Dibenzoylhydrazin und nachfolgende Abspaltung der Benzoyl-Gruppen hergestellt[67]. Beide Verfahren versagen bei größeren Alkyl-Resten. Die Reduktion von Azinen zu N.N'-Dialkylhydrazinen ist praktisch auf die Gewinnung von symmetrisch substituierten Verbindungen beschränkt[68]. Daß diese Verfahren nicht befriedigen, wird schon dadurch deutlich, daß die direkte Alkylierung des Hydrazins immer wieder versucht wurde. Mono-alkylhydrazine mit langkettigen Alkyl-Resten lassen sich durch direkte Alkylierung herstellen[69]. Zur Einführung kleinerer Alkyl-Reste muß wegen der Tendenz des Hydrazins, an einem N-Atom mehrere Alkyl-Gruppen aufzunehmen, mit einem sehr großen (in der Regel zehnfachen) Überschuß an Hydrazin gearbeitet werden, so daß die Ausbeuten an Alkylhydrazinen, berechnet auf Hydrazinhydrat, nur 4 bis 7 % betragen[70,71].

---

[66] Organic Syntheses, Coll. Vol. 2, p. 395. New York: John Wiley & Sons Inc. 1943.

[67] Organic Syntheses, Coll. Vol. 2, p. 208.

[68] Zum Beispiel: RENAUD, R., and L. C. LEITCH: Can. J. Chem. 32, 545 (1954); C. A. 49, 4502h (1955).

[69] WESTPHAL, O.: Ber. dtsch. chem. Ges. 74, 759 (1941).

[70] KOSST, A. N., u. Mitarb.: Nachr. Moskauer Univ. (phys.-math.-nat. Ser.) 14, 211 (1959), C. 1961, 12826; J. allg. Chem. (russ.) 30, 3280 (1960), C. 1961, 13522; 32, 874 (1962), C. 1963, 14669; KOSST, A. N., u. R. S. SAGITULIN: Uspechi Chimii 23, 361 (1964).

[71] STROH, H.-H., u. H.-G. SCHARNOW: Chem. Ber. 98, 1588 (1965).

Die bekannten Verfahren der Synthese von Alkylhydrazinen aus primären Aminen mit Chloramin[72] oder Hydroxylamin-O-sulfonsäure[73,74] leiden daran, daß die gebildeten Alkylhydrazine mit dem Aminierungsmittel leichter reagieren als das Amin. Das Amin muß daher in sehr großem Überschuß (in der Regel 1:8) eingesetzt werden, was die spätere Abtrennung der Alkylhydrazine erschwert.

Die Herstellung von Alkylhydrazinen über Diaziridine vermeidet die meisten Nachteile der angeführten Verfahren und ist weitgehend verallgemeinerungsfähig. Die in der aliphatischen Reihe fast immer glatt verlaufende Diaziridin-Synthese liefert das Material für die nachgeschaltete oder auch im gleichen Ansatz durchführbare Hydrolyse zum Alkylhydrazin. Die Ausbeuten einiger präparativ durchgeführter Hydrolysen gibt Tabelle 8. Hydrolysiert wurde stets mit einem geringen Überschuß von wäßriger Oxalsäure durch kurzes Erwärmen; die Ausbeuten beziehen sich auf kristalline Oxalate der Mono-alkylhydrazine.

Tabelle 8. *Alkylhydrazin-Oxalate durch Hydrolyse von Diaziridinen entspr. Gleichung 40*
(R''' = H)

Freigesetzte Carbonyl-Verb. R—CO—R′	Alkylhydrazin R''=	Ausb. %	Lit.
Cyclohexanon	n-Propyl	88	75
Cyclohexanon	Isopropyl	95	75
Cyclohexanon	Cyclohexyl	87	21
Cyclohexanon	Äthylen-bis-hydrazin	92	26
n-Butyraldehyd	Benzyl	87	21
Oenanthaldehyd	n-Butyl	77	21

Tabelle 9 enthält Beispiele für die Herstellung von N.N′-Dialkylhydrazinen aus Diaziridinen. Die Tabelle zeigt, daß nach dem Diaziridin-Verfahren unsymmetrische N.N′-Dialkylhydrazine ebenso herstellbar sind wie symmetrische.

Die in Tabelle 9 zusammengestellten Hydrolyseversuche wurden mit Ausnahme des letzten Beispieles durchgeführt, indem 30 Minuten mit 2n-Salzsäure auf 70 °C erwärmt wurde. Isoliert wurden die Dihydrochloride der N.N′-Dialkylhydrazine.

---

[72] AUDRIETH, L. F., and L. H. DIAMOND: J. Amer. chem. Soc. 76, 4869 (1954).
[73] GEVER, G., and K. HAYES: J. Org. Chem. 14, 813 (1949).
[74] GÖSL, R., u. A. MEUWSEN: Chem. Ber. 92, 2521 (1959).
[75] SCHMITZ, E., u. R. OHME: Angew. Chem. 73, 220 (1961).

Tabelle 9. *N.N'-Dialkylhydrazine durch Hydrolyse von 1.2.3-Trialkyl-diaziridinen entspr. Gleichung 40 (R'= H)*

Freigesetzter Aldehyd R—CHO	N-Alkyl R''	N'-Alkyl R'''	Ausb. %	Lit.
Propionaldehyd	Cyclohexyl	Methyl	63	[22]
n-Butyraldehyd	Butyl	Methyl	83	[22]
n-Butyraldehyd	n-Butyl	Äthyl	73	[22]
n-Butyraldehyd	n-Butyl	Propyl	73	[22]
n-Butyraldehyd	n-Butyl	n-Butyl	85	[22]
Aceton	Methyl	Methyl	quantitativ	[24]

Von Bedeutung ist die Acylierung eines Diaziridins mit anschließender Hydrolyse zum N-Acyl-N'-alkyl-hydrazin. Beispielsweise entsteht N-Anilinoformyl-N'-cyclohexyl-hydrazin (*80*) durch Hydrolyse eines Diaziridins in 72.5-prozentiger Ausbeute (Gl. 41)[62].

$$\text{Diaziridin} \xrightarrow{\text{konz. Salzsäure}} C_6H_5\text{-NH-CO-NH-NH-}C_6H_{11} \qquad \text{Gl. 41}$$
$$80$$

Das am Stickstoff tosylierte Diaziridin *70* liefert durch eine in 67-prozentiger Ausbeute verlaufende Hydrolyse N-Tosyl-N'-cyclohexyl-hydrazin (*81*, Gl. 42)[62].

$$70 \longrightarrow \text{p-}CH_3\text{-}C_6H_4\text{-}SO_2\text{-NH-NH-}C_6H_{11} \qquad \text{Gl. 42}$$
$$81$$

Hier deutet sich eine einfache Synthese von Hydrazin-Derivaten an, bei der Acyl- und Alkyl-Gruppe an verschiedenen N-Atomen des Hydrazins angebracht werden können, was nach älteren Verfahren fast unmöglich war.

Die Gleichungen 43 und 44 zeigen Hydrolyseversuche von speziellen Diaziridinen, die im Verlauf von Strukturermittlungen durchgeführt wurden[34, 17].

$$\xrightarrow{H^{\oplus}} \qquad \text{Gl. 43}$$

$$\longrightarrow \quad \begin{array}{l} 3\ C_3H_7\text{-CHO} \\ N_2H_4 \\ NH_3 \end{array} \qquad \text{Gl. 44}$$

Die Hydrolyse der Diaziridine kann kinetisch leicht untersucht werden, da sich das Oxydationsvermögen der Diaziridine gegenüber Jodid verfolgen läßt. Es zeigte sich[76], daß die Hydrolyse nach 1. Ordnung verläuft.

Für die Verbindungen *82*, *83* und *84* wurden die nachstehenden Geschwindigkeitskonstanten gemessen; die Werte beziehen sich auf 35 °C und 2n-Schwefelsäure (Angabe

$$82: 0.03 \cdot 10^{-5} \qquad 83: 0.71 \cdot 10^{-5} \qquad 84: 58.4 \cdot 10^{-5}$$

in Sek^{-1}). Der für *82* angegebene Wert stellt eine obere Grenze der Geschwindigkeitskonstanten dar; die Hydrolyse verläuft so langsam, daß in erheblichem Umfang Nebenreaktionen eintreten.

Eine Bestimmung der pH-Abhängigkeit der Hydrolyse ergab für das Diaziridin *22* folgende Werte:

pH	7.2	6.0	4.6	3.0
$k \cdot 10^5$ Sek^{-1}	0.03	0.9	5.38	17.7

22

Beim Übergang zu 70-prozentiger Schwefelsäure erfolgte dann nur noch ein Anstieg um den Faktor 4.

Offensichtlich ist der Hydrolyse eine Protonierung vorgelagert, die etwa bei pH 3 vollständig ist. Zusammen mit den schwach positiven Werten der Aktivierungsentropie und der starken Reaktionsbeschleunigung durch Alkylsubstitution am Ringkohlenstoff ergibt sich damit das typische Bild einer Kationbildung, wie man sie beispielsweise von der Acetalhydrolyse her kennt[77] (Gl. 45).

Gl. 45

Während Richtung und Größe der Substituenteneffekte nicht überraschen, ist die durchweg langsame Hydrolyse der Diaziridine bemerkenswert. Die für *82*, *83* und *84* gefundenen Geschwindigkeitskonstanten entsprechen Halbwertszeiten von 24 Tagen, 27 Stunden beziehungsweise 20 Minuten, bilden also einen auffälligen Kontrast zu den instabilen 1.1-Diamino-Gruppierungen in größeren Ringen oder in offenkettiger Anordnung. Auf die mutmaßlichen Gründe für dieses Verhalten ist hingewiesen worden[76]. Die große Unbeständigkeit der 1.1-Diamine gegen saure Hydrolyse beruht auf der Mithilfe des einsamen Elektronenpaares in *85* bei der Hydrolyse (Gl. 46).

[76] SzÁNTAY, Cs., u. E. SCHMITZ: Chem. Ber. 95, 1759 (1962).
[77] KREEVOY, M. M., and R. W. TAFT JR.: J. Amer. chem. Soc. 77, 5590 (1955).

7*

$$\underset{85}{\overset{R}{\underset{R}{\diagup}}}\overset{\oplus}{N}H\text{-}CH_2\text{-}\overset{R}{\underset{R}{\diagup}}N\quad\longrightarrow\quad \overset{R}{\underset{R}{\diagup}}NH\;+\;H_2C\overset{\oplus}{=}\overset{R}{\underset{R}{\diagup}}N \qquad\qquad\text{Gl. 46}$$

Eine entsprechende Mithilfe des einsamen Elektronenpaares beim Übergang vom Diaziridinium-Ion zum Carbonium-Ion ist erschwert, da das einsame Elektronenpaar durch den induktiven Effekt seines positiv geladenen Nachbarstickstoffs beansprucht wird. Auf die ungünstigen stereoelektronischen Verhältnisse bei der Hydrolyse der Diaziridine wird in einem besonderen Abschnitt eingegangen.

Immerhin ist die Stabilisierung des sich ausbildenden Carbonium-Ions durch den benachbarten Stickstoff nicht völlig unterbunden. Ein unstabilisiertes Carbonium-Ion würde zu seiner Ausbildung noch viel schärfere Bedingungen erfordern und müßte bei geeigneten Systemen Skelettumlagerungen zur Folge haben, die nie beobachtet wurden.

Diaziridin-Hydrazon-Umlagerung

Eine Umlagerung von Diaziridinen in Hydrazone wurde bereits von H. J. ABENDROTH[25] vermutet. Er erhielt bei der Umsetzung von 3.3-Dimethyl-diaziridin (7) mit Äthyl-isocyanat ein Gemisch des 4-Äthyl-semicarbazons 86 und des cyclischen Derivates 87 (Gl. 47).

$$\underset{7}{\overset{H_3C}{\underset{H_3C}{\diagup}}C\overset{NH}{\underset{NH}{\diagdown}}}\;\xrightarrow{C_2H_5\text{-}NCO}\;\underset{86}{\overset{H_3C}{\underset{H_3C}{\diagup}}C=N\text{-}NH\text{-}CO\text{-}NH\text{-}C_2H_5}\;+\;\underset{87}{\overset{H_3C}{\underset{H_3C}{\diagup}}C\overset{NH}{\underset{N\text{-}CO\text{-}NH\text{-}C_2H_5}{\diagdown}}}\qquad\text{Gl. 47}$$

E. SCHMITZ, D. HABISCH und CH. GRÜNDEMANN[78] beobachteten beim 1.2-Dibenzoyl-3.3-pentamethylen-diaziridin (75) und bei der entsprechenden Verbindung des Acetons doppelten Schmelzpunkt. 75 schmolz bei 92—93 °C und erstarrte zu Kristallen, die dann bei 120 °C schmolzen. Das NMR-Spektrum zeigte, daß das Umlagerungsprodukt (88) zwei identische Phenylreste enthielt. Ein Vergleichspräparat 88 wurde aus Cyclohexanonbenzoylhydrazon und Benzoylchlorid synthetisiert (Gl. 48), in Anlehnung an eine bei der entsprechenden Verbindung des Acetons bereits durchgeführte Umsetzung[65].

$$\underset{75}{\diagup\!\!\diagdown}\overset{N\text{-}CO\text{-}C_6H_5}{\underset{N\text{-}CO\text{-}C_6H_5}{\diagdown}}\;\longrightarrow\;\underset{88}{=N\text{-}N}\overset{CO\text{-}C_6H_5}{\underset{CO\text{-}C_6H_5}{\diagdown}}\;\longrightarrow\;C_6H_5\text{-}CO\text{-}NH\text{-}NH\text{-}CO\text{-}C_6H_5 \qquad\text{Gl. 48}$$

$$\underset{C_6H_5\text{-}COCl}{=N\text{-}NH\text{-}CO\text{-}C_6H_5}$$

Bemerkenswert ist die schon von den japanischen Autoren beobachtete saure Hydrolyse des Keton-dibenzoylhydrazons, die unter Benzoyl-Wanderung zum symmetrischen Dibenzoyl-hydrazin führt.

Die Umlagerung des Diaziridins *75* in das Hydrazon *88* tritt in Methanol schon bei Raumtemperatur ein. Die Reaktion verläuft nach 1. Ordnung und hat bei 25 °C eine Halbwertszeit von 179 Minuten. Die Aktivierungsenthalpie beträgt 23 kcal, die Aktivierungsentropie —3 Entropieeinheiten. Die Messung erfolgte aus der zeitlichen Veränderung des UV-Spektrums.

Wesentlich langsamer verläuft die Umlagerung in unpolaren Lösungsmitteln. Orientierende Messungen in Cyclohexan ergaben eine etwa 100-fache Verlangsamung der Reaktion. Der Übergangszustand muß also erhebliche Ladungstrennung aufweisen. In die gleiche Richtung weisen Substituenteneffekte am C-Atom des Dreiringes. Sie deuten auf eine positive Ladung am Kohlenstoff im Übergangszustand: Die Umlagerung verläuft beim Diaziridin *67* um den Faktor 17 langsamer als beim Diaziridin *75*, da *67* nur noch eine Alkylgruppe am C-Atom des Dreiringes trägt. Das am C-Atom unsubstituierte Diaziridin *68* verändert sich erst in siedendem Äthanol im Verlauf von mehreren Stunden.

$$
\begin{array}{cc}
\underset{t\text{-Bu}}{\overset{H}{\diagdown}}\!\!C\!\!<\!\!\begin{array}{l} N\text{--}CO\text{--}C_6H_5 \\ N\text{--}CO\text{--}C_6H_5 \end{array}
&
H_2C\!\!<\!\!\begin{array}{l} N\text{--}CO\text{--}C_6H_5 \\ N\text{--}CO\text{--}C_6H_5 \end{array} \\[1em]
67 & 68
\end{array}
$$

Ein Teilschritt des „Bergbau-Verfahrens" zur Hydrazin-Gewinnung ähnelt im Ergebnis der Diaziridin-Hydrazon-Umlagerung. Die Diaziridine des Butanons oder Pentanons-3 lassen sich mit katalytischen Mengen Säure in Gegenwart von Keton aufspalten und in Azine überführen (Gl. 49)[79].

$$
\underset{C_2H_5}{\overset{C_2H_5}{\diagdown}}\!\!C\!\!<\!\!\begin{array}{l} NH \\ NH \end{array} \; + \; C_2H_5\text{--}CO\text{--}C_2H_5 \xrightarrow{H^{\oplus}} \underset{C_2H_5}{\overset{C_2H_5}{\diagdown}}\!\!C\!\!=\!\!N\!\!-\!\!N\!\!=\!\!C\!\!<\!\!\underset{C_2H_5}{\overset{C_2H_5}{}} \qquad \text{Gl. 49}
$$

Als Säuren lassen sich Hydrazinsulfat-Lösungen oder saure Ionenaustauscher verwenden. Die Reaktion verläuft exotherm. Die Reaktion ermöglicht eine Aufspaltung des Diaziridin-Ringes, bei der das Hydrazin nicht als Salz anfällt.

b) N—N-Spaltung an Diaziridinen

N—N-Spaltung durch Säure

Die säurekatalysierte N—N-Spaltung von Diaziridinen wurde zunächst als Nebenreaktion der zu Hydrazinen führenden Ringöffnung beobachtet[7].

[78] SCHMITZ, E., D. HABISCH u. CH. GRÜNDEMANN: Chem. Ber. **100**, 142 (1967).
[79] JANKOWSKI, A.: Vortrag auf der GDCh-Hauptversammlung in Bonn am 17. 9. 1965.

Während die meisten Diaziridine in wäßriger Lösung ohne Nebenreaktionen zu Hydrazinen hydrolysierten, zeigte sich bei Säureeinwirkung in organischen Lösungsmitteln die Bildung von primären Aminen.

Beim Erwärmen des 1.2-Di-n-butyl-3-methyl-diaziridins (*89*) mit HCl in Tetrachlorkohlenstoff beobachtete man ausschließlich eine N—N-Spaltung[22]. Dialkyl-hydrazin trat unter den Spaltprodukten nicht auf; statt dessen wurden je ein Mol Acetaldehyd, n-Butyraldehyd, n-Butylamin und Ammoniak erhalten (Gl. 50).

$$\text{(89)} \quad \longrightarrow \quad \xrightarrow{H_2O} \quad \begin{array}{l} C_3H_7\text{--CHO} \\ CH_3\text{--CHO} \\ C_4H_9\text{--}NH_2 \\ NH_3 \end{array} \qquad \text{Gl. 50}$$

Der angenommene Mechanismus der N—N-Spaltung beginnt wie die Hydrolyse mit einer Protonierung am Stickstoff. Da im schlecht solvatisierenden Lösungsmittel keine Stabilisierungsmöglichkeit für ein Carbonium-Ion besteht, folgt N—N-Spaltung, wobei das Elektronenpaar einer dem Ring benachbarten C—H-Bindung nachrückt. Der synchrone Verlauf von N—N-Spaltung und C—H-Spaltung ist dadurch plausibel, daß 3.3-Pentamethylen-diaziridin, das keine Substituenten an den Ringstickstoffen trägt, unter den Reaktionsbedingungen stabil ist.

Bei Diaziridinen des Formaldehyds, deren Hydrolyse keine Unterstützung durch C-ständige Alkylgruppen erhält, ist die N—N-Spaltung sogar in wäßriger Lösung Hauptreaktion[40]. 1.2-Di-n-butyl-diaziridin (*90*) zerfällt beim Erhitzen mit verdünnter Schwefelsäure in n-Butyraldehyd, Formaldehyd, n-Butylamin und Ammoniak; es erfolgt also wieder N—N-Spaltung, gekoppelt mit der Entalkylierung eines N-Atoms (Gl. 51).

$$\text{(90)} \quad \xrightarrow{2n-H_2SO_4} \quad H_2CO \quad \begin{array}{ll} NH_3 & OCH\text{--}C_3H_7 \\ NH_2\text{--}C_4H_9 \end{array} \qquad \text{Gl. 51}$$

Bei der säurekatalysierten Zersetzung des 1-tert.-Butyl-diaziridins (*49*) ist die N—N-Spaltung sogar mit der Sprengung einer C—C-Bindung gekoppelt (Gl. 52). Aus der tert.-Butyl-Gruppe bildet sich Aceton.

$$\text{(49)} \quad \longrightarrow \quad CH_3\text{--}CO\text{--}CH_3 \qquad \text{Gl. 52}$$

N–N-Spaltung durch Reduktionsmittel

Ebenso wie bei den Oxaziridinen bedingt die Spaltungstendenz der Hetero-Hetero-Bindung der Diaziridine deren starkes Oxydationsvermögen.

In saurer Lösung gehören die Diaziridine zu den *stärksten Oxydationsmitteln* der organischen Chemie; sie entsprechen darin etwa den Peroxyden. Fast alle Diaziridine werden in Gegenwart von Säure durch Jodid quantitativ gespalten. Angriff des Halogenids auf den ungeladenen Stickstoff eines protonierten Diaziridins läßt die Jodid-Reaktion als die Umkehrung der Dreiringbildung erscheinen (Gl. 53).

$$\text{Gl. 53}$$

Wenn wenigstens ein Diaziridin-stickstoff unsubstituiert ist, so verläuft die Jodid-Reaktion schon in der Kälte quantitativ; wenn beide N-Atome alkyliert sind wie in *89* oder *11*, ist die Reaktion erst in der Wärme vollständig[64].

$$89 \qquad\qquad 11$$

Bei *89* und anderen 1.2.3-Trialkyl-diaziridinen wird die Jodidreaktion durch Kupfersalz katalysiert. Sie verläuft in Gegenwart von Kupfersalzen bei Raumtemperatur schnell und quantitativ[22].

$$\text{Gl. 54}$$

Die nach Gleichung 54 ausgeschiedenen zwei Äquivalente Jod lassen sich quantitativ auswerten. Die jodometrische Titration ist bei fast allen bisher dargestellten Diaziridinen zur Reinheitskontrolle herangezogen worden. Man erfaßt in den meisten Fällen 98 bis 100 % der oxydierenden Substanz.

Bei der Reduktion nach Gleichung 54 werden vier Äquivalente Säure verbraucht — ausreichende Basizität der gebildeten Amine vorausgesetzt. Das Verhältnis von Oxydationsäquivalenten zu Säureäquivalenten kann zur Unterscheidung von anderen Oxydationsmitteln dienen.

Die Jodid-Reaktion bleibt nur bei von Ketonen abgeleiteten Diaziridinen aus, die mindestens eine N-Acyl-Gruppe enthalten, ferner bei dem aus 3.4-Dihydro-isochinolin und N-Chlor-methylamin hergestellten Diaziridin *4*. Die Ursache dürfte in einer Verlangsamung der Jodid-Reaktion bei gleichzeitiger Beschleunigung der konkurrierenden Hydrolyse liegen.

In jodometrischen Reduktionsansätzen (Gl. 54) lassen sich die Carbonyl-Verbindung und die beiden stickstoffhaltigen Spaltstücke leicht nachweisen.

Beispielsweise ergab *91* neben der berechneten Jodmenge je ein Mol Propionaldehyd, Phenylharnstoff und Cyclohexylamin (Gl. 55)[62].

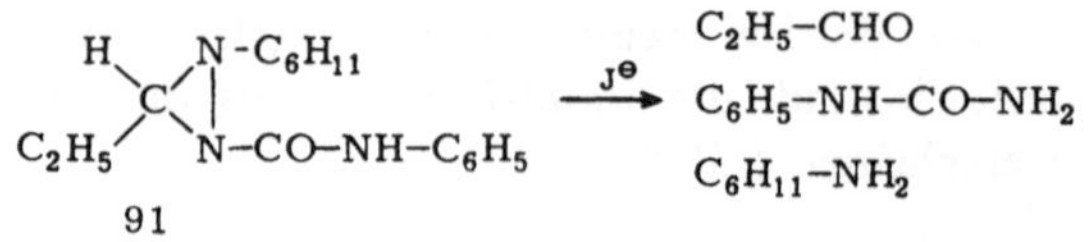

$$C_2H_5\text{-CHO}$$
$$C_6H_5\text{-NH-CO-NH}_2 \qquad \text{Gl. 55}$$
$$C_6H_{11}\text{-NH}_2$$

91

1.2-Dibenzoyl-diaziridin (*68*) führte quantitativ zu Methylen-bis-benzamid (Gl. 56)[47].

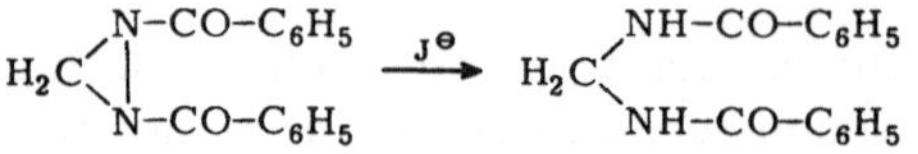

$$\text{Gl. 56}$$

68

Bei den ersten Konstitutionsermittlungen der Diaziridine wurden Reduktionen mit katalytisch erregtem Wasserstoff und mit Lithiumalanat durchgeführt. Katalytische Hydrierung in Gegenwart von Raney-Nickel führt zur Spaltung der N—N-Bindung; die Hydrierung geht jedoch weiter und führt zur reduktiven Alkylierung durch die Carbonyl-Verbindung[21]. 1-Cyclohexyl-3-äthyl-diaziridin (*92*) ergab eine Mischung von Cyclohexyl-amin und n-Propylamin (Gl. 57).

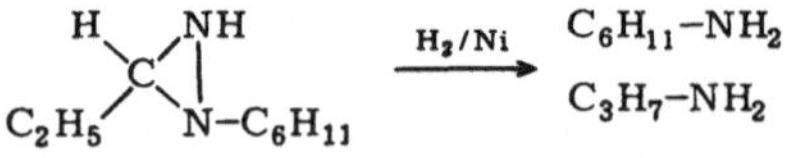

$$\xrightarrow{H_2/Ni} \quad C_6H_{11}\text{-NH}_2$$
$$C_3H_7\text{-NH}_2 \qquad \text{Gl. 57}$$

92

Das Diaziridin *4* ergab unter Aufnahme von zwei Molen Wasserstoff Methylamin und Tetrahydro-isochinolin (Gl. 58)[23].

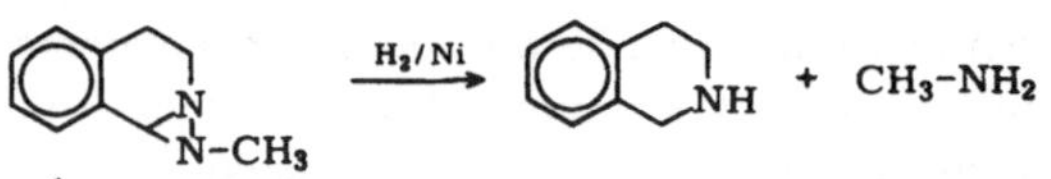

$$\xrightarrow{H_2/Ni} \quad + \quad CH_3\text{-NH}_2 \qquad \text{Gl. 58}$$

4

PAULSEN und HUCK[3] reduzierten 3.3-Diäthyl-diaziridin mit Lithium-alanat zu 3-Amino-pentan und Ammoniak (Gl. 59).

$$\text{Gl. 59}$$

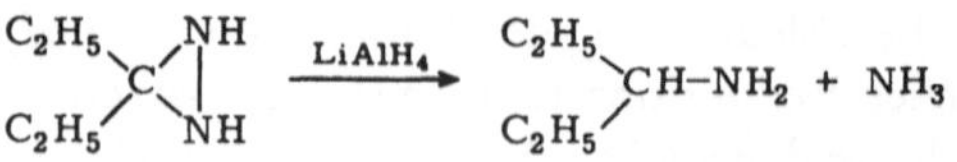

$$\xrightarrow{LiAlH_4} \quad \begin{matrix} C_2H_5 \\ {} \\ C_2H_5 \end{matrix}\text{CH-NH}_2 + NH_3$$

An beiden N-Atomen alkylierte Diaziridine werden dagegen von Lithiumalanat nicht angegriffen. 1.2-Di-n-butyl-3-n-propyl-diaziridin wurde nach Einwirkung von Lithiumalanat in siedendem Äther zu 80 % unverändert zurückgewonnen[22]. Die Reduktion mit Lithiumalanat diente bei der Reindarstellung von *4* sogar zur Entfernung von Nebenprodukten, wobei *4* unversehrt blieb[23].

Disproportionierung von 3.3-Dialkyl-diaziridinen

Geeignete Diaziridine können die Rolle des Reduktionsmittels selbst übernehmen. 3.3-Diäthyl-diaziridin (*93*) oder 3-Äthyl-3-methyl-diaziridin zerfallen beim Erhitzen auf 125 °C unter Ammoniak-Entwicklung, wobei die Hälfte des Ausgangsmaterials zum 3.3-Dialkyl-diazirin dehydriert wird (Gl. 60)[80]. Bei Gegenwart von Kupfersalzen setzt die Reaktion schon bei Raumtemperatur oder wenig oberhalb ein. Es kommt zu einer glatten Disproportionierung, wobei in 95.6-prozentiger Ausbeute das Diazirin neben einem Mol Keton und zwei Mol Ammoniak entsteht.

$$2\ \underset{93}{\begin{array}{c}C_2H_5\\ C_2H_5\end{array}\!\!>\!\!C\!\!<\!\!\begin{array}{c}NH\\ NH\end{array}} \xrightarrow{Cu^{\oplus\oplus};H_2O} \begin{array}{c}C_2H_5\\ C_2H_5\end{array}\!\!>\!\!C\!\!<\!\!\begin{array}{c}N\\ N\end{array} + C_2H_5-CO-C_2H_5 + 2\ NH_3 \qquad Gl.\ 60$$

Verhalten der Diaziridine gegen Alkali

Im Gegensatz zu entsprechenden Oxaziridinen sind einfache Diaziridine nicht alkaliempfindlich. 3.3-Dimethyl-diaziridin (*7*) ist nach zweistündigem Erwärmen auf 90 °C etwa zur Hälfte zersetzt, gleichgültig, ob man in Wasser oder in zweinormaler Natronlauge erwärmt. Entsprechendes gilt für 3,3-Pentamethylendiaziridin (*76*), dessen Zersetzung in wäßriger Lösung durch Alkali nicht beschleunigt wird. Die Diaziridine *22* und *90* zersetzen sich beim Erhitzen mit Wasser oder mit zweinormaler Natronlauge bei mehrstündigem Erwärmen nur teilweise, wobei wieder kein Effekt des Alkalis festzustellen war.

$$\underset{7}{\begin{array}{c}H_3C\\ H_3C\end{array}\!\!>\!\!C\!\!<\!\!\begin{array}{c}NH\\ NH\end{array}} \qquad \underset{76}{\bigcirc\!\!<\!\!\begin{array}{c}NH\\ NH\end{array}} \qquad \underset{22}{\bigcirc\!\!<\!\!\begin{array}{c}NH\\ N-CH_3\end{array}} \qquad \underset{90}{H_2C\!\!<\!\!\begin{array}{c}N-n\text{-}C_4H_9\\ N-n\text{-}C_4H_9\end{array}}$$

Dagegen sind Diaziridine, deren Kohlenstoff einer Alkohol-Funktion benachbart ist (*94*; *95*), sehr empfindlich gegen Alkali. Während *94* und *95* beim Erhitzen wäßriger Lösungen nicht schneller zersetzt werden als die oben angeführten hydroxyl-freien Diaziridine, werden sie beim Kochen mit

---

[80] JANKOWSKI, A., u. S. R. PAULSEN: Angew. Chem. **76**, 229 (1964).

zweinormaler Natronlauge innerhalb zwei Minuten völlig zerstört. Auch hier wird die N—N-Bindung gespalten; aus *94* wurden 1.5 Mol, aus *95* 1.3 Mol Ammoniak erhalten. Die Spaltung des Dreiringes scheint mit einer C—C-Spaltung gekoppelt zu sein, denn im Zersetzungsrückstand von *95* (Gl. 61) wurden 0.22 Mol Acetaldehyd und 0.32 Mol Essigsäure nachgewiesen[30]. Eine Deutung des Reaktionsverlaufes wird im Abschnitt IV dieses Kapitels versucht.

$$\text{Gl. 61}$$

Ein-elektronische Auslösung der Diaziridin-Zersetzung

Bei einigen 1.2.3-Trialkyl-diaziridinen wurde bei längerem Aufbewahren eine Zersetzung beobachtet[22], die an die „Flüssigphase-Zersetzung" der 2-Alkyl-oxaziridine (Gl. 35 im Kapitel Oxaziridine[6]) erinnert. 1.2-Di-n-butyl-3-n-hexyl-diaziridin (*96*) enthielt nach neunmonatigem Aufbewahren bei 0 °C nur noch 30 % der oxydierenden Substanz. Saure Hydrolyse ergab 0.3 Mol Dibutyl-hydrazin und 0.46 Mol Ammoniak neben Butylamin. Außerdem wurden Oenanthaldehyd und n-Butyraldehyd in ungefähr den Mengen gefunden, die bei einem 70-proz. Umsatz nach Gleichung 62 zu erwarten waren.

$$\text{Gl. 62}$$

Der Bruttoverlauf — N—N-Spaltung und Entalkylierung eines N-Atoms — entspricht der säurekatalysierten N—N-Spaltung an Diaziridinen (Gl. 50 und 51). Die in Abwesenheit von Säure ablaufende Reaktion entsprechend Gleichung 62 wurde als radikalischer Prozeß formuliert, in dessen Verlauf Angriff auf eine N-ständige Methylen-Gruppe und homolytische N—N-Spaltung zu *97* auftreten. Das Radikal *97* kann durch Angriff auf ein Diaziridin-Molekül die Reaktionskette fortsetzen.

Kupfer(II)-salze zersetzen auch die am Stickstoff alkylierten Diaziridine schnell. Nach Einwirkung molarer Mengen Kupfer(II)-sulfat auf 1-Methyl-3.3-pentamethylen-diaziridin (*22*) wurden 0.3 Mol Formaldehyd gefunden (Gl. 63).

$$\text{22} \qquad \text{(Cyclohexan-Oxaziridin, NH, N–CH}_3\text{)} \xrightarrow{\text{Cu}^{\oplus\oplus}} \text{CH}_2\text{O}$$

Gl. 63

IV. Stereoelektronik der Umsetzungen von 2-Alkyl-oxaziridinen und Diaziridinen

Den meisten 2-Alkyl-oxaziridinen und Diaziridinen gemeinsam ist eine unerwartet hohe Stabilität. Sie rührt daher, daß diesen Verbindungen einige Zerfallsreaktionen nicht zur Verfügung stehen, die man auf den ersten Blick erwarten würde. Insbesondere fehlt die Säureempfindlichkeit der O.N-Acetale (*98*) und der Aminale (*100*), die um viele Zehnerpotenzen schneller hydrolysieren als die 2-Alkyl-oxaziridine (*99*) und die Diaziridine (*101*), obwohl letztere die charakteristischen Gruppen der erstgenannten Verbindungen in ihrem Ring enthalten.

98   99   100   101

Auch vermißt man das Gegenstück zu den für polare Oxydationen von Aldehyden charakteristischen Reaktionen, bei denen eine synchrone 1.2-Eliminierung unter Lösung einer C—H-Bindung und einer vom Sauerstoff ausgehenden energiereichen Bindung erfolgt, beispielsweise bei der Oxydation von Aldehyden mit unterbromiger Säure (Gl. 64)[81].

$$\text{R–CHO} + \text{HOBr} \rightarrow \underset{R}{\overset{H}{\text{C}}}\!\!\!\begin{array}{c}\text{O–Br}\\ \text{OH}\end{array} \rightarrow \text{R–COOH}$$

Gl. 64

Auf den ersten Blick würde man vermuten, daß die Hetero-Hetero-Bindung der Oxaziridine und Diaziridine eine ideale energiereiche Bindung für diesen Reaktionstyp darstellt und daß der Übergang in Säurederivate leicht erfolgen sollte (Gl. 65).

$$\underset{R}{\overset{H}{\text{C}}}\!\!\!\begin{array}{c}\text{N–R}'\\ \text{O}\end{array} \quad\not\longrightarrow\quad \text{R–CO–NH–R}'$$

Gl. 65

Einen Übergang in Säurederivate gibt es aber bei den 2-Alkyl-oxaziridinen nur als Folgereaktion homolytischer Ringöffnungen. Diaziridine gehen in keinem Fall in Säurederivate über.

---

[81] WATERS, W. A.: Mechanisms of Oxidation of Organic Compounds, p. 85. London: Methuen & Co. Ltd.; New York: J. Wiley 1964.

Eine genauere Betrachtung der Reaktionen, die an Dreiringen nicht
ablaufen, obwohl sie nach Analogien bei Reaktionen von offenkettigen
Verbindungen oder größeren Ringen zu erwarten sind, ergibt, daß es sich
immer um Reaktionen handelt, bei denen eine Bindung des Dreiringes und
eine vom gegenüberliegenden Ringatom ausgehende exocyclische Bindung
gelöst werden sollen (Typ A). Diese beiden Bindungen, die in A stark ge-
zeichnet sind, sind räumlich so orientiert, daß die Projektion einer Bindung
auf die Raumrichtung der anderen gleich null ist. Synchronreaktionen sind
aber an die Bedingung geknüpft, daß die zu lösenden Bindungen sich weitgehend parallel einstellen können[82,83]. Die gleichzeitige Lösung der beiden
stark gezeichneten Bindungen in A ist also stereoelektronisch verboten.

Typ A   Typ B

Die stereoelektronische Deutung wird dadurch unterstrichen, daß
ähnliche Reaktionen mit großer Leichtigkeit verlaufen, wenn von den beiden
beteiligten Bindungen eine im Dreiring liegt, die andere von einem dem
Dreiring benachbarten Atom ausgeht (Typ B). Hier ist eine parallele Einstellung möglich; die Voraussetzung für einen optimalen Ablauf der Reaktion ist gegeben.

Wegen der Starrheit der Dreiringe ist die stereoelektronische Kontrolle
bei den hier behandelten Reaktionen sehr deutlich ausgeprägt. Die Diskussion basiert auf der Voraussetzung synchroner Reaktionsmechanismen.
Diese Mechanismen sind plausibel, weil entweder Analogien mit den
Reaktionen entsprechender Gruppierungen in nichtcyclischen Verbindungen bestehen, oder weil der Dreiring und die zweite an der Reaktion be-
teiligte Bindung jeweils für sich unter den Reaktionsbedingungen stabil
sind.

Beispielsweise ist eine basenkatalysierte Umlagerung des 2-tert.-Butyl-
oxaziridins (*102*) in das isomere Säureamid (Gl. 66) nicht möglich. Die Umlagerung müßte zwei Bindungen umfassen, deren Anordnung dem Typ A
entspricht.

[82] BARTON, D. H. R.: J. chem. Soc. (London) **1953**, 1027.
[83] GROB, C. A. In: Theoretical Organic Chemistry, p. 114. London: Butterworths
Scientific Publications 1959.

Gl. 66

102

Gl. 67

103

Eine basenkatalysierte Entalkylierung des Stickstoffs im Zuge der Ring-öffnung erfolgt dagegen mit Leichtigkeit (Gl. 67). Die C—H-Bindung und die O—N-Bindung können sich in *103* parallel einstellen (Typ B).

Zu den verbotenen Reaktionen (Typ A) gehört die nie beobachtete Umwandlung von Diaziridinen (*104*) in Amidine (*105*) (Gl. 68).

104   **105**

Gl. 68

Gl. 69

Dagegen ist die mit der N—N-Spaltung gekoppelte Lösung der C—H-Bindung (Gl. 69) sowohl unter Säurekatalyse als auch als radikalische „Flüssigphase-Zersetzung" weit verbreitet (Typ B).

Radikalische Angriffe auf 2-Alkyl-oxaziridine erfolgen nie auf eine vom Ringkohlenstoff ausgehende C—H-Bindung (*102*, Typ A), sondern nur auf den N-ständigen Substituenten (*103*, Typ B). Nur bei *103* steht die C—H-Bindung parallel zur N—O-Bindung und kann unter Beteiligung der Ringspaltung gelöst werden.

Die gleiche stereoelektronische Beschränkung gilt für die nie auch nur spurenweise beobachtete Umlagerung von 3.3-Pentamethylen-oxaziridin (*106*) in Caprolactam (Gl. 70).

106

Gl. 70

Eine scheinbare Ausnahme wurde zur Bestätigung des Prinzips. Die völlig alkalistabilen Diaziridine werden bei Anwesenheit einer α-ständigen Hydroxyl-Gruppe durch Natronlauge schnell zersetzt (Gl. 61). Ein Zusammenwirken des von dem deprotonierten Hydroxylsauerstoff ausgehenden Elektronendruckes mit der Spaltungstendenz der N—N-Bindung lag nahe (*107*). Die als Folge einer synchronen Spaltung zu erwartende Sprengung einer C—C-Bindung war tatsächlich eingetreten, desgleichen die Ammoniak-Bildung. Die an *107* formulierte Reaktion war aber stereoelektronisch verboten (Typ A).

107　　　　　　　　　108

Es zeigte sich aber, daß sorgfältig gereinigtes Hydroxy-diaziridin (z. B. *94*) sehr stabil war, daß ein Zusatz von α-Hydroxy-keton aber schnelle Zersetzung bewirkte. Die Katalyse durch Hydroxyketon wird am besten durch Anlagerung an eine NH-Gruppe formuliert (*108*). Ringöffnung an der N—N-Bindung und C—C-Spaltung entsprechen jetzt dem Typ B mit paralleler Einstellung der beteiligten Bindungen. Die durch Pfeile in *108* skizzierte Zersetzungsreaktion liefert ein Mol Hydroxy-keton zurück.

Einige andere Beobachtungen lassen sich stereoelektronisch deuten. Die Isomerisierung von 2-Alkyl-3-phenyl-oxaziridinen (*109*) zu Nitronen geht über eine unerwartet hohe Aktivierungsschwelle, die für die 2-tert.-Butyl-verbindung 28 kcal beträgt[84]. Die saure Hydrolyse der Diaziridine weist Aktivierungsenthalpien von 23—27 kcal auf [76]; auch die saure Hydrolyse der Oxaziridine verläuft nach den Angaben der präparativen Durchführung sehr langsam.

109　　　　　　　　110　　　　　　　　111

Man sieht bei geeigneter Darstellung (*109*, *110*, *111*), daß die bei diesen Reaktionen zu lösende Bindung des Dreiringes und das einsame Elektronenpaar des dieser Bindung gegenüberliegenden Stickstoffs die ungünstige räumliche Orientierung des Typs A aufweisen. Mithilfe eines einsamen Elektronenpaares ist aber Voraussetzung für die polare Spaltung einer C—N-Bindung.

Bei vielen 2-Alkyl-oxaziridinen und den vom Formaldehyd abgeleiteten Diaziridinen ist die Hydrolyse so stark gehindert, daß als Konkurrenzreak-

---

[84] HAWTHORNE, M. F., and R. D. STRAHM: J. Org. Chem. **22**, 1263 (1957).

tion eine Spaltung der Hetero-Hetero-Bindung erfolgt, gekoppelt mit einer Alkyl-Wanderung vom Kohlenstoff zum Stickstoff (Gl. 71). Die an diesem Prozeß beteiligten Bindungen von *112* können sich wieder parallel einstellen (Typ B).

$$\text{Gl. 71}$$

112

Immerhin ist die saure Hydrolyse der Diaziridine zu Hydrazinen zwar sehr erschwert; sie läuft aber, von wenigen Ausnahmen abgesehen, noch eindeutig ab. Das sich bei der Hydrolyse am Kohlenstoff ausbildende Kation (*113* in Gl. 72) muß durch den benachbarten Stickstoff doch etwas stabilisiert sein, da Skelettumlagerungen ausbleiben. Man muß die stereoelektronische Betrachtung der Umsetzungen dahingehend verfeinern, daß nicht die Lage der zu öffnenden Bindung des Dreiringes, sondern die räumliche Lage des sich bei der Ringöffnung ausbildenden leeren Orbitals entscheidend ist. Dieses liegt bei der Diaziridin-Hydrolyse (*113*) senkrecht zu der durch den Kohlenstoff und seine beiden exocyclischen Substituenten gebildeten Ebene, also senkrecht zur Zeichenebene. Das Orbital des einsamen Elektronenpaares am nichtprotonierten Stickstoff bildet zu dieser Raumrichtung zwar einen großen Winkel, liegt aber nicht genau senkrecht dazu. So wird es plausibel, daß die einsamen Elektronen am Stickstoff doch noch zu einem gewissen Grade der Kationbildung am Kohlenstoff assistieren können.

$$\text{Gl. 72}$$

113

Oxaziridine können bei Substitution durch Aryl- oder Acylreste soweit destabilisiert werden, daß sie auch sterisch wenig attraktive Reaktionswege beschreiten. Für die Isomerisierung entsprechend Gleichung 73 sind im Kapitel B mehrere Beispiele gegeben, bei denen der wandernde Rest R′ Benzoyl, Aryl oder Wasserstoff ist (Gl. 34, 57, 58 und 92 im Kapitel „Oxaziridine").

$$\text{Gl. 73}$$

V. Diaziridinone

Nur ein stabiles Diaziridinon wurde bisher beschrieben. F. D. GREENE und J. C. STOWELL[85] erhielten aus N.N'-Di-tert.-butyl-N-chlorharnstoff (*114*) das Di-tert.-butyl-diaziridinon (*115*) in 40- bis 80-proz. Ausbeute (Gl. 74). Der Ringschluß wurde durch Kalium in Pentan oder durch Kalium-tert.-butylat in tert.-Butanol bewirkt. Der Syntheseweg paßt gut zu den Vorstellungen über Diaziridin-Synthesen; durch die starken Basen wird der Stickstoff deprotoniert und ist dann ausreichend nucleophil für den Angriff auf die N—Cl-Bindung.

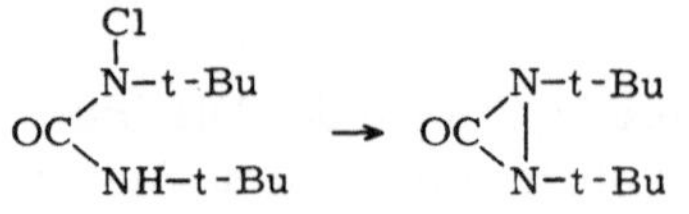

$$
\begin{array}{ccc}
\underset{114}{\mathrm{OC}\!\!\begin{array}{l}\overset{\displaystyle \overset{\textstyle Cl}{|}}{N-t\text{-}Bu}\\[2pt] NH-t\text{-}Bu\end{array}}
& \longrightarrow &
\underset{115}{\mathrm{OC}\!\!\begin{array}{l}N-t\text{-}Bu\\[2pt] N-t\text{-}Bu\end{array}}
\end{array}
\qquad \text{Gl. 74}
$$

115 besitzt zum Teil überraschende Eigenschaften. Das Diaziridinon ist thermisch recht stabil. Selbst bei 175 °C kommt es innerhalb zwei Stunden nur zu geringer Zersetzung. Nach 16stündiger Einwirkung von Kalium-tert.-butylat in siedendem tert.-Butanol ist noch die Hälfte der Substanz unverändert. In ätherischer Lösung bleibt Anilin bei Raumtemperatur tagelang ohne Einwirkung.

Durch katalytische Hydrierung wird die N—N-Bindung geöffnet; in 96-prozentiger Ausbeute entsteht Di-tert.-butyl-harnstoff (*116*, Gl. 75). Dagegen wird mit Natrium-borhydrid die C—N-Bindung zum N-Formyl-N.N'-di-tert.-butyl-hydrazin (*117*) geöffnet (Gl. 76). Mit trockenem Chlorwasserstoff bildet sich das Säurechlorid *118*, das beim Behandeln mit Kalium-tert.-butylat den Dreiring zurückbildet.

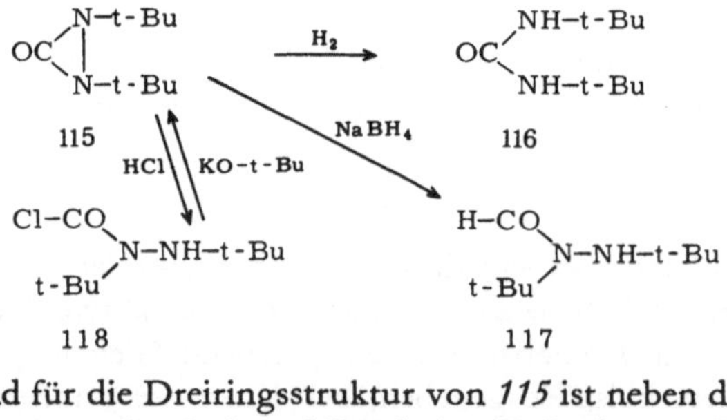

$$
\begin{array}{ccc}
\underset{115}{\mathrm{OC}\!\!\begin{array}{l}N-t\text{-}Bu\\[2pt] N-t\text{-}Bu\end{array}}
& \xrightarrow{\;\;H_2\;\;} &
\underset{116}{\mathrm{OC}\!\!\begin{array}{l}NH-t\text{-}Bu\\[2pt] NH-t\text{-}Bu\end{array}}
\qquad \text{Gl. 75}
\end{array}
$$

$$
\big\Uparrow HCl \quad\big\Downarrow KO\text{-}t\text{-}Bu \qquad\qquad \searrow NaBH_4
$$

$$
\begin{array}{ccc}
\underset{118}{\mathrm{Cl\text{-}CO}\!\!\begin{array}{l}N-NH-t\text{-}Bu\\ t\text{-}Bu\end{array}}
& &
\underset{117}{\mathrm{H\text{-}CO}\!\!\begin{array}{l}N-NH-t\text{-}Bu\\ t\text{-}Bu\end{array}}
\qquad \text{Gl. 76}
\end{array}
$$

Beweisend für die Dreiringsstruktur von *115* ist neben dem chemischen Verhalten die Lage der Carbonyl-Bande im IR-Spektrum. Die Maxima bei 1880 und 1862 cm^{-1} zeigen die gleiche kurzwellige Lage wie die Carbonyl-Bande eines α-Lactams[86].

[85] GREENE, F. D., and J. C. STOWELL: J. Amer. chem. Soc. **86**, 3569 (1964).
[86] BAUMGARTEN, H. E.: J. Amer. chem. Soc. **84**, 4975 (1962).

Wesentlich instabiler müssen Diaziridinone mit einem unsubstituierten N-Atom (*120*) oder das unsubstituierte Diaziridinon (*121*) sein. Solche Diaziridinone sind bei Reaktionen von 2-Carbamoyl-oxaziridinen als Zwischenstufen wahrscheinlich gemacht worden (*120*, *121*, Gl. 77)[47, 48].

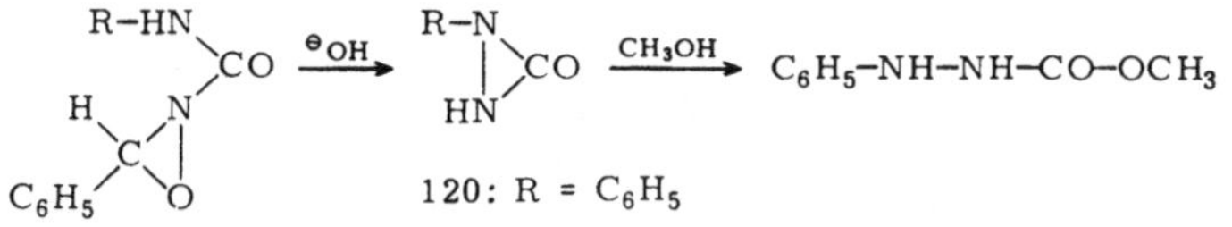

$$R\text{-HN}{>}CO \xrightarrow{\ominus OH} R\text{-N}{>}CO \xrightarrow{CH_3OH} C_6H_5\text{-NH-NH-CO-OCH}_3 \qquad Gl.\ 77$$

119

120: R = C_6H_5

121: R = H

Diazirine

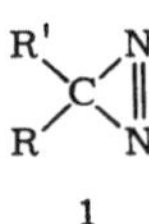

1

Die Diazirine (*1*) enthalten eine N—N-Doppelbindung im dreigliedrigen Ring. Die Verbindungsklasse ist erst seit 1960 bekannt; die Strukturformel *1* war dagegen als Formulierung der aliphatischen Diazoverbindungen jahrzehntelang in Gebrauch: TH. CURTIUS hatte den Diazoessigester[1], H. v. PECHMANN das Diazomethan[2] als Dreiring formuliert.

Die Dreiringformel des Diazomethans wurde schon 1911 durch J. THIELE bestritten[3]. Die von ihm vorgeschlagene lineare Struktur des Diazomethans wurde jedoch erst durch die Mesomerielehre für den Chemiker akzeptabel. Gerade bei den Reaktionen des Diazomethans bewährte sich die Diskussion der polaren Grenzformeln[4].

Die lineare Struktur des Diazomethans steht heute fest[5]. An der Existenz von Diazirinen gingen jedoch alle Diskussionen über die Struktur des Diazomethans vorbei. Die Frage nach der Existenz von cyclischen Isomeren war nie gestellt worden, als die ersten Synthesen von Diazirinen bekannt wurden[6,7]. Die Synthese der cyclischen Diazoverbindungen wirkte als Überraschung, zumal sich herausstellte, daß sie in den meisten Fällen einfacher herstellbar sind als die lange bekannten linearen Diazoverbindungen. Die cyclischen Diazoverbindungen (Diazirine, *1*) entstehen in ausnahmslos guten Ausbeuten durch Dehydrierung der leicht zugänglichen Diaziridine.

I. Synthese der Diazirine

1. 3.3-Dialkyl-diazirine durch Dehydrierung von 3.3-Dialkyl-diaziridinen

Alle Diaziridine, bei denen beide N-Atome unsubstituiert sind, lassen sich leicht zu Diazirinen dehydrieren (Gl. 1). Da nur die von Ketonen abgeleiteten am Ringkohlenstoff disubstituierten Diaziridine dieses Typs einfach

[1] CURTIUS, TH.: J. pr. Chem. **39**, 107 (1889).

[2] PECHMANN, H. v.: Ber. dtsch. chem. Ges. **27**, 1888 (1894).

[3] THIELE, J.: Ber. dtsch. chem. Ges. **44**, 2522 (1911).

[4] Zusammenfassung: EISTERT, B.: In: Neuere Methoden der präparativen organischen Chemie, Bd. 1, 3. Aufl., S. 359. Weinheim/Bergstr.: Verlag Chemie 1949.

[5] Zusammenfassung: HUISGEN, R.: Angew. Chem. **67**, 439 (1955).

[6] PAULSEN, S. R.: Angew. Chem. **72**, 781 (1960).

[7] SCHMITZ, E., u. R. OHME: Angew. Chem. **73**, 115 (1961).

zugänglich sind, ist das Verfahren auf die Herstellung der 3.3-Dialkyl-diazirine (*1*) beschränkt.

$$R'\!\!-\!\!CO \quad \rightarrow \quad R'\!\!-\!\!C\!\!<\!\!{NH \atop NH} \quad \rightarrow \quad R'\!\!-\!\!C\!\!<\!\!{N \atop N} \qquad \text{Gl. 1}$$

Die Dehydrierung entsprechend Gleichung 1 kann mit Quecksilberoxid, alkalischem Permanganat oder in saurer Lösung mit Bichromat vorgenommen werden[6]. In der überwiegenden Zahl von Fällen wurde mit Silberoxid gearbeitet[7,8]. Je nach Löslichkeit von Ausgangsmaterial und Endprodukt wurde das Diaziridin in wäßriger oder ätherischer Lösung umgesetzt. Die Reaktion ist an der Abscheidung eines Silberspiegels zu

Tabelle 1. *Herstellung von 3.3-Dialkyl-diazirinen durch Dehydrierung von 3.3-Dialkyl-diaziridinen entsprechend Gleichung 1; Ausbeuten ber. auf Diaziridin*

Ketonkomponente des Diaziridins	Dehydrierungs-mittel	Ausb. %	Sdp. [°C] /Torr	Lit.
Aceton	Ag_2O	70	21/760	[8]
Butanon	HgO; $KMnO_4$		47/760	[6]
Pentanon-3	HgO; $KMnO_4$		80—81/760	[6]
n-Heptanon-4	Ag_2O	81	24—25/11	[8]
Phenylaceton	$Cr_2O_7{}^{2-}$	92	39/0.6	[9]
Acetophenon	Ag_2O	76	Schmp. —5°	[8]
Cyclopentanon	Ag_2O	25	23/50	[10]
Cyclohexanon	Ag_2O	65—75	33/30	[8, 11]
4-Methyl-cyclohexanon	Ag_2O	37	Schmp. 81—82	[12]
Cycloheptanon	Ag_2O	60	41/12	[10]
8-Thiabicyclo-[3.2.1]-octanon-3	Ag_2O	79	Schmp. 101—104	[12]
2-Hydroxy-cyclohexanon	Ag_2O	70	46—47/0.8	[13]
2-Hydroxy-cycloheptanon	Ag_2O	27	57/0.4	[14]
Hydroxy-aceton	Ag_2O	41	41—42/11	[14]
Acetoin	Ag_2O	72	42/12	[14]
Diacetonalkohol	Ag_2O	68	55—56/12	[14]
3.4-Dihydroxy-4-methyl-pentanon-2	Ag_2O	44	89—92/2 Schmp. 42—43	[14]
4-Diäthylamino-butanon-2	Ag_2O	79	62—63/18	[14]
4-Dibutylamino-butanon-2	Ag_2O	81	107—110/12	[14]
Hexafluor-aceton	Bleitetra-acetat			[15]

[8] SCHMITZ, E., u. R. OHME: Chem. Ber. **94**, 2166 (1961).
[9] PAGET, CH. J., and CH. S. DAVIS: J. med. Chem. **7**, 626 (1964).
[10] STARK, A.: Diplomarbeit, Humboldt-Universität, Berlin 1963.
[11] SCHMITZ, E., and R. OHME: Org. Syntheses **45**, 83 (1965).
[12] UEBEL, J. J., and J. C. MARTIN: J. Amer. chem. Soc. **86**, 4618 (1964).
[13] SCHMITZ, E., A. STARK u. CH. HÖRIG: Chem. Ber. **98**, 2509 (1965).
[14] HÖRIG, CH.: Dissertation, Humboldt-Universität, Berlin 1966.
[15] GALE, D. M., W. J. MIDDLETON and C. G. KRESPAN: Amer. chem. Soc. 151st meeting, 22.—31.3.1966, Ref. 81.

verfolgen, der oft schon nach wenigen Sekunden auftritt. Der Endpunkt
der Reaktion ist leicht zu erkennen, da das Oxydationsvermögen des Diaziridins gegenüber Jodid verschwindet.

Die allgemeine Anwendbarkeit der Diazirin-Synthese erkennt man unter
anderem auch daran, daß eine große Anzahl von Diazirinen aus Steroidketonen hergestellt worden ist. Die Gewinnung dieser Diazirine (Tabelle 1)[16]
war nur durch die Synthesemöglichkeit der Diaziridine limitiert; die Dehydrierung zu den Diazirinen gelang in allen Fällen nach dem Silberoxid-
Verfahren. In der Mehrzahl der Fälle wurde sogar auf eine Isolierung der
Diaziridine verzichtet.

Die Diazirine der Steroidreihe sind in Tabelle 2 zusammengestellt.
Nach der von den Bearbeitern vorgeschlagenen Nomenklatur bedeutet
die Bezeichnung 3.3-Azo- ein Diazirin, dessen C-Atom mit dem C-Atom 3
des Steroids identisch ist.

Tabelle 2. Diazirine der Steroid-Reihe[16]

Nr.	Bezeichnung	Auf Keton ber. Ausb. in % d. Th.
I.	3.3-Azo-5α-androstan-17β-ol-acetat	78
II.	3.3-Azo-1α-methyl-5α-androstan-17β-ol-acetat	49
III.	3.3-Azo-17α-methyl-5α-androstan-17β-ol	76
IV.	3.3-Azo-2α-17α-dimethyl-5α-androstan-17β-ol	55
V.	3.3-Azo-4α-17α-dimethyl-5α-androstan-17β-ol	68
VI.	3.3-Azo-17α-methyl-5β-androstan-17β-ol	25
VII.	3.3-Azo-17α-äthyl-5α-östran-17β-ol	47
VIII.	2.2-Azo-5α-androstan-17β-ol-acetat	22
IX.	3.3-Azo-17α-methyl-5α-androst-9(11)-en-17β-ol	72
X.	3.3-Azoöstr-5(10)-en-17-on	31
XI.	3.3-Azo-5α-pregnan-20-on	23
XII.	3.3-Azoöstr-5(10)-en-17β-ol	23

Die in Tabelle 1 zusammengestellten Siedepunkte der Diazirine liegen
erheblich niedriger als die der Ausgangsketone. Der wenig polare Charakter der Diazirine dürfte dafür verantwortlich sein. Er zeigt sich auch im
chromatographischen Verhalten der steroidischen Diazirine. Sie werden
ausnahmslos vor den Ketonen eluiert. Die einfachen Diazirine mischen
sich mit allen organischen Lösungsmitteln, dagegen nicht mit Wasser. Die
Hydroxy-diazirine sind verhältnismäßig gut wasserlöslich.

Alle in den Tabellen 1 und 2 aufgeführten Diazirine sind farblos. Im
Geruch sind sie den Ausgangsketonen oft zum Verwechseln ähnlich. Pentamethylen-diazirin ist vom Cyclohexanon im Geruch nicht zu unterscheiden; das Diazirin 2 riecht wie Diacetonalkohol; 3 hat den typischen Geruch
der Mannichbasen.

---

[16] CHURCH, R. F. R., A. S. KENDE and M. J. WEISS: J. Amer. chem. Soc. 87, 2665 (1965).

CH$_3$—C(OH)(CH$_3$)—CH$_2$—C(N=N)—CH$_3$ (C$_2$H$_5$)$_2$N—CH$_2$—CH$_2$—C(N=N)—CH$_3$

2   3

Biologisch besonders interessant ist das Diazirin Nr. III (Tab. 2). Seine anabolische Wirksamkeit ist dreimal so groß wie die des 17-Methyl-testosterons, während es ein Fünftel von dessen androgener Wirkung besitzt[16].

2. 3-Alkyl-diazirine

Für die Synthese von 3-Alkyl-diazirinen stehen die entsprechenden gesättigten Dreiringe nicht zur Verfügung. Ihre Herstellung ist immer mit der Ankondensation eines Fünfringes verbunden (4). Die N—C—N-Gruppierung im Dreiring der Verbindung 4 ist jedoch gegen saure Hydrolyse um Größenordnungen stabiler als die analoge Gruppierung im Fünfring. Man kann daher den Fünfring hydrolytisch sprengen, ohne daß der Diaziridinring nennenswert angegriffen wird. Im Hydrolyseansatz anwesendes Bichromat oxidiert das freigesetzte Diaziridin (5) sofort zum Diazirin (6, Gl. 2)[17,18].

$$\text{4} \quad \xrightarrow{\text{H}_3\text{O}^{\oplus}} \quad \text{5} \quad \xrightarrow{\text{Cr}_2\text{O}_7^{\ominus\ominus}} \quad \text{6} \qquad \text{Gl. 2}$$

Die in Tabelle 3 aufgeführten 3-Alkyl-diazirine wurden im Eintopfverfahren aus den Diaziridino-triazolidinen (4) gewonnen.

Tabelle 3. *3-Alkyl-diazirine. Herstellung entspr. Gleichung 2*

R =	Ausb. %	Sdp. °C/Torr	Lit.
Methyl		—6/760	18
Äthyl		—	18
n-Propyl	65—70	—	18,19
Isopropyl	73	—	19
tert.-Butyl	84	Schmp. —20 bis —19	19,20
sec.-Butyl	92	50—52.5/760	19

[17] SCHMITZ, E., u. R. OHME: Tetrahedron Letters Nr. 17, 612 (1961).
[18] SCHMITZ, E., u. R. OHME: Chem. Ber. 95, 795 (1962).
[19] HABISCH, D.: Dissertation, Humboldt-Universität, Berlin 1966.
[20] FREY, H. M., and I. D. R. STEVENS: J. chem. Soc. (London) 1965, 3101.

Die niedrigmolekularen Diazirine müssen mit besonderer Vorsicht gehandhabt werden. Bei dem Versuch, etwa 0.1 g 3-Methyl-diazirin zu kondensieren, erfolgte eine *heftige Explosion*, ebenfalls bei dem Versuch, 1—2 g 3-n-Propyl-diazirin von Calciumchlorid abzudestillieren. 3-Äthyl-diazirin wurde nicht isoliert, sondern nur durch die Anlagerung von Grignard-Reagenz charakterisiert[21].

Aus der Synthese der 3-Alkyl-diazirine wurde die erste Darstellung des Grundkörpers der Reihe, des *Cyclo-diazomethans*[3] (*7*), entwickelt[17, 18]. Bei der Umsetzung von Formaldehyd mit Ammoniak und Chloramin bildete sich durch Weiterkondensation des Diaziridins mit Formaldehyd anstelle des erwarteten Bicyclus (*4*, R = H) ein höhermolekulares, nicht mehr flüchtiges Produkt. Dessen Oxydation mit Bichromat-Schwefelsäure führte in ca. 50-proz. Ausbeute zum Diazirin (Gl. 3).

$$CH_2O \atop NH_3; NH_2Cl \longrightarrow H_2C{N-CH_2- \atop N-CH_2-} \longrightarrow H_2C{N \atop N} \qquad \text{Gl. 3}$$

7

3. Einstufige Diazirin-Synthesen

Bei einigen Diazirin-Synthesen werden beide N—N-Bindungen in einem Ansatz hergestellt. Das intermediäre Auftreten von Diaziridinen ist auch hier anzunehmen. Der sich anschließende Dehydrierungs- oder Eliminierungsschritt verläuft jedoch so schnell, daß keine Diaziridin-Zwischenstufen nachgewiesen wurden.

W. H. GRAHAM erhielt Diazirin (*7*) in 62-proz. Ausbeute aus tert.-Octyl-azomethin und Difluoramin (Gl. 4)[22]. Die Umsetzung wurde in einer Vakuumapparatur vorgenommen; als Lösungsmittel diente Tetrachlorkohlenstoff. Die analoge Umsetzung von tert.-Butyl-azomethin lieferte neben Diazirin (*7*) Isobutylen und tert.-Butylfluorid. Diazirin siedet bei —14 °C.

$$H_2C{=}N{-}t\text{-}Octyl \atop NHF_2 \longrightarrow H_2C{N \atop N} \qquad \text{Gl. 4}$$

7

Fluor-nitren wird als Zwischenstufe der Diazirin-Bildung diskutiert[23].

---

[21] Die Bildung eines Diazirins ist möglicherweise auch für eine schwere Explosion verantwortlich, über die H. J. ABENDROTH berichtete [Angew. Chem. **71**, 340 (1959)]. Die Explosion erfolgte bei dem Versuch, ein aus 3.3-Dimethyl-diaziridin mit Chlor erhaltenes und nicht näher charakterisiertes Reaktionsprodukt mit Natriumsulfat zu trocknen.

[22] GRAHAM, W. H.: J. Amer. chem. Soc. **84**, 1063 (1962); **88**, 4677 (1966).

[23] FREEMAN, J. P.: Vortrag auf dem Fluor-Symposium, München 30.8.—2.9.1965, Referat S. 78.

Dichloramin, das aus Ammonchlorid und Hypochlorit in Formiatpuffer einfach zu erzeugen ist, ermöglichte eine weitere Diazirin-Synthese. tert.-Octyl-azomethin lieferte mit Dichloramin in Ausbeuten bis zu 31 % Diazirin (*7*, Gl. 5)[24]. Als Zwischenstufen wurden das dichlorierte Methylendiamin *8* und das N-chlorierte Diaziridin *9* angenommen.

$$H_2C{=}N{-}t{-}Octyl,\ NHCl_2 \rightarrow \underset{8}{H_2C\!\!\begin{array}{c} NH{-}t{-}Octyl \\ NCl_2 \end{array}} \rightarrow \underset{9}{H_2C\!\!\begin{array}{c} N{-}t{-}Octyl \\ N{-}Cl \end{array}} \rightarrow \underset{7}{H_2C\!\!\begin{array}{c} N \\ \| \\ N \end{array}} \qquad Gl.\ 5$$

Über eine besonders einfache Diazirinsynthese berichteten R. OHME und E. SCHMITZ[25]. Das Sulfat des Methylen-diamins, das aus Formaldehyd, Formamid und Schwefelsäure leicht zugänglich ist[26], wird in alkalische Hypochloritlösung eingetragen. Dabei erfolgen Neutralisation, N-Chlorierung, Ringschluß und Dehydrierung zum Diazirin (*7*), das in 26-prozentiger Ausbeute gewonnen wird (Gl. 6).

$$H_2C\!\!\begin{array}{c} \overset{\oplus}{N}H_3 \\ \underset{\oplus}{N}H_3 \end{array} \xrightarrow{NaOCl,\,\ominus OH} H_2C\!\!\begin{array}{c} NH_2 \\ NH_2 \end{array} \rightarrow H_2C\!\!\begin{array}{c} NHCl \\ NH_2 \end{array} \rightarrow H_2C\!\!\begin{array}{c} NH \\ NH \end{array} \rightarrow \underset{7}{H_2C\!\!\begin{array}{c} N \\ \| \\ N \end{array}} \quad Gl.\ 6$$

Eine sehr ähnliche Arbeitsweise führte kürzlich zum Bis-trifluormethyl-diazirin (*11*)[27]. 2.2-Diamino-hexafluorpropan (*10*) ließ sich mit Hypochlorit in Gegenwart von Natronlauge bei 40—60 °C in 78-proz. Ausbeute zur cyclischen Diazoverbindung oxidieren (Gl. 7). *11* siedet bei —14 °C; die Dichte beträgt bei —78 °C 1.8.

$$\underset{10}{\begin{array}{c} F_3C \\ F_3C \end{array}\!\!C\!\!\begin{array}{c} NH_2 \\ NH_2 \end{array}} \xrightarrow{NaOCl} \underset{11}{\begin{array}{c} F_3C \\ F_3C \end{array}\!\!C\!\!\begin{array}{c} N \\ \| \\ N \end{array}} \qquad Gl.\ 7$$

Aliphatische und aromatische Amidine sowie O-Methyl-isoharnstoff geben mit Natriumhypochlorit oder Hypobromit in Dimethylsulfoxid—Wasser in 3-Stellung halogenierte Diazirine (*12*, Gl. 8)[28].

[24] GRAHAM, W. H.: J. Org. Chem. **30**, 2108 (1965).
[25] OHME, R., u. E. SCHMITZ: Chem. Ber. **97**, 297 (1964).
[26] KNUDSEN, P.: Ber. dtsch. chem. Ges. **47**, 2698 (1914).
[27] MINASYAN, R. B., E. M. ROKHLIN, N. P. GAMBARYAN, Y. V. ZEIFMAN u. I. L. KNUNYANTS: Izvest. Akad. Nauk SSSR **1965** (4), 761; GAMBARYAN, N. P., Y. V. ZEIFMAN u. E. M. ROHKLIN: Vortrag auf dem Fluor-Symposium, München 30.8.—2.9.1965, Referat, S. 120.
[28] GRAHAM, W. H.: J. Amer. chem. Soc. **87**, 4396 (1965).

$$R-C{\overset{NH}{\underset{NH_2}{}}} \xrightarrow{\text{NaOCl}} \underset{Cl}{\overset{R}{}}C\underset{N}{\overset{N}{}} \qquad \text{Gl. 8}$$

12

Entsprechend Gleichung 8 wurden 3-Chlor-diazirine (*12*) mit folgenden Substituenten R erhalten: R = Methyl, tert.-Butyl, Cyclopropyl, Phenyl, p-Anisyl, Methoxyl und Vinyl, ferner 3-Brom-diazirine mit R = Methyl und R = Phenyl.

Aus Acetamidin wurde in Gegenwart von Acetat 3-Acetoxy-3-methyl-diazirin gebildet. Die Ausbeuten an 3-Halogen-diazirinen lagen in der Größenordnung von 60 %.

Es wird angenommen[28], daß ein Dichlor-amidin (*13*) unter Basenkatalyse Ringschluß zu einem N-Chlor-1-H-diazirin (*14*) erleidet, wobei zunächst offenbleibt, ob der Ringschluß einstufig oder in Analogie zur Neber-Umlagerung[29] über eine nitren-artige Zwischenstufe verläuft. *14* verliert sein Halogen unter Hinterlassung des cyclischen Kations *15*, das mit dem Cyclopropenylium-Kation isoster ist. Das Kation *15* geht durch Aufnahme von Halogenid, in einem Falle durch Aufnahme von Acetat, in das stabile Diazirin über (Gl. 9).

$$R-C{\overset{N-Cl}{\underset{NHCl}{}}} \xrightarrow{\ominus\text{OH}} R-C{\overset{N}{\underset{N-Cl}{}}} \longrightarrow R-\overset{\oplus}{C}\underset{N}{\overset{N}{}} \xrightarrow{X^{\ominus}} \underset{X}{\overset{R}{}}C\underset{N}{\overset{N}{}} \qquad \text{Gl. 9}$$

13   14   15

Die Synthese des von R. A. MITSCH[30] untersuchten Difluor-diazirins (*16*) sowie weiterer in 3-Stellung fluorierter Diazirine (*17* mit X = Cl; CN; OCH$_3$; NF$_2$) sowie des Diazirins *18* wird noch geheimgehalten[53, *].

$$\underset{F}{\overset{F}{}}C\underset{N}{\overset{N}{}} \qquad \underset{X}{\overset{F}{}}C\underset{N}{\overset{N}{}} \qquad \underset{F_2N}{\overset{Cl}{}}C\underset{N}{\overset{N}{}}$$

16   17   18

4. Abwandlung von Diazirinen unter Erhaltung der Diazirin-Gruppierung

Da die Diazirin-Gruppierung gegen chemischen Angriff weitgehend unempfindlich ist, lassen sich Umwandlungen von funktionellen Gruppen

---

* Die Synthese des Difluordiazirins (16) wurde nach Fertigstellung des Manuskripts publiziert: Bis-difluoramino-difluormethan wird mit Di-cyclopentadienyl-eisen entfluoriert (MITSCH R. A., J. Heterocyclic Chem. **3**, 245 (1966)).

[29] O'BRIEN, C.: Chem. Reviews **64**, 81 (1964).

[30] MITSCH, R. A.: J. Heterocyclic Chem. **1**, 59 (1964).

vornehmen, ohne daß der Dreiring zerstört wird. Reaktionen an funktionellen Gruppen, die ausreichend weit von der Diazirin-Gruppierung entfernt sind, verlaufen ohne Komplikationen.

Beispielsweise läßt sich das Hydroxy-diazirin *19* mit 3.5-Dinitro-benzoylchlorid in ein kristallines Dinitrobenzoat überführen. Der Ester enthält noch den Stickstoff der Diaziringruppe; alkalische Hydrolyse führt zum Hydroxy-diazirin zurück (Gl. 10)[14].

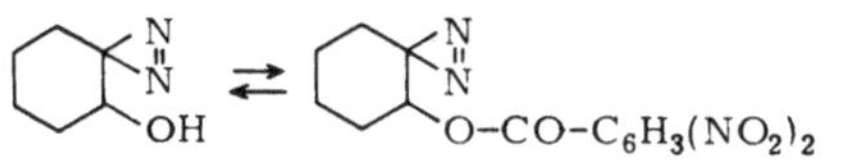

$$\text{Gl. 10}$$

19

Die gleiche Acylierungsreaktion gelang mit den aus Hydroxy-aceton, Acetoin oder 2-Hydroxy-cycloheptanon hergestellten Diazirinen.

Die Hydroxy-Gruppe des steroidischen Diazirins *20* wurde in 82-prozentiger Ausbeute acetyliert; an die C—C-Doppelbindung von *21* wurde Chlor angelagert[16].

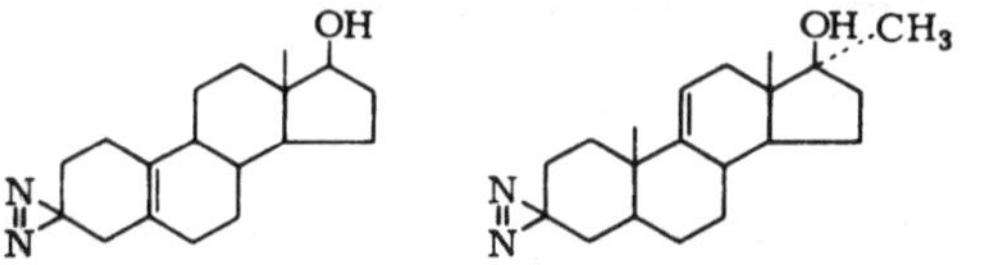

20   21

Quaternierung des Diazirins *3* mit Methyljodid und anschließende Hofmann-Eliminierung ließen die Diazirin-Gruppierung unversehrt. Die Amin-Abspaltung aus der quaternären Base lief bereits bei Wasserbadtemperatur ab und lieferte 3-Methyl-3-vinyl-diazirin (*22*) in 50-proz. Ausbeute (Gl. 11)[14].

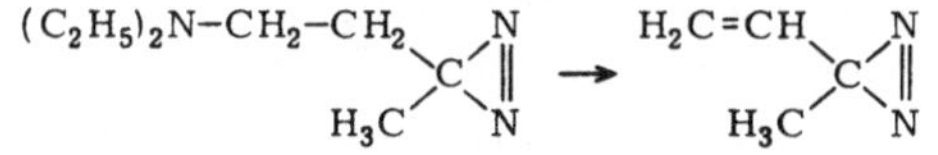

$$\text{Gl. 11}$$

3   22

Kritisch sind dagegen alle Reaktionen, in deren Verlauf eine Elektronenverdünnung an einem C-Atom erzeugt wird, das dem Ringkohlenstoff benachbart ist. Die Oxydation eines α-Hydroxy-diazirins zum cyclischen Diazoketon gelang nur in einem Falle. Aus dem Hydroxy-diazirin *19* entstand mit tert.-Butyl-hypochlorit in Gegenwart von Pyridin in 36-prozentiger Ausbeute das cyclische Diazoketon *23* (Gl. 12)[13].

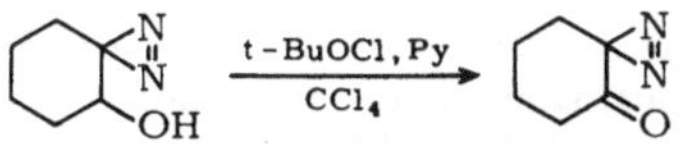

$$\text{Gl. 12}$$

19   23

Bei Trockeneistemperatur läßt sich die Doppelbindung von *22* mit
Ozon spalten, ohne daß der Dreiring angegriffen wird. Neben Formaldehyd
entsteht, wenn in Methanol ozonisiert wird, das Ätherhydroperoxid *24*.
Reduktion mit Triäthyl-phosphit führt zum cyclischen Diazo-aldehyd *25*
(Gl. 13). Die Diazirine *24* und *25* wurden nicht isoliert, sind aber durch
Folgereaktionen nachgewiesen[14].

$$
\begin{array}{ccccc}
\underset{H_3C}{\overset{H_2C=CH}{}}\!\!\diagdown\!\!C\!\!\diagup\!\!\overset{N}{\underset{N}{}} & \xrightarrow[68\%]{O_3/CH_3OH} & \underset{H_3C}{\overset{HOO\diagdown CH}{CH_3O\diagup}}\!\!C\!\!\overset{N}{\underset{N}{}} & \xrightarrow{(C_2H_5O)_3P} & \underset{H_3C}{\overset{OCH}{}}\!\!C\!\!\overset{N}{\underset{N}{}} & \text{Gl. 13}\\
22 & & 24 & & 25
\end{array}
$$

II. Spektroskopisches Verhalten der Diazirine

1. UV- und IR-Spektren der Diazirine

Von A. Lau*

a) Elektronenkonfiguration und Elektronenübergänge bei Diazirinen

Die chemische Sonderstellung der dreigliedrigen Ringverbindungen
spiegelt sich in den entsprechenden Spektren wider. Unter diesen dreigliedrigen Ringverbindungen nehmen die Diazirine vor allem für die Elektronenspektren eine besonders interessante Stellung ein, da bei ihnen innerhalb des Dreiringes ein Chromophor ($-N=N-$) eingebaut ist. Daher ist
es nicht verwunderlich, daß bereits kurz nach dem Bekanntwerden dieser
neuen chemischen Klasse eine Reihe spektroskopischer Untersuchungen
vorwiegend der Elektronenspektren einsetzte[22, 31, 32].

Schon eine oberflächliche Betrachtung der Elektronenspektren von
Diazirinen offenbart markante Unterschiede zu Spektren anderer Azoverbindungen, insbesondere zu den offenkettigen Isomeren. So absorbieren
die Diazirine nicht im sichtbaren Spektralbereich, sondern kurzwelliger.
Die Absorption besteht aus einer Folge intensiver nach Rot abschattierter
relativ scharfer Banden und einer intensitätsschwächeren Folge sehr dif-
fuser Banden. Außer diesen den Gesamteindruck bestimmenden Banden-
folgen treten noch eine größere Zahl mehr oder weniger scharfer meist
sehr schwacher Banden auf. Die Spektren aller bisher bekannt gewordenen
Diazirine haben große Ähnlichkeit untereinander, wenn auch die feineren
Züge der Schwingungsstruktur erhebliche Abweichungen aufweisen. Die
Abb. 1—3 zeigen die Spektren einiger Diazirine.

---

* Anschrift des Verfassers: Dr. A. Lau, Institut für Optik und Spektroskopie der Deut-
schen Akademie der Wissenschaften, Berlin-Adlershof.
[31] Merritt, J. A.: Can. J. Phys. **40**, 1683 (1962).
[32] Lau, A., E. Schmitz u. R. Ohme: Z. phys. Chem. **223**, 417 (1963).

Unter den Azoverbindungen bestehen nur noch Ähnlichkeiten mit dem Spektrum des 2.3-Diazabicyclo[2.2.1]-2-heptens, wie von GRAHAM[22] zuerst bemerkt wurde. Auch bei dieser Verbindung befindet sich ein N=N-Chromophor in einem gespannten Ringsystem, hier einem Bicyclus.

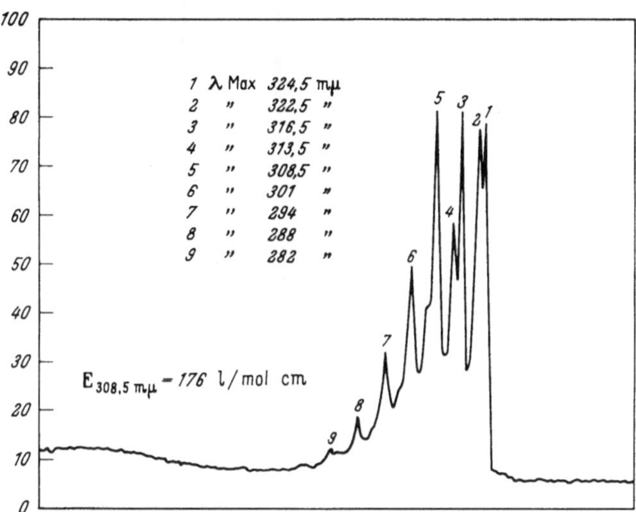

Abb. 1. Ultraviolett-Spektrum von Diazirin in der Dampfphase nach GRAHAM[22]

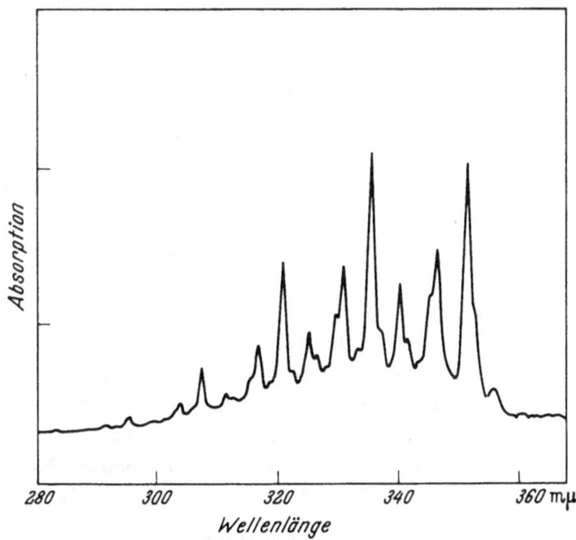

Abb. 2. Ultraviolett-Spektrum von Chlor-fluor-diazirin in der Dampfphase nach MITSCH u. Mitarb.[43] (bei 10 mm Hg und 10 mm Schichtdicke)

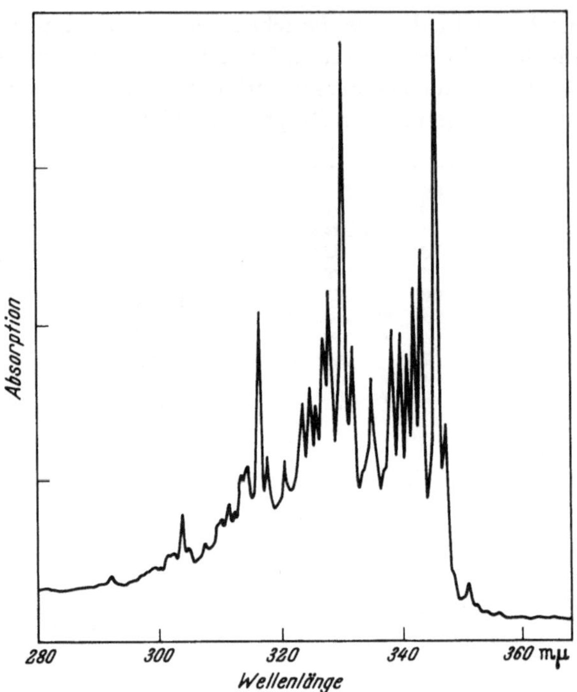

Abb. 3. Ultraviolett-Spektrum von Cyan-fluor-diazirin in der Dampfphase nach MITSCH u. Mitarb.[43] (bei 20 mm Hg und 10 cm Schichtdicke)

Wegen der Sonderstellung der Diazirine konnte noch keine Einigkeit darüber erzielt werden, ob die UV-Absorption durch einen $\pi^* \leftarrow n$- oder einen $\pi^* \leftarrow \pi$-Übergang hervorgerufen wird. Es existieren dazu Arbeiten von MERRITT[31], LAU[32] und FREY[33]. In jüngster Zeit ist zu diesem Problem durch eine quantitative Rechnung nach der erweiterten Hückel-Methode von HOFFMANN[34] ein neuer Gesichtspunkt hinzugekommen. HOFFMANN weist darauf hin, daß diese Absorption auch durch einen $\pi^* \leftarrow \sigma$-Übergang erklärt werden kann (dem Übergang eines Elektrons aus einem Dreiringzustand in den π^*-Zustand).

Zunächst soll anhand einer Betrachtung der Elektronenkonfiguration gezeigt werden, zwischen welchen Zuständen Übergänge erlaubt sind. Die Behandlung wird zur Vereinfachung, ohne großen Verlust an Gültigkeit für alle Diazirine, nur für den Grundkörper unter Vernachlässigung der H-Atome durchgeführt. Vom C-Atom und den beiden N-Atomen werden, wie bei COULSON und MOFFIT[35] bei der Behandlung des Cyclopropans,

---

[33] FREY, H. M.: Pure and Applied Chem. **9**, 527 (1964).
[34] HOFFMANN, R.: Tetrahedron **22**, 539 (1966).
[35] COULSON, C. A., and W. E. MOFFIT: Phil. Mag. **40**, 1 (1949).

je zwei Atomorbitale für die Bindungen zur Verfügung gestellt (s. Abb. 4). Zusätzlich kommen noch je ein 2p-Atomorbital für die π-Bindung und ein 2s-Orbital für die einsamen Elektronenpaare der beiden Stickstoffatome hinzu. In diesem Fall erhält man also 10 Funktionen für insgesamt 12 Elektronen. Aus diesen Atomfunktionen werden nun durch Linearkombinationen Molekülorbitale gebildet. Unter Berücksichtigung von Symmetrieeigenschaften des betreffenden Moleküls können diese Linearkombinationen wesentlich vereinfacht und übersichtlicher gestaltet werden.

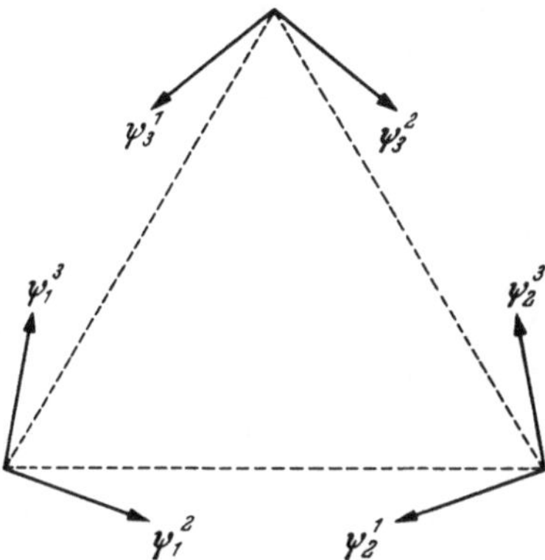

Abb. 4. Die Pfeile deuten die Richtungen der Hybrid-Orbitale innerhalb des Dreiringes nach Coulson und Moffit[35] an

Diazirin besitzt eine zweizählige Symmetrieachse C_2 (z-Achse) und zwei Symmetrieebenen σ_v (x, z) und $\sigma_{v'}$ (z, y) (Ringebene und die dazu Senkrechte, in der sich die beiden H-Atome befinden), gehört also der Punktgruppe C_{2v} an. Dazu muß noch das Symmetrieeinheitselement E hinzugerechnet werden. Nach einem Satz aus der Gruppentheorie erhält man aus den Charakteren der zu den ausgewählten Atomfunktionen gehörenden Transformationsmatrizen und den Charakteren der sogenannten irreduziblen Darstellung die Zahl der Molekülfunktionen, die einer bestimmten Symmetrieklasse angehören. Außerdem liefert die Gruppentheorie eine Vorschrift, wie die der Molekülsymmetrie angepaßten Linearkombinationen aus den Atomfunktionen gebildet werden können.

Man erhält vier Molekülorbitale mit der Symmetrie A_1 (Ψ_{S_1}, Ψ_{D_1}, Ψ_{D_2}, Ψ_{D_3}), eins mit A_2 (Ψ_{p_2}), eins mit B_2 (Ψ_{p_1}) und vier mit B_1-Symmetrie (Ψ_{S_2}, Ψ_{D_4}, Ψ_{D_5}, Ψ_{D_6}). Die beiden Ψ_S-Orbitale werden durch Addition bzw. Subtraktion der beiden 2s-Atom-Orbitale der Stickstoff-Atome gebildet. Die sechs Ψ_D-Orbitale setzen sich aus p-Atom-Orbitalen zusammen und stellen „Dreiringzustände" dar. Zwei wurden als bindend, drei als antibindend angenommen. Für Ψ_{D_4} kann ohne quantitative Rechnung keine entsprechende Klassifizierung vorgenommen werden. Nach

den Rechnungen von HOFFMANN wird dieser Zustand als „nichtbindend"
angesehen. Ψ_{p_1} und Ψ_{p_2} charakterisieren das Verhalten des bindenden
bzw. antibindenden π-Zustandes der Stickstoff-Doppelbindung.

Durch sinnvolle Aufteilung der 12 Elektronen auf die 10 Molekül-
zustände ergibt sich der Grundzustand des Dreiringes zu

$$(\Psi_{S_1})^2 \ (\Psi_{S_2})^2 \ (\Psi_{D_1})^2 \ (\Psi_{D_2})^2 \ (\Psi_{D_3})^2 \ (\Psi_{p_1})^2 \ .$$

Hierbei ist die Wechselwirkung der einzelnen Zustände gleicher Symmetrie aufeinander vernachlässigt, und die Reihenfolge der Funktionen soll
kein Maß für ihre Energie sein. Aus der Symmetrie und dem Besetzungs-
zustand der einzelnen Molekül-Orbitale ergibt sich für den Grundzustand
eine A_1-Symmetrie. Von diesem Grundzustand können die Elektronen u. a.
in die drei angeregten Dreiringzustände wie beim Cyclopropan oder in den
π^*-Zustand Ψ_{p_2} angeregt werden. Letzterer Zustand gehört der Symmetrieklasse A_2 an. Der Übergang $\pi^* \leftarrow \pi$ würde die Anregung eines Elektrons aus dem Zustand Ψ_{p_1} in den Zustand Ψ_{p_2} bedeuten, der angeregte
Zustand hätte dann die Konfiguration

$$(\Psi_{S_1})^2 \ (\Psi_{S_2})^2 \ (\Psi_{D_1})^2 \ (\Psi_{D_2})^2 \ (\Psi_{D_4})^2 \ (\Psi_{p_1})^1 \ (\Psi_{p_2})^1 \ .$$

Diese Konfiguration ergibt eine Zugehörigkeit zur Symmetrie B_1.

Der $\pi^* \leftarrow \pi$-Übergang entspricht also symmetriemäßig einem $B_1 \leftarrow A_1$-
Übergang. Entsprechend kann man die Symmetriebetrachtungen für an-
dere Übergänge durchführen. In Tabelle 4 sind einige Übergänge zusammengestellt.

Tabelle 4*. *Elektronenübergänge innerhalb des dreigliedrigen Ringes in Diazirinen*

Anfangs-zustand	Endzustand	Übergang	Symmetrie	Bemerkung
Ψ_{p_1}	Ψ_{p_2}	$\pi^* \leftarrow \pi$	$B_1 \leftarrow A_1$	erlaubt
Ψ_{S_1}	Ψ_{p_2}	$\pi^* \leftarrow n$	$A_2 \leftarrow A_1$	verboten
Ψ_{S_2}	Ψ_{p_2}	$\pi^* \leftarrow n$	$B_2 \leftarrow A_1$	erlaubt
Ψ_{D_4}	Ψ_{p_2}	$\pi^* \leftarrow \sigma$	$B_2 \leftarrow A_1$	erlaubt
Ψ_{D_4}	Ψ_{D_3}	$\sigma^* \leftarrow \sigma$	$A_1 \leftarrow A_1$	erlaubt

* Für die Angaben in der Tabelle 4 ist die Anwendbarkeit der Born-Oppenheimer-
Näherung vorausgesetzt.

Nach diesen Betrachtungen sind beim Diazirin der $\pi^* \leftarrow \pi$-Übergang,
der $\pi^* \leftarrow \sigma$-Übergang und auch einer der beiden $\pi^* \leftarrow n$-Übergänge erlaubt.
Der erlaubte $\pi^* \leftarrow n$-Übergang erfolgt von dem Zustand der lockerer gebun-
denen einsamen Elektronenpaare aus. Zur Deutung der Absorption durch
eine dieser drei Übergangsarten müssen daher noch weitere Kriterien heran-

gezogen werden. Von MERRITT und FREY wird hierzu die an und für sich naheliegende Meinung vertreten, es handele sich bei der fraglichen Absorption um einen $\pi^* \leftarrow$ n-Übergang. Erfahrungsgemäß werden die meisten der langwelligsten Absorptionen durch solche Übergänge hervorgerufen. Außerdem entspricht die Intensität der Absorption derjenigen, die für $\pi^* \leftarrow$ n-Übergänge zu erwarten ist.

SIDMAN[36], KASHA[37] und PLATT[38] haben eine Reihe von Möglichkeiten zur experimentellen Unterscheidung zwischen einem $\pi^* \leftarrow$ n- und einem $\pi^* \leftarrow \pi$-Übergang angegeben. Experimentelle Unterscheidungsmöglichkeiten zwischen diesen beiden Übergangsarten und der eines $\pi^* \leftarrow \sigma$-Überganges sind bisher nicht bekannt.

Nach HOFFMANNS Eigenwertberechnungen liegt der hier mit Ψ'_{D_4} bezeichnete Dreiringzustand von allen besetzten Zuständen energetisch am höchsten. Der niedrigste unbesetzte Zustand ist der π^*-Zustand der N—N-Doppelbindung. Die langwelligste Absorption liegt nach den Angaben seiner Energiewerte bei etwa 6000 Å und wird von ihm als $\pi^* \leftarrow \sigma$-Übergang bezeichnet. Er gibt zwar keine Übergangswahrscheinlichkeiten an, diese dürften aber nach seinen Wellenfunktionen (wegen des geringen s-Anteils der N-Atome an diesem MO) noch geringer sein als die der normalen erlaubten $\pi^* \leftarrow$ n-Übergänge bei Azoverbindungen. Der nächste erlaubte Übergang ist bei ihm ein $\pi^* \leftarrow \pi$-Übergang, der bei 3500 Å liegen müßte. Danach würde ein erlaubter Übergang vom höchsten besetzten Dreiringzustand Ψ'_{D_4} zum ersten unbesetzten Dreiringzustand Ψ'_{D_3} ($\sigma^* \leftarrow \sigma$-Übergang) eine Absorption bei 1800 Å erzeugen.

Beobachtet wurden beim Diazirin eine Absorption bei 3200 Å und eine mit einem Maximum unterhalb 1900 Å. Abgesehen davon, daß die sehr schwach zu erwartende Absorption bei 6000 Å bisher nicht gemessen werden konnte, stimmen die berechneten und gemessenen Absorptionen überraschend gut mit den aus HOFFMANNS berechneten Eigenwerten gebildeten Energiedifferenzen überein. Sie würden damit die Deutung für die Absorption bei 3200 Å und unterhalb 2000 Å als $\pi^* \leftarrow \pi$- bzw. Dreiringübergänge unterstützen. Nun vertritt HOFFMANN aber eine andere Auffassung. Wegen des Fehlens der Absorption bei 6000 Å verlegt er seine langwelligste Absorption ($\pi^* \leftarrow \sigma$) von 6000 Å auf 3200 Å, diejenige des $\pi^* \leftarrow \pi$-Überganges von 3500 Å auf unterhalb 2000 Å. Bei einer solchen Unsicherheit der Eigenwerte wäre dann aber auch die von ihm angegebene energetische Reihenfolge der Zustände unsicher und auch sein Schluß, daß der $\pi^* \leftarrow \sigma$-Übergang der langwelligste ist, wäre damit fraglich. Da aber die Eigenwerte wesentlich genauer als die Eigenfunktionen berechnet

---

[36] SIDMAN, J. W.: Chem. Rev. **58**, 689 (1958).
[37] KASHA, M.: Disc. Faraday Soc. **9**, 14 (1950).
[38] PLATT, J. R.: J. chem. Phys. **19**, 101 (1951).

werden können, müßten letztere noch ungenauer sein. Er dürfte sich daher bei seiner weiteren Diskussion nicht auf die berechneten Formen der Wellenfunktionen stützen. Bei einer qualitativen weiteren Diskussion nimmt er aber im Gegensatz zur üblichen Vorstellung an, daß sich die einsamen Elektronenpaare des Stickstoffs in p-Orbitalen befinden. Der Anteil der p-Orbitale der Stickstoff-Atome an dem Ψ_{D_4}-Zustand ist, wie oben bereits erwähnt, jeweils etwa $^1/_3$. Dadurch glaubt er sich in Übereinstimmung mit MERRITTS Auffassung zu befinden, der die Absorption als einen $\pi^* \leftarrow$ n-Übergang deutet. Andererseits weist HOFFMANN auf die starke Delokalisierung der in diesem Zustand befindlichen Elektronen hin. Er spricht bei seinem $\pi^* \leftarrow \sigma$-Übergang von einem Übergang der Elektronen aus einem Dreizentrenorbital (σ) in ein Zweizentrenorbital (π^*), während doch ein Charakteristikum der einsamen Elektronenpaare von Atomen ihre starke Lokalisation ist. Lediglich der nichtbindende Charakter der n-Zustände der Stickstoff-Atome und der des Ψ_{D_4}-Zustandes sind ähnlich, so daß man im übertragenen Sinne von einem n-Zustand des Dreiringes sprechen könnte. (Dieser hat aber nichts mit dem der Stickstoff-Atome zu tun.) Durch diese Auffassung ist der neue bei HOFFMANN aufgetauchte Gesichtspunkt der Möglichkeit eines $\pi^* \leftarrow \sigma$-Überganges in den Hintergrund getreten. Aber auch diese Möglichkeit sollte bei künftigen Messungen und Berechnungen der Diazirine mitbeachtet werden.

Zunächst kann nur versucht werden, zwischen den Möglichkeiten eines $\pi^* \leftarrow \pi$- und $\pi^* \leftarrow$ n-Überganges zu unterscheiden. Von LAU liegen ausführlich diskutierte Meßergebnisse vor, die eine größere Zahl dieser Unterscheidungsmöglichkeiten betreffen. Auf diese Diskussion soll hier etwas näher eingegangen werden.

1. Die spektrale Lage und Intensität einer Absorption kann gewisse Anhaltspunkte über die Art des Überganges geben. Bei entsprechenden Molekülen mit einsamen Elektronenpaaren tritt meist eine schwache, dem $\pi^* \leftarrow$ n-Übergang zugeordnete Absorption und eine intensivere kurzwelligere Absorption auf. Letztere wird durch einen $\pi^* \leftarrow \pi$-Übergang verursacht.

Bei den Diazirinen tritt eine intensive kurzwellige Absorption unterhalb 1900 Å und eine schwächere zwischen 3200 und 3600 Å auf. Die erstere liegt in der spektralen Gegend, in der auch Cyclopropan stark absorbiert und kann vermutlich als entsprechender Übergang in angeregte Dreiringzustände angesprochen werden. (Diese Vermutung steht im Gegensatz zur Annahme HOFFMANNS). Der $\pi^* \leftarrow \pi$-Übergang ist aber nach den Ergebnissen bei Azomethan (2400 Å) und Diazomethan (2600 Å) langwelliger als 2000 Å zu erwarten. Der einzige und damit auch intensivste Übergang oberhalb 2000 Å, der bis jetzt bekannt wurde, ist der zur Diskussion stehende. Da ein erlaubter $\pi^* \leftarrow \pi$-Übergang wesentlich intensiver als ein erlaubter $\pi^* \leftarrow$ n-Übergang sein sollte, deutet das Fehlen einer intensiveren Absorption darauf hin, daß es sich hier nicht um einen $\pi^* \leftarrow$ n-Übergang handelt, obwohl die Intensität eher derjenigen eines erlaubten $\pi^* \leftarrow$ n-Überganges entspricht (die ε-Werte liegen bei allen veröffentlichten Substanzen bei etwa 10^2). Andererseits läßt es sich durchaus vorstellen, daß durch die Bananenbindungen auch die Überlappungsgebiete der π^*- und π-Orbitale beeinträchtigt werden und damit zu geringeren Übergangswahrscheinlichkeiten führen könnten (entsprechende Wechselwirkungsglieder wurden bei den Berechnungen von HOFFMANN vernachlässigt).

2. Ein sehr wesentliches Kriterium zur Unterscheidung zwischen den beiden Übergangsarten ist das unterschiedliche Verhalten in Lösungen. Werden Verbindungen mit $\pi^*\leftarrow\pi$-Übergängen in Lösungsmitteln mit wachsenden Dipolmomenten gelöst, ergeben sich fast immer bathochrome Verschiebungen der Absorption. Für $\pi^*\leftarrow n$-Übergänge sind bisher ausnahmslos hypsochrome Verschiebungen bekannt geworden (McCONNEL[39]). Eine bathochrome Verschiebung kann danach nur durch einen $\pi^*\leftarrow\pi$-Übergang gedeutet werden.

Während MERRITT keine hypsochrome Verschiebung finden konnte, wurde von LAU eine Rotverschiebung für 3.3-Pentamethylen-diazirin und 3.3-Dimethyl-diazirin in einer Lösungsreihe von Pentan über Chloroform, Methanol bis Wasser gefunden[40]. Für das erste Molekül wird eine Gesamtverschiebung von 500 ± 150 cm^{-1}, im zweiten Fall eine Verschiebung von 400 ± 150 cm^{-1} angegeben. Diese schwache bathochrome Verschiebung steht in Einklang mit den Ergebnissen von HALVERSON und HIRT[41] für den $\pi^*\leftarrow\pi$-Übergang von Pyrazin. Der $\pi^*\leftarrow n$-Übergang weist gleichzeitig eine wesentlich größere hypsochrome Veränderung auf.

Dieses Ergebnis kann für die fragliche Absorption nur durch einen $\pi^*\leftarrow\pi$-Übergang gedeutet werden. Das Argument von FREY[33] und HOFFMANN[34], dieses Kriterium dürfe wegen des besonderen Bindungszustandes der Diazirine hier nicht verwendet werden, müßte näher begründet werden. Die Deutung dieser Verschiebungen von McCONNEL setzt keinen bestimmten Bindungstyp voraus, sondern geht lediglich davon aus, daß bei $\pi^*\leftarrow n$-Übergängen größere Ladungsverschiebungen als bei $\pi^*\leftarrow\pi$-Übergängen auftreten. Dies ist sicher auch hier der Fall.

3. Auf Grund der Lage der Übergangsmomente kann man bei erlaubten Singulett-Singulett-Übergängen ebenfalls zwischen den beiden Übergangsarten unterscheiden.

Ordnet man die Hauptträgheitsmomente in der üblichen Weise zu

$$I_A < I_B < I_C$$

an, so entspricht beim Diazirin I_A dem Trägheitsmoment parallel zur z-Achse, I_B parallel zur x- und I_C parallel zur y-Achse. Die Rotationsstruktur und damit die Intensitätsenveloppe hängt nun von der Richtung des Übergangsmomentes und vom Verhältnis der einzelnen Hauptträgheitsmomente untereinander ab. Man unterscheidet danach A-, B- und C-Typ-Banden. Nimmt man an, daß sich die Molekülkonstanten im angeregten Zustand nicht sehr von denen im Grundzustand unterscheiden, werden für die gleichen Bandentypen in den Elektronenspektren ähnliche Enveloppen wie in den IR- und Ramanspektren zu erwarten sein.

Eine genaue Rotationsstrukturanalyse der Banden würde eindeutige Schlüsse über die Richtung des fraglichen Übergangsmomentes zulassen. Von MERRITT wurde ein vergeblicher Versuch unternommen, die Rotationsstruktur der scharfen Banden aufzulösen. Er schließt dann jedoch aus der Enveloppe, daß Paralleltypbanden (A-Banden) vorliegen. Da dann das entsprechende Übergangsmoment in Richtung der z-Achse liegen würde, steht dieses Ergebnis im Widerspruch zu seiner Annahme, die fragliche Absorption würde durch einen $\pi^*\leftarrow n$-Übergang erzeugt. In diesem Falle müßte das Übergangsmoment senkrecht zur Ringebene und parallel zur y-Achse liegen. Betrachtet man die schärferen Banden im Diazirin-Spektrum, so kann man zwei Intensitätsmaxima innerhalb einer Schwingungsbande unterscheiden (das ist auch in dem von MERRITT veröffentlichten Spektrum deutlich zu erkennen[31]). Diese Enveloppe tritt aber erwartungsgemäß

[39] McCONNEL, H.: J. chem. Phys. **20**, 700 (1952).
[40] LAU, A.: Spectrochim. Acta **20**, 97 (1964).
[41] HALVERSON, F., and R. C. HIRT: J. chem. Phys. **19**, 711 (1951).

im IR als B-Typ-Bande auf (eine der beiden Senkrechtbanden des Moleküls). Unter der Voraussetzung, daß sich die Rotationskonstanten im angeregten Zustand nicht zu stark von denen des Grundzustandes unterscheiden, kann daraus geschlossen werden, daß das Übergangsmoment dieser Banden in der x-Richtung liegt. Das ist nur für einen $B_1 \leftarrow A_1$-Übergang, hier dem $\pi^* \leftarrow \pi$-Übergang, möglich und spricht gegen die Annahme eines $\pi^* \leftarrow$ n- oder $\pi^* \leftarrow \sigma$-Überganges.*

4. Durch geeignete Substitutionen können ebenfalls Einflüsse auf eine Grundsubstanz ausgeübt werden, die Schlüsse über die Art des Überganges zulassen. Es existieren eine ganze Reihe von substituierten Diazirinverbindungen. Bei allen Substituenten, außer bei der Deuterierung, ergeben sich bathochrome Verschiebungen[28, 30, 32, 43]. Die schwache von MERRITT gemessene hypsochrome Verschiebung bei der Deuterierung dürfte nicht auf Änderungen der Elektronenzustände, sondern auf unterschiedliche Differenzen der Nullpunktenergien zwischen dem angeregten Zustand und dem Grundzustand für Diazirin und für deuteriertes Diazirin zurückzuführen sein.

Die Wirkung der Substituenten auf die Grundsubstanz kann im allgemeinen durch den induktiven oder mesomeren Effekt beschrieben werden. Wie bei STAAB[42] sollen diese nach ihrer Wirkung in positive und negative Effekte unterteilt werden, je nachdem, ob bei der Substitution durch den Substituenten Elektronen abgegeben oder aufgenommen werden.

Bei den zunächst bekannt gewordenen substituierten Diazirinen handelt es sich um Alkylgruppen-Substitutionen. Diese können im Prinzip durch Hyperkonjugation einen M-Effekt und durch ihre gegenüber dem C-Atom des Dreiringes veränderte Elektronegativität einen induktiven Effekt ausüben. Nach STAAB nimmt der $+$ I-Effekt mit wachsender Polarisierbarkeit bei den Alkylgruppen in der Reihenfolge

$$-CH_3 < -CH_2CH_3 < -CH(CH_3)_2 < -C(CH_3)_3$$

zu. Im Gegensatz dazu müßte die Möglichkeit der Hyperkonjugation bei der CH_3-Gruppe am größten sein. Der M-Effekt sollte daher bei dem ersten Glied obiger Reihe am stärksten in Erscheinung treten.

Bei $\pi^* \leftarrow \pi$-Übergängen führt der $+$ I-Effekt und der $+$ M-Effekt in gleicher Weise zu einer bathochromen Verschiebung. $\pi^* \leftarrow$ n-Übergänge werden dagegen im allgemeinen durch einen $+$ I-Effekt hypsochrom verschoben. Dabei tritt allerdings häufig, vor allem für Spektren der in Lösungsmitteln gelösten Substanzen, nach anfänglicher hypsochromer Verschiebung innerhalb dieser Reihe wieder eine schwache bathochrome Verschiebung auf. Der $+$ M-Effekt bewirkt auch für $\pi^* \leftarrow$ n-Übergänge eine bathochrome Verschiebung. Diese ist allerdings geringer als die entsprechende eines $\pi^* \leftarrow \pi$-Überganges. In Tabelle 5 sind die als 0—0-Banden angenommenen Wellenzahlen der unterschiedlich substituierten Diazirine und ihre Wellenzahldifferenz zur 0—0-Bande des Diazirins angegeben. Die spektrale Lage der Verbindungen II, III und IV gibt einen Anhaltspunkt dafür, ob der $+$ I-Effekt oder der $+$ M-Effekt für die bathochrome Verschiebung verantwortlich ist. Dies ist nach obigem entscheidend für die Unterscheidung zwischen $\pi^* \leftarrow$ n- und $\pi^* \leftarrow \pi$-Übergangsarten. Würde der $+$ M-Effekt den wesentlichen Beitrag zur bathochromen Verschiebung leisten, müßte von den drei Verbindungen II am langwelligsten absorbieren. Die Verbindungen III und IV hätten einen geringeren Hyperkonjugationseffekt. Ihre Absorption müßte gegenüber der von II etwas hypsochrom verschoben sein. Die Lage der Absorptionen entspricht jedoch genau der Reihenfolge der Größe

---

* In einer neuen Veröffentlichung von ROBERTSON, L. C. und J. A. MERRITT: Mol. Spec. **19**, 372 (1966), werden diese Banden jetzt auch als „B-Type"-Banden bezeichnet.

[42] STAAB, H. A.: Einführung in die theoretische organische Chemie. Weinheim/Bergstr.: Verlag Chemie 1962.

[43] MITSCH, R. A., E. W. NEUVAR, R. J. KOSHAR and D. H. DYBRIG: J. Heterocyclic Chem. **2**, 371 (1965).

Tabelle 5. *Angabe der Wellenzahl des langwelligen Elektronenüberganges ν_{00} von Diazirinen und die bathochrome Verschiebung $\Delta\nu$ gegenüber dem Grundkörper*

$$\begin{array}{c} R_1 \\ \diagdown \\ C \\ \diagup \\ R_2 \end{array} \begin{array}{c} N \\ \| \\ N \end{array}$$

Nr. der Verbindung	R_1	R_2	ν_{00} [cm^{-1}]	$\Delta\nu$ [cm^{-1}]	Lit.
I	H	H	30989 *	—	22, 31
II	CH_3	H	29225 *	1764	32
III	$(CH_3)_2CH$	H	29053 *	1936	32
			29159 *	1830	
IV	$(CH_3)_3C$	H	29095 *	1894	32
V	Tetramethylen		27963 *	3026	32
VI	CH_3	CH_3	27933 *	3056	32
VII	Pentamethylen		27681 *	3308	32
VIII	F	F	28375 *	2614	30
IX	F_2N	F	30650 *	340	43
X	F_2N	Cl	30200 *	790	43
XI	$N \equiv C$	F	29600 *	1390	43
XII	Cl	F	28500 *	2490	43
XIII	CH_3O	F	28000 *	2990	43
XIV	CH_3	Cl	28250 **	2740	28
XV	CH_3	Br	28150 **	2840	28
XVI	CH_3	CH_3COO	28650 **	2340	28
XVII	$(CH_3)_3C$	Cl	27900 **	3090	28
XVIII	Cyclopropyl	Cl	28000 **	2990	28
XIX	C_6H_5	Cl	25800 **	5190	28
XX	C_6H_5	Br	25800 **	5190	28
XXI	p-CH_3O—C_6H_4	Cl	24700 **	6290	28
XXII	CH_3O	Cl	27400 **	3590	28

* Spektrum im Dampfzustand.
** Spektrum in Methanol.

der Polarisierbarkeit, die für die Größe des + I-Effektes maßgeblich ist. Letzterer wird also vermutlich die entscheidende Rolle für die beobachtete spektrale Verschiebung spielen. Da ein $\pi^* \leftarrow$ n-Übergang in diesem Falle normalerweise eine hypsochrome Verschiebung aufweist, deutet die gemessene bathochrome Verschiebung wieder darauf hin, daß die Absorption nicht durch einen $\pi^* \leftarrow$ n-Übergang hervorgerufen wird. Dieses Kriterium läßt keine Entscheidung zwischen dem $\pi^* \leftarrow \pi$- und $\pi^* \leftarrow \sigma$-Übergang zu, da sich nach den Rechnungen von Hoffmann für beide bathochrome Verschiebungen ergeben müßten.

Die Spektren der halogensubstituierten Diazirine[28, 43] sind noch nicht unter diesen Gesichtspunkten diskutiert worden. Eine nähere Deutung dieser Substituenteneffekte kann daher noch nicht gegeben werden.

5. Nach Kasha ist das Verhalten der $\pi^* \leftarrow$ n- und der $\pi^* \leftarrow \pi$-Übergänge in sauren Lösungsmitteln am unterschiedlichsten. Durch Addition eines Protons an ein nichtbindendes Elektron im n-Zustand eines Heteroatoms wächst die Bindungsenergie dieses

9*

Elektrons stark an. Die anderen Zustände des Moleküls werden dabei nur wenig verändert. Man erhält daher eine starke hypsochrome Verschiebung für den $\pi^* \leftarrow$ n-Übergang und nur eine unwesentliche Veränderung der spektralen Lage der $\pi^* \leftarrow \pi$-Absorption. Da die Diazirine aber bei der Protonierung zerfallen[44], läßt sich dieses Kriterium nicht anwenden.

Zusammenfassend läßt sich feststellen, daß die Absorption bei 3200 Å überwiegend Eigenschaften eines normalen $\pi^* \leftarrow \pi$-Überganges aufweist. Die Möglichkeit, diese Absorption durch einen $\pi^* \leftarrow \sigma$-Übergang zu erklären, müßte noch eingehender untersucht werden. Es erscheint danach unwahrscheinlich, daß die Absorption durch einen normalen $\pi^* \leftarrow$ n-Übergang des $N{=}N$ Chromophors erklärt werden kann.

b) Schwingungsstruktur der Diazirine im Grundzustand und im angeregten Zustand

Für den Grundzustand des Diazirins wurde von ETTINGER[45] eine vollständige Schwingungsanalyse durchgeführt, die im wesentlichen mit einem unveröffentlichten Deutungsvorschlag von PFEIFFER und LAU übereinstimmt. In Tabelle 6 ist die Schwingungsdeutung zusammengefaßt. Die Ergebnisse wurden auf Grund IR-spektroskopischer Daten von einfach und zweifach deuteriertem Diazirin erhalten.

Tabelle 6. *Schwingungsdeutung für Diazirin im Grundzustand*

Schwingung	Symmetrie	Frequenz [cm^{-1}]
ν_1 CH stretch	a_1	3020
ν_2 NN stretch	a_1	1626
ν_3 CH$_2$ deform.	a_1	1458
ν_4 CN stretch	a_1	991
ν_5 CH$_2$ twisting	a_2	970?
ν_6 CH$_2$ wagging	b_1	967
ν_7 CN stretch	b_1	807
ν_8 CH stretch	b_2	3131
ν_9 CH$_2$ rocking	b_2	1125

Der bei Azoverbindungen für die $N{-}N$-Doppelbindung gefundene Frequenzbereich bei 1580 cm^{-1} tritt auch hier trotz gewisser Verfälschung durch Fermiresonanz mit der $2\nu_7$-Schwingung annähernd wieder auf. Dies entspricht den Erwartungen, da auch bei Cyclopropen die Lage der $C{=}C$-Schwingung durch den dreigliedrigen Ring kaum verändert wird. Die Kraftkonstante für die $N{=}N$-stretching-Schwingung f_{NN} ist im Diazirin etwas geringer als üblicherweise für Azoverbindungen angegeben wird.

---

[44] E. SCHMITZ: private Mitteilung.
[45] ETTINGER, R.: J. chem. Phys. **40**, 1693 (1964).

Der Einfluß des stark gespannten Dreiringes spiegelt sich in der sehr hohen Wechselwirkungskonstante zwischen der NN-stretching und CN-stretching-Schwingung wider (die anderen Wechselwirkungskraftkonstanten sind wesentlich kleiner).

Für Difluor-diazirin wird eine vollständige Deutung des IR- und Raman-Spektrums von Bjork u. Mitarb.[46] gegeben. In Tabelle 7 ist das Ergebnis wiedergegeben.

Tabelle 7. *Schwingungsdeutung für Difluor-diazirin im Grundzustand*

Schwingung	Frequenz [cm^{-1}]	
	IR	Raman
ν_1	1563	1560
ν_2	1282	1280
ν_3	805	804
ν_4	502	500
ν_5	451	451
ν_6	1248	1234
ν_7	481	484
ν_8	1091	1088
ν_9	544	545

Die Frequenzen wurden für den Grundzustand auch berechnet, aber nicht auf Grund einer vollständigen Schwingungsanalyse wie von Ettinger, sondern mit Hilfe von Kraftkonstanten ähnlicher Moleküle. Die berechneten und gemessenen Frequenzen zeigen daher auch beträchtliche Abweichungen.

Von den anderen Diazirinen liegen noch keine vollständigen Schwingungsdeutungen vor. Tabelle 8 zeigt die Wellenzahlen der N=N-stretching-Frequenzen der Diazirine, soweit sie genauer angegeben sind.

Eine versuchsweise Bestimmung der Größe der Schwingungsquanten im angeregten Zustand und ihre Zuordnung ist bisher von Merritt[31] für Diazirin, von Lau und Ohme[47] für Diazirin und für alkylsubstituierte Diazirine und von Simmons und Mitarbeitern[48] für Difluor-diazirin gegeben worden.

Obwohl die Schwingungsstruktur der UV-Spektren in der Dampfphase für die meisten Diazirine ausgesprochen stark ausgeprägt ist, bereitet ihre Deutung erhebliche Schwierigkeiten. Abgesehen vom Spektrum des Difluor-diazirins, bei dem keine Angaben darüber gemacht sind, auf welchen Voraussetzungen die Deutung basiert, ist es zur Zeit noch nicht gelungen, alle Anforderungen, die sich aus theoretischen Erwägungen

[46] Bjork, C. W., N. C. Craig, R. A. Mitsch and J. Overend: J. Amer. chem. Soc. **87**, 1186 (1965).
[47] Lau, A., u. R. Ohme: Monatsberichte der DAW **6**, 186 (1964).
[48] Simmons, J. D., I. R. Bartky and A. M. Bass: J. Mol. Spectr. **17**, 48 (1965).

ergeben, gleichzeitig zu erfüllen. Zu den wichtigsten Forderungen gehören die folgenden: Die Intensitäten der einzelnen Schwingungsbanden sollen den durch die Symmetrie gegebenen Übergangswahrscheinlichkeiten entsprechen. Dies muß für einfach und mehrfach angeregte Schwingungen genauso gelten wie für Kombinationsschwingungen. Bei den substituierten Diazirinen sollten in noch höherem Maße als beim Diazirin, entsprechend der lokalen Anregung im Ring, die intensivsten Schwingungsbanden den symmetrischen Ringschwingungen zuzuordnen sein. Die Größe der Wellenzahlen dieser Schwingungsbanden müßte bei den verschiedenen Diazirinen vergleichbar sein. Weiter ist anzustreben, daß die Größe der Schwingungsquanten des angeregten Zustandes keine zu große Abweichung von der des Grundzustandes aufweist.

Tabelle 8. *Lage der $N=N$-stretching-Frequenzen einiger Diazirine*

R_1	R_2	Frequenz [cm^{-1}]	Lit.
CH_3	Cl	1585	[28]
CH_3	Br	1570	[28]
CH_3	$CH_3—COO$	1575	[28]
$(CH_3)_3C$	Cl	1565	[28]
Cyclopropyl	Cl	1565	[28]
C_6H_5	Cl	1560	[28]
C_6H_5	Br	1555	[28]
$p-CH_3O—C_6H_4$	Cl	1560	[28]
CH_3O	Cl	1545	[28]
$H_2C=CH$	Cl	1560	[28]
CH_3O	F	1550	[43]
$N≡C$	F	1580	[43]
Cl	F	1540	[43]
F_2N	F	1580	[43]
F_2N	Cl	1600	[43]

In nullter Näherung treten in Elektronenspektren nur symmetrische Schwingungen intensiv auf. Bei den Diazirinen wird bei allen bisherigen Deutungsversuchen jedoch eine verhältnismäßig intensive Bandenfolge einer asymmetrischen Schwingung zugeordnet. Dies wird bei allen Autoren mehr oder weniger deutlich durch eine Schwingungswechselwirkung mit einem in der Nähe dieses angeregten Zustandes vermuteten anderen Zustand erklärt.

Übereinstimmend werden von MERRITT und LAU folgende Schwingungsquanten für den angeregten Zustand des Grundkörpers angegeben: 208, 797, 848, 1652 cm^{-1}. MERRITT gibt ein weiteres Schwingungsquant von 1472 cm^{-1} an. LAU und OHME geben statt dessen zwei Schwingungsquanten von 1365 und 2840 cm^{-1} an. Auf Grund von Symmetriebetrachtungen kommen beide zu dem Schluß, daß die Frequenz von 208 cm^{-1} der ν_5 CH_2 twisting und die von 797 cm^{-1} einer symmetrischen Dreiringschwingung zugeordnet werden müßte.

Im Hinblick auf die von ETTINGER[45] gegebene Schwingungsdeutung des Diazirin-Grundzustandes und der beim Difluor-diazirin von SIMMONS erzielten Übereinstimmung zwischen der Größe der Schwingungsquanten im Grundzustand und im angeregten Zustand werden die Vorschläge für die UV-Schwingungsdeutung des Diazirins nochmals überprüft werden müssen.

Von SIMMONS und Mitarbeitern wird auf Grund des UV-Spektrums auf die in Tabelle 9 angegebenen Schwingungsquanten im angeregten Zustand (ν') und im Grundzustand (ν'') von Difluor-diazirin geschlossen.

Tabelle 9. *Größe der Schwingungsquanten des Grundzustandes ν'' und des angeregten Zustandes ν' des Difluor-diazirins*[46]

Schwingung	ν'' (cm^{-1})	ν' (cm^{-1})
ν_1	1564	1437
ν_2	1283	—
ν_3	775	643
ν_4	500	517
ν_5	—	451

Bei den UV-Spektren der meisten alkyl-substituierten Diazirine lassen sich zwei Schwingungsquantenbereiche feststellen, ein Bereich bei 430—500 cm^{-1} und der andere bei 920 bis 1020 cm^{-1} [47].

2. Mikrowellen-Spektrum des Diazirins

Die Dreiringstruktur des Diazirins wurde durch das Rotationsspektrum bewiesen. Im Bereich zwischen 7.8 und 41 kHz wurden Aufnahmen des Diazirins, des ^{13}C-Diazirins und des ^{15}N-^{14}N-Diazirins gemacht, die beiden letzteren mit natürlicher Isotopenanreicherung. Die Übergänge wurden mit Hilfe des Stark-Effekts zugeordnet[49]. Die Hyperfeinstruktur war beim ^{15}N-^{14}N-Diazirin relativ leicht aufzulösen, da das Molekül nur einen Quadrupolkern enthält.

Die Auswertung der Spektren ergab das Dipolmoment $\mu = 1.59 \pm 0.06$ Debye, die Bindungslängen und den Bindungswinkel der H—C—H-Gruppierung.

[49] PIERCE, L., and V. DOBYNS: J. Amer. chem. Soc. **84**, 2651 (1962).

Beim Difluor-diazirin konnten wegen des kleinen Dipolmoments keine Rotations-Absorptionen erhalten werden[30].

3. Kernresonanz-Messungen an Diazirinen

Diazirin (*7*) zeigt in Tetrachlorkohlenstoff ein Singulett bei $\tau = 9.60$[50]. Für Isopropyl-diazirin (*26*) und tert.-Butyldiazirin (*27*) liegen die entsprechenden Signale bei 9.37 beziehungsweise 9.40.

26: R = Isopropyl

27: R = tert.-Butyl

Die Signale der kernständigen Protonen liegen recht hoch und deuten auf einen gespannten Dreiring[22]. Beispielsweise liegt das entsprechende Signal der Sterulasäure, eines Cyclopropen-Derivates bei $\tau = 9.5$[51].

Eingehender untersucht und diskutiert wurden die NMR-Spektren der beiden spirocyclischen Diazirine *28* und *29*[12]. Bei diesen Diazirinen fällt besonders der große Unterschied zwischen äquatorialen und axialen Protonen in Nachbarschaft zur Diazirin-Gruppierung auf. Während bei Cyclohexanderivaten in der Regel die äquatorialen Protonen bei niedrigerem Feld absorbieren, sind die Verhältnisse bei *28* und *29* umgekehrt: Die äquatorialen Protonen von *28* absorbieren bei einem um 1.57 ppm, die von *29* bei einem um 1.4 ppm höheren Feld.

[50] GRÜNDEMANN, E. (DAW Berlin-Adlershof): Privatmitteilung. Der von W. H. GRAHAM[22] angegebene Wert (241 cps gegen Benzol bei 40 Mcps, was etwa $\tau = 8.8$ entspricht) erscheint dagegen sehr niedrig.

[51] RINEHART, JR., K. L. W. A. NILSSON and H A. WHALEY: J. Amer. chem. Soc. **80**, 503 (1958).

Die Zuordnung der Signale gelang bei *29* durch partielle Deuterierung. Unvollständige Deuterierung des für die Synthese von *29* verwendeten 4-Methyl-cyclohexanons, die vorzugsweise die axialen Positionen substituiert, führte zu einer Abschwächung des bei niedrigerem Feld liegenden Signals.

Eine genaue Analyse des Spektrums von *29* unter Benutzung der Doppelresonanz und Auswertung der Temperaturabhängigkeit des Spektrums gestattete eine Bestimmung des Konformationsgleichgewichts der beiden Sesselformen. Diese Bestimmung, die wegen des großen Abstandes der Signale für axiale und äquatoriale Protonen genauer ist als bekannte Verfahren zur Bestimmung des konformativen Verhaltens einer Methyl-Gruppe am Cyclohexan, lieferte für 30 °C eine Differenz der freien Energien der beiden Sesselformen von 1.78 kcal, eine Umwandlungswärme von 1.91 kcal und einen Entropieunterschied von 0.42 Entropieeinheiten. Die gefundenen Werte fügen sich gut in die auf anderen Wegen gefundenen Konformationsgleichgewichte von Derivaten des Methyl-cyclohexans ein.

Die besonders starke Abschirmung der äquatorialen Protonen in *28* und *29* zeigt die mit dem Diazirin-Ring verknüpfte anisotrope magnetische Suszeptibilität. Die Abschirmung in *28* ist größer als in der Vorstufe mit gesättigtem Dreiring. Ähnlich wie eine C—C-Doppelbindung muß daher die N—N-Doppelbindung senkrecht zu ihrer Ebene ein abschirmendes Feld induzieren.

Eine Verschiebung zu ähnlich hoher Feldstärke ($\tau = 9.50$) wurde bei einem der Methylen-Protonen des cis-3.5-Dimethylpyrazolins *30* gefunden[52].

$$H_3C-\underset{30}{\overset{N=N}{\diagup\diagdown}}-CH_3 \qquad 31 \qquad 32$$

30   31   32

Auch für Protonen, die um eine Position weiter vom Diazirin-Ring entfernt sind, können sich erhebliche Verschiebungen zu höheren Feldstärken ergeben. Die Protonen äquatorialer Methyl-Gruppen in 2-Stellung beziehungsweise 4-Stellung von Diazirinen der Steroidreihe (*31*, *32*) absorbieren bei $\tau = 9.84$ und $\tau = 9.92$[16], während Methyl-Gruppen in Paraffinen bei $\tau = 9.1$ absorbieren.

Die nachstehenden Fluor-NMR-Daten wurden von R. A. Mitsch und Mitarbeitern[30, 53] an Diazirinen mit kernständigem Fluor (*17*) aufgenommen. Die Φ^x-Werte beziehen sich auf CCl_3F als inneren Standard.

[52] Crawford, R. J., and A. Mishra: J. Amer. chem. Soc. **87**, 3768 (1965).

[53] Mitsch, R. A., E. W. Neuvar, R. J. Koshar and D. H. Dybvig: J. Heterocyclic Chem. **2**, 371 (1965).

$$\underset{17}{\underset{X}{\overset{F}{\diagdown}}\!\!\!\underset{}{\overset{}{C}}\!\!\!\underset{N}{\overset{N}{\diagup}}\!\!\!\parallel}$$

$$X = F: \qquad \Phi^x = +122.5$$
$$X = OCH_3: \qquad \Phi^x = +121.8$$
$$X = CN: \qquad \Phi^x = +157.8$$
$$X = NF_2: \qquad \Phi^x = +159.4$$

4. Massenspektrum des Diazirins

Das Massenspektrum des Diazirins hat GRAHAM aufgenommen[22]. Eine vergleichende Untersuchung von Diazirin und Diazomethan führten PAULETT und ETTINGER durch[54]. Die Appearance-Potentiale der Ionen $CH_2N_2^{\oplus}$, $CHN_2^{\oplus}$ und $CH_2^{\oplus}$ wurden bestimmt:

	$CH_2N_2^{\oplus}$	$CHN_2^{\oplus}$	$CH_2^{\oplus}$
Diazirin	10.18	14.2	11.0 eVolt
Diazomethan	9.03	14.8	12.3 eVolt

Aus den Appearance-Potentialen des beiden Verbindungen gemeinsamen Ions $CH_2^{\oplus}$ wurde für Diazirin und Diazomethan eine Differenz der Bildungswärmen von 1.3 eVolt bestimmt; Diazirin ist also um 30 kcal/Mol energiereicher als Diazomethan. Die Absolutwerte der beiden Bildungswärmen sind problematisch, da nicht bekannt ist, ob das $CH_2^{\oplus}$-Ion in einem angeregten Zustand auftritt. Vernachlässigung einer solchen Anregungsenergie[55,56] ergibt für das Diazirin eine Spannungsenergie von 22 kcal/Mol. Dieser Rechnung liegen Bindungsenergien für C—H = —98.5 kcal, für C—N = —73 kcal und für N=N = —100 kcal zugrunde.

Eine Berechnung der Bildungswärmen der stickstoff-haltigen Ionen $CH_2N_2^{\oplus}$ und $CHN_2^{\oplus}$ deutete an, daß das Ion $CHN_2^{\oplus}$ für Diazirin und Diazomethan identisch ist, das Ion $CH_2N_2^{\oplus}$ jedoch nicht.

In den Massenspektren des 3-Chlor-3-methyl-diazirins (*33*) und des entsprechenden bromsubstituierten Diazirins erschien ein besonders starker Peak bei m/e = 55. Er wurde dem Methyl-diazirinium-Ion (*34*) zugeordnet[28].

$$\underset{33}{\underset{Cl}{\overset{H_3C}{\diagdown}}\!\!\!\underset{}{\overset{}{C}}\!\!\!\underset{N}{\overset{N}{\diagup}}\!\!\!\parallel} \qquad\qquad \underset{34}{H_3C\!-\!\underset{}{\overset{}{\oplus C}}\!\!\!\underset{N}{\overset{N}{\diagup}}\!\!\!\parallel}$$

Eine Reihe von Massenspektren fluor-haltiger Diazirine wurden von MITSCH und Mitarbeitern mitgeteilt[30,53].

---

[54] PAULETT, G. S., and R. ETTINGER: J. Chem. Phys. **39**, 825 (1963); Berichtigung eines Vorzeichenfehlers: PAULETT, G. S., and R. ETTINGER: J. Chem. Phys. **39**, 3534 (1963).
[55] BELL, J. A.: J. Chem. Phys. **41**, 2556 (1964).
[56] PAULETT, G. S., and R. ETTINGER: J. Chem. Phys. **41**, 2557 (1964).

III. Photolyse und thermische Spaltung der Diazirine

1. Photolyse

Die Diazirine sind zu einer Zeit entdeckt worden, in der auch die Carbene intensiv bearbeitet wurden. Die Struktur der Diazirine ließ einen Zerfall in Carbene und Stickstoff voraussehen. Unmittelbar nach der Entdeckung der Diazirine wurden daher Thermolyse und Photolyse untersucht. Zwischen der ersten Publikation über die Synthese des Diazirins[17] und der Publikation über seine Photolyse[57] lagen nur wenige Monate.

Die um 1960 diskutierten Kriterien für das Auftreten von Carbenen trafen für die Zersetzung der Diazirine zu. Die Deutung der Diazirin-Zersetzung hat aber auch der zunehmend kritischer werdenden Einstellung zu Carben-Zwischenstufen standgehalten.

$$\underset{R}{\overset{R}{>}}C\underset{N}{\overset{N}{\|}} \quad \xrightarrow{-N_2} \quad \underset{R}{\overset{R}{>}}C: \quad \longrightarrow \quad \text{Stabile Produkte} \qquad \text{Gl. 14}$$

Über die Photolyse der Diazirine liegen sehr sorgfältige Untersuchungen von H. M. Frey und I. D. R. Stevens vor[58]. Die Bedeutung dieser Untersuchungen geht über das Gebiet der Diazirine und der Carbene hinaus. An den Folgeprodukten der photochemisch erzeugten Carbene ist besonders gut das Verhalten von Molekülen mit überschüssiger Schwingungsenergie zu beobachten. Die Isomerisierungsprodukte der Carbene gehen aus der Reaktion mit mehr Energie hervor, als für ihre weitere Zersetzung erforderlich ist. Ihre Stabilisierung durch Energieabgabe an Stoßpartner konkurriert daher mit einer Stabilisierung durch Folgereaktionen.

Gleichung 14 ist daher entsprechend zu erweitern (Gl. 15). Die primären Umwandlungsprodukte der Carbene sind größtenteils schwingungsangeregt. Bei hohen Drucken wird die überschüssige Energie rasch an

$$\text{Gl. 15}$$

Carben → Primärprodukte, schwingungsangeregt $\xrightarrow{M}$ Primärprodukte, stabil (Cyclopropane, Olefine)

Primärprodukte, schwingungsangeregt ↓ Sekundärprodukte

M = Stoßpartner

---

[57] Frey, H. M., and I. D. R. Stevens: Proceedings Chem. Soc. (London) **1962**, 79.
[58] Zusammenfassende Darstellung: Frey, H. M.: Pure and Applied Chem. **9**, 527 (1964).

Stoßpartner abgeführt. Es kann angenommen werden, daß schon bei einem Stoß so viel Energie abgegeben wird, daß weitere Umwandlungen unterbleiben. Die primären Umwandlungsprodukte der Carbene, Cyclopropane und Olefine, können dann isoliert werden.

Bei niedrigeren Drucken können die schwingungsangeregten Primärprodukte ihre Energie nicht schnell genug abgeben. Es treten Umlagerungen und weitere Zerfälle ein. Retro-Diels-Alder-Zerfall, Wasserstoffabspaltung, Öffnung von Cyclopropan-Ringen und Radikalzerfall sind die wichtigsten Sekundärreaktionen.

In einigen Fällen zeigte sich, daß bei Arbeiten unter sehr niedrigem Druck und Extrapolation der Ergebnisse auf den Druck Null nur ein Teil der Primärprodukte weiter zerfällt. Es muß daher einen Reaktionsweg geben, der nicht das schwingungsangeregte Primärprodukt passiert. In Gleichung 15 ist daher ein direkter Weg vom photoaktivierten Diazirin zum stabilen Primärprodukt eingezeichnet. Wahrscheinlich übernimmt hier der Stickstoff so viel Schwingungsenergie, daß die Energie des Molekülrestes unterhalb des für eine Sekundärumwandlung nötigen Betrages bleibt.

In Gleichung 15 ist schließlich der Übergang vom Diazirin zum photoaktivierten Diazirin als reversible Reaktion eingezeichnet. Die unter 1 liegenden Quantenausbeuten deuten auf die Möglichkeit eines Überganges vom photoaktivierten Diazirin zum Diazirin.

Allen Diazirinen gemeinsam ist eine Absorptionsbande zwischen 300 und 370 mμ. Die Photolysen wurden daher stets mit einer Mitteldruck-Quecksilberlampe ausgeführt. Die Linien des Quecksilberspektrums bei 313, 334 und 366 mμ liegen im Bereich der Absorption der Diazirine. Die Produkte wurden gaschromatographisch analysiert.

Die Zersetzungen waren praktisch nicht temperaturabhängig; die bei 65 °C erhaltenen Produkte stimmten qualitativ und quantitativ mit den bei Raumtemperatur erhaltenen überein. Auch vom Umsetzungsgrad war der Reaktionsverlauf praktisch unabhängig. Allen photolytischen Zersetzungen war schließlich gemeinsam, daß fast quantitativ Stickstoff abgespalten wurde. Stickstoffhaltige Nebenprodukte traten nur bei einigen Versuchen in Spuren auf.

a) Methyl-diazirin

Ein besonders einfaches Bild bietet die Photolyse des Methyl-diazirins[59]. Es entstehen Äthylen, Stickstoff, Acetylen und Wasserstoff. Gleichung 16 zeigt die von den Autoren diskutierten Reaktionswege.

Photoaktiviertes Methyl-diazirin zerfällt in Stickstoff und Methylcarben; letzteres lagert sich in schwingungsangeregtes Äthylen um. Dieses kann

---

[59] FREY, H. M., and I. D. R. STEVENS: J. chem. Soc. (London) 1965, 1700.

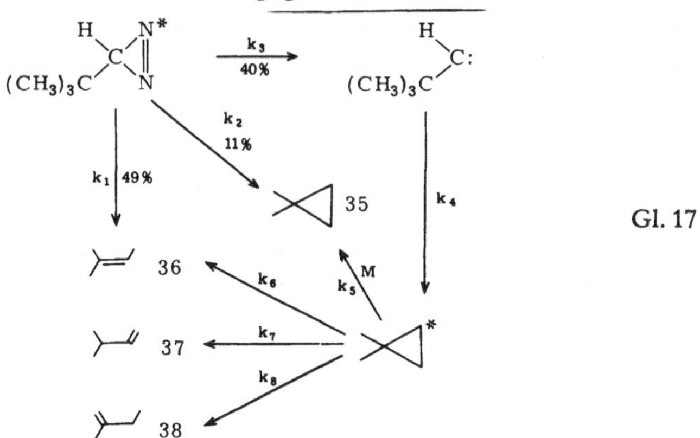

entweder seine Überschußenergie an einen Stoßpartner abgeben, wodurch stabiles Äthylen entsteht, oder es zerfällt in Acetylen und Wasserstoff. Die Acetylen-Ausbeute beträgt bei 200 Torr etwa 11 %, bei 9.5 Torr 29 %, auf den Druck Null extrapoliert 60.2 %. Das gesamte zerfallende Diazirin durchläuft also die Stufe des Äthylens, zu 60 % auf einem Energieniveau, das die sofortige Weiterzersetzung zur Folge hat, wenn die Energie nicht an andere Moleküle abgegeben werden kann. 40 % des Äthylens entstehen in stabiler Form, anscheinend direkt aus photoaktiviertem Methyl-diazirin.

b) tert.-Butyl-diazirin

Die Photolyse des tert.-Butyl-diazirins bei hohen Drucken liefert ausschließlich 1.1-Dimethyl-cyclopropan (*35*, Gl. 17)[60] und 2-Methyl-buten-2 (*36*), und zwar in ziemlich genau gleichen Mengen. Zur Erzeugung der hohen Drucke wurde Propylen zugesetzt; Radikalprozesse, in die das Propylen eingreifen würde, traten nicht auf. Dimethylcyclopropan (*35*) wird in direkter Reaktion zu 11.3 % gebildet; das ist der Grenzwert der Ausbeute bei Extrapolation des Druckes gegen Null.

Nach dem Stationärprinzip wurde für die Geschwindigkeitskonstanten k_1, k_2 und k_3 ein Verhältnis 49 : 11 : 40 errechnet. Auch diese Rechnung liefert also für die direkte Bildung von Dimethylcyclopropan eine Ausbeute von 11 %.

Das schwingungsangeregte Dimethyl-cyclopropan reagiert zu den drei isomeren Methylbutenen *36*, *37* und *38* weiter, wobei die Summe der Geschwindigkeitskonstanten $2.7 \cdot 10^8$ beträgt. Bei hohen Drucken ist das Verhältnis k_6/k_7 etwa 1. Auch das Verhältnis der beiden endständigen Methylbutene *37* und *38* ist druckabhängig. Bei 0.5 Torr entstehen 10 % 2-Methyl-buten-3 (*37*) und 4 % 2-Methyl-buten-1 (*38*). Die Druckabhängigkeit des Verhältnisses der Olefine deutet auf die Möglichkeit, daß Reaktion 7 zunächst angeregtes Olefin ergibt, das zu den anderen Olefinen isomerisiert wird.

Vollständige Stabilisierung des schwingungsangeregten Dimethyl-cyclopropans bei hohen Drucken führt zu der beobachteten Gesamtausbeute an *35* von 51 %.

c) Dimethyl-diazirin

Die Photolyse des Dimethyl-diazirins[61] liefert zwar eine Vielzahl von Produkten, die ersten Reaktionsschritte sind aber ebenso übersichtlich wie bei den bisher besprochenen Reaktionen. Die Vielzahl der Endprodukte erklärt sich daraus, daß als Sekundärreaktionen Radikalzerfälle eintreten. Die Radikale können dann in verschiedener Weise kombinieren.

Oberhalb 180 Torr machen Propen und Stickstoff mehr als 99 % der Produkte aus. Auch Zumischen von Stickstoff resultiert in der ausschließlichen Bildung von Propen. Unterhalb 60 Torr entstehen andere Kohlenwasserstoffe auf Kosten des Propens. Es wird Stickstoff-Abspaltung unter Bildung von Dimethylcarben angenommen (Gl. 18), das sich sofort in schwingungsangeregtes Propen umwandelt. Dessen weitere Zersetzung konkurriert mit der Desaktivierung durch Stoß.

$$\begin{array}{ccccc}
\underset{H_3C}{\overset{H_3C}{>}}C\underset{N}{\overset{N^*}{\parallel}} & \xrightarrow{-N_2} & \underset{H_3C}{\overset{H_3C}{>}}C: & \rightarrow & \underset{H_3C}{\overset{H_2C^*}{>}}CH \nearrow^{\text{Sekundärzerfall}}_{\searrow_M H_2C{=}CH{-}CH_3}
\end{array} \qquad \text{Gl. 18}$$

Die Überschußenergie des Propens wird auf 90 kcal geschätzt. Der Sekundärzerfall, der bei niedrigen Drucken bis zu 90 % des schwingungsangeregten Propens erfaßt, verläuft in drei Parallelreaktionen. Es bilden sich H-Atom und Allylradikal (Gl. 19a), Methyl- und Vinyl-Radikal (Gl. 19b) oder Methan und Acetylen (Gl. 19c).

Nimmt man zusätzlich an, daß sich aus H-Atomen und Propen Isopropylradikale bilden, so hat man vier Radikale, deren Kombination oder Absättigung durch H-Aufnahme zu den beobachteten stabilen Endprodukten

[60] Frey, H. M., and I. D. R. Stevens: J. chem. Soc. (London) **1965**, 3101.
[61] Frey, H. M., and I. D. R. Stevens: J. chem. Soc. (London) **1963**, 3514.

$$H_2C=CH-\overset{\bullet}{C}H_2 + H^{\bullet} \qquad \text{Gl. 19a}$$

$$H_2C=\overset{\bullet}{C}H + {}^{\bullet}CH_3 \qquad \text{Gl. 19b}$$

$$HC\equiv CH + CH_4 \qquad \text{Gl. 19c}$$

führt: Äthylen, Äthan, Propan, Buten-1, 2.3-Dimethylbutan, 4-Methyl-penten-1, Isobutan und Diallyl. Daneben tritt noch etwas Cyclopropan auf.

d) Äthyl-methyl-diazirin

Bei der Photolyse des Äthyl-methyl-diazirins[62] wurde bei Drucken oberhalb 50 Torr eine Produktzusammensetzung beobachtet, die sich bei Erhöhung des Druckes durch Stickstoff-Zugabe bis auf 2 Atmosphären nicht änderte, also die primären Stabilisierungsprodukte des Äthyl-methyl-carbens repräsentierte (Gl. 20).

$$\begin{array}{l} 23.4\,\% \\ 38.6\,\% \\ 35.6\,\% \\ 2.4\,\% \end{array} \qquad \text{Gl. 20}$$

Der prozentuale Anteil der einzelnen Produkte unterscheidet sich erheblich von dem Ergebnis anderer Reaktionen, bei denen Äthyl-methyl-carben durchlaufen wird. Offensichtlich bedingt die überschüssige Schwingungs-energie des Carbens aus der Photoreaktion den andersartigen Verlauf, denn es werden eindeutig die thermodynamisch weniger stabilen Produkte bevorzugt: cis- und trans-Buten-2 treten in praktisch gleichen Mengen auf, während sonst das thermodynamisch stabilere trans-Buten überwiegt. Das Auftreten von erheblichen Mengen Buten-1 und 2.4 % Methyl-cyclo-propan weist in die gleiche Richtung.

Unterhalb 50 Torr treten Sekundärumwandlungen der schwingungs-angeregten Primärprodukte auf. Bei 4 Torr erhält man nur noch 1 % Methyl-cyclopropan, die Ausbeute an trans-Buten steigt auf 42 %, und es erscheinen kleine Mengen Isobuten.

e) Pentamethylen-diazirin

Die Photolyse des Pentamethylen-diazirins[63] liefert bei hohen Drucken überwiegend Cyclohexen und Stickstoff. Daneben erscheinen kleine Mengen des Bicyclohexans *39* (2.5 %) und Methylen-cyclopentan (0.4 %). Letzteres entsteht als stabiles Molekül, denn seine Ausbeute ist unabhängig vom Druck (Gl. 21).

[62] Frey, H. M., and I. D. R. Stevens: J. Amer. chem. Soc. **84**, 2647 (1962).
[63] Frey, H. M., and I. D. R. Stevens: J. chem. Soc. (London) **1964**, 4700.

$$\text{Gl. 21}$$

Dagegen entstehen Cyclohexen und Bicyclohexan (*39*) teilweise in angeregter Form. Bei niedrigen Drucken geht die Ausbeute an Bicyclohexan zurück; dafür beobachtet man etwas Methylcyclopenten (Gl. 22).

$$\text{Gl. 22}$$

Das angeregte Cyclohexen zersetzt sich bei niedrigem Druck zu Butadien und Äthylen (Gl. 23).

$$\text{Gl. 23}$$

Die Butadien-Ausbeute beträgt bei 10.2 Torr 8.3 %, bei 0.17 Torr 41.1 %, bei Extrapolation auf Null erhält man etwa 48 % Butadien. Die beim Druck Null noch auftretenden 52 % Cyclohexen hatten bei ihrer Entstehung also nicht die zur Weiterzersetzung nötige Überschußenergie.

Dagegen müssen die angeregten Cyclohexen-Moleküle erhebliche Überschußenergie besitzen, denn sie machen fast keinen Gebrauch von dem in der Aktivierungsenthalpie etwas günstigeren, aber entropiemäßig ungünstigeren Zerfall zu Cyclohexadien und Wasserstoff. Cyclohexadien tritt nur in geringer Menge auf.

f) Diazirin

Die Photolyse des Diazirins nimmt insofern eine Sonderstellung ein, als das gebildete Carben im Gegensatz zu allen bisherigen keine intramolekulare Stabilisierungsmöglichkeit hat. Nach Gleichung 24 gebildetes Carben muß daher bei Abwesenheit anderer Partner mit Diazirin reagieren (Gl. 25). Die Photolyse von reinem Diazirin in der Gasphase liefert als Hauptprodukte Äthylen und Stickstoff[57].

$$H_2C \overset{N}{\underset{N}{\parallel}} \xrightarrow{h\cdot\nu} H_2C: + N_2 \qquad\qquad Gl.\ 24$$

$$H_2C: + H_2C \overset{N}{\underset{N}{\parallel}} \longrightarrow H_2C=CH_2 + N_2 \qquad\qquad Gl.\ 25$$

Die beiden für den Grundkörper der Carbene charakteristischen Reaktionen[64], Cyclopropan-Bildung mit Olefinen und Einschiebung in C—H-Bindungen, wurden bei der Photolyse geeigneter Partner beobachtet. Mit überschüssigem trans-Buten bei ca. 500 Torr entstanden trans-1.2-Dimethyl-cyclopropan und die beiden Einschiebungsprodukte trans-Penten-2 und 2-Methyl-buten-2 (Gl. 26). Da cis-1.2-Dimethyl-cyclopropan nur in Spuren beobachtet wurde, verläuft die Cyclopropan-Bildung stereospezifisch. Das Methylen tritt also im Singulettzustand auf.

$$Gl.\ 26$$

Bei der Photolyse in Gegenwart überschüssigen Propans griff das Methylen sekundäre und primäre C—H-Bindungen im Verhältnis 1.51 zu 1 an, beim Butan im Verhältnis 1.63 zu 1. Die entsprechenden Werte bei der Photolyse linearen Diazomethans betragen 1.13 und 1.20[65]. Methylen aus Diazirin ist also selektiver als das aus Diazomethan. Es entspricht in seiner Selektivität dem Methylen, das bei der photolytischen Zersetzung von Keten erhalten wird und die sekundären und primären H-Atome des Propans im Verhältnis 1.47 zu 1 angreift.

Überraschenderweise ist Methylen aus Diazirin aber trotz seiner höheren Selektivität nicht energieärmer als Methylen aus Diazomethan. Der Energieinhalt läßt sich vergleichen, indem man Methylen verschiedener Herkunft mit Cyclobutan reagieren läßt. Es entsteht angeregtes Methyl-cyclobutan, dessen Zerfall unter Bildung von Propen mit der Desaktivierung durch Stoß konkurriert. Es zeigte sich, daß Methylen aus Diazirin und aus Diazomethan angeregtes Methylcyclobutan vergleichbarer Lebensdauer ergeben, Methylen aus Keten dagegen ein angeregtes Methyl-cyclobutan von längerer Lebensdauer. Es wird daher angenommen, daß Methylen aus Diazirin zwar die gleiche Translationsenergie hat wie das aus Keten, aber eine höhere Schwingungsenergie.

---

[64] Zusammenfassungen: KIRMSE, W.: Carbene Chemistry. New York-London: Academic Press 1964; HINE, J.: Divalent Carbon. New York: The Ronald Press Company 1964.
[65] FREY, H. M.: J. Amer. chem. Soc. **80**, 5005 (1958).

2. Umwandlung von Diazirinen in lineare Diazoverbindungen

Moore und Pimentel[66] bestrahlten Diazirin in einer Matrix von festem Stickstoff bei 20 °K und stellten anhand der IR-Absorption fest, daß Diazirin verschwindet und an seiner Stelle Diazomethan auftritt. Auch in einer Argon-Matrix bildete sich durch Belichtung von Diazirin Diazomethan. Experimente mit markiertem Stickstoff sollten zwischen den beiden möglichen Reaktionswegen, Öffnung einer Bindung des Dreirings (Gl. 27) oder Abspaltung und Wiederanlagerung von Stickstoff (Gl. 28), entscheiden.

$$H_2C \overset{N}{\underset{N}{\big|\big|}} \quad\nearrow\quad H_2C = \overset{\oplus}{N} = \overset{\ominus}{N} \qquad\qquad \text{Gl. 27}$$

$$\xrightarrow{-N_2}\quad H_2C: \xrightarrow{\;+N_2\;} H_2C = \overset{\oplus}{N} = \overset{\ominus}{N} \qquad\qquad \text{Gl. 28}$$

Da auch Diazomethan bei Belichtung in Stickstoff-Matrix seinen Stickstoff mit der Umgebung austauscht, mußten die Austauschversuche des Diazirins mit ^{15}N—^{15}N kinetisch verfolgt werden. Es ergab sich, daß die Diazomethan-Bildung aus Diazirin sich durch Abspaltung und Wiederanlagerung von Stickstoff nach Gleichung 28 vollzieht.

Schon vorher war es Amrich und Bell[67] gelungen, bei der Photolyse von Diazirin in der Gasphase eine teilweise Bildung von Diazomethan nachzuweisen. Mischungen von Diazirin (5—30 Torr) und Stickstoff (0—600 Torr) wurden mit Licht der Wellenlänge 3200 Å bestrahlt. Der Reaktionsverlauf wurde durch UV-Analyse und Gaschromatographie der Endprodukte verfolgt. Diazirin verschwand mit einer Quantenausbeute von 1.5 bis 2.5. Mit etwa einem Zehntel dieser Quantenausbeute entstand lineares Diazomethan, das durch seine starken Absorptionen bei 2135, 2175 und 2295 Å nachgewiesen wurde.

$$H_2C \overset{N^*}{\underset{N}{\big|\big|}} \longrightarrow H_2C = \overset{\oplus}{N} = \overset{\ominus}{N}{}^* \xrightarrow{\;M\;} H_2C = \overset{\oplus}{N} = \overset{\ominus}{N}$$

$$\searrow \qquad \swarrow$$

$$H_2C: + N_2 \qquad\qquad\qquad\qquad \text{Gl. 29}$$

Zur Deutung wurde angenommen, daß photoaktiviertes Diazirin entweder in Methylen und Stickstoff zerfallen oder sich in angeregtes Diazomethan umwandeln kann (Gl. 29). Letzteres kann entweder seine Überschußenergie an einen Stoßpartner abgeben oder seinerseits in Methylen und Stickstoff zerfallen. Die Möglichkeit einer Bildung von Diazomethan aus Methylen und Stickstoff wurde nicht in Betracht gezogen.

Für die stabilen Endprodukte, Methan, Äthan, Äthylen und Propylen, wurde eine Reaktion von Methylen mit Diazirin zu Methyl-diazirin ver-

[66] Moore, C. B., and G. C. Pimentel: J. Chem. Phys. 41, 3504 (1964).
[67] Amrich, M. J., and J. A. Bell: J. Amer. chem. Soc. 86, 292 (1964).

antwortlich gemacht, das zu Äthylen und Stickstoff oder unter Bildung
eines Methylradikals zerfallen kann (Gl. 30).

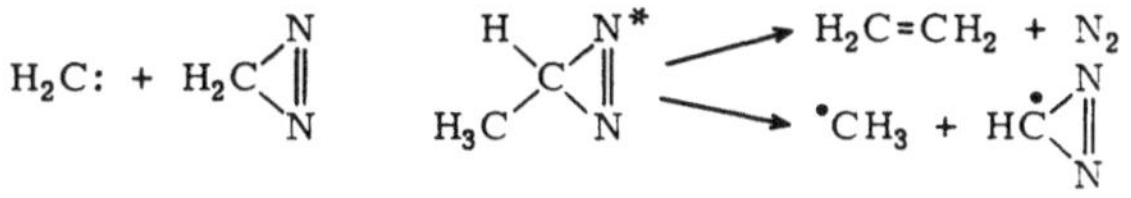

$$H_2C: + H_2C\diagup\!\!\!\diagdown\substack{N \\ \| \\ N} \quad\longrightarrow\quad \substack{H \\ H_3C}\diagdown C \diagup\!\!\!\diagdown\substack{N^* \\ \| \\ N} \quad\substack{\longrightarrow\; H_2C{=}CH_2 + N_2 \\[4pt] \longrightarrow\; {}^\bullet CH_3 + HC\diagup\!\!\!\diagdown\substack{N \\ \| \\ N}} \qquad \text{Gl. 30}$$

Auch bei der Photolyse des Pentamethylen-diazirins in flüssiger Phase
wurde eine Isomerisierung zur linearen Diazoverbindung (*40*) beobachtet[57, 68]. Neben den auch bei der Photolyse in der Gasphase beobachteten
Kohlenwasserstoffen entstand in 15- bis 20-prozentiger Ausbeute Cyclohexanon-azin (*41*); bei schnellem Arbeiten ließ sich IR-spektroskopisch lineares
Diazocyclohexan (*40*) nachweisen (Gl. 31). Es hatte unter den Versuchs-
bedingungen eine Lebensdauer von wenigen Minuten.

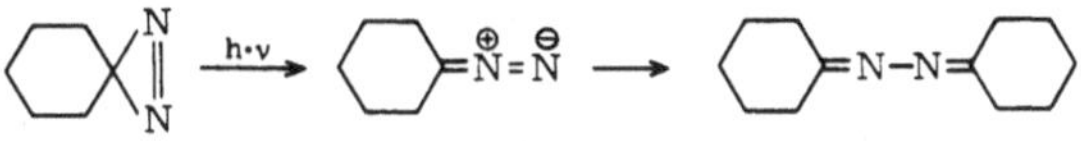

$$\text{Gl. 31}$$

40   41

3. Thermische Zersetzung der Diazirine

Eine der ersten Beobachtungen an der neu hergestellten Verbindungs-
klasse der Diazirine war der thermische Zerfall in Olefin und Stickstoff[8]
Pentamethylen-diazirin (*42*) zerfiel bei etwa 160 °C unter ausschließlicher
Bildung von Cyclohexen und Stickstoff (Gl. 32).

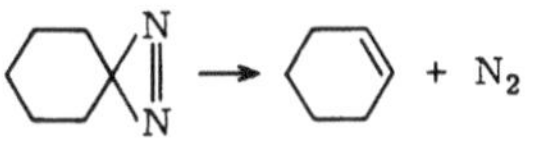

$$\text{Gl. 32}$$

42

Ein Primärzerfall zu Carbenen diente von Anfang an als Arbeitshypothese und wurde bald bestätigt. F REY und S TEVENS[62] zeigten, daß die Gasphasenzersetzung des Äthyl-methyl-diazirins (*43*) bei 160 °C qualitativ und
quantitativ die gleichen Produkte liefert (Gl. 33) wie der carbenoide Zerfall von in situ erzeugtem 2-Diazobutan (*44*) in aprotischen Lösungsmitteln (Gl. 34).

---

[68] F REY , H. M.: Vortrag auf dem Symposium für Photochemie, Straßburg 20.7. bis
24.7.1964, Ref. Angew. Chem. **77**, 48 (1965).

10*

N≡N (43) → 3.6 %   66.5 %   29.5 %   0.4 %   Gl. 33

(44) → 5 %   67 %   28 %   0.5 %   Gl. 34

Ein weiteres Beispiel ist die Bildung von Norcaran (*45*) und Cyclohepten im Verhältnis 18 : 82 bei der thermischen Zersetzung von Hexamethylen-diazirin (*46*)[69] und von in situ erzeugtem Hexamethylen-diazomethan (*47*)[70] (Gl. 35).

45   18 %

46   → + ←   47   Gl. 35

82 %

Während die Zersetzung linearer Diazoverbindungen sehr vom Lösungsmittel abhängt und schon in Alkoholen vom carbenoiden in einen kationoiden Reaktionstyp umschlägt[71], ist die Zersetzung der Diazirine vom Lösungsmittel unabhängig[69]. Zersetzung von Isopropyl-diazirin (*26*) in Nitrobenzol, Squalan oder Benzylalkohol lieferte Olefin und Cyclopropanderivat im gleichen Mengenverhältnis (Gl. 36)[69, 19]. Gleiches gilt für die Zersetzung von tert.-Butyl-diazirin (*27*).

i-Pr   26   → +   Gl. 36

49 %   51 %

t-Bu   27   → +   Gl. 37

36   8 %   35   92 %

[69] Schmitz, E., D. Habisch u. A. Stark: Angew. Chem. **75**, 723 (1963); Angew. Chem. intern. Ed. **2**, 548 (1963).

[70] Friedman, L., and H. Shechter: J. Amer. chem. Soc. **83**, 3159 (1961).

[71] Friedman, L., and H. Shechter: J. Amer. chem. Soc. **81**, 5512 (1959).

Für die Gasphasenzersetzung des tert.-Butyl-diazirins (27) fanden FREY und STEVENS[60] einen homogenen Zerfall 1. Ordnung. Das Verhältnis von 1.1-Dimethyl-cyclopropan (35) zu 2-Methyl-buten-2 (36) wurde zu 92 : 8 gefunden und entsprach aufs Prozent genau dem Ergebnis einer von FRIEDMAN und SHECHTER[71] durchgeführten Zersetzung, die über lineares tert.-Butyl-diazomethan verlief.

Eine vergleichende Untersuchung einer ganzen Reihe von Diazirinen hat kürzlich sichergestellt, daß die Thermolyse der Diazirine fast immer qualitativ und quantitativ das gleiche Ergebnis liefert wie die Thermolyse der Natriumsalze von Tosylhydrazonen[72], der auch von FRIEDMAN und SHECHTER[70, 71] verwendeten Vorstufe linearer Diazoverbindungen. Dagegen weicht das Ergebnis der Photolyse der Diazirine immer stark von dem der thermischen Zersetzungen ab. Die Untersuchung umfaßte neben einigen schon früher untersuchten Diazirinen Diäthyl-diazirin, Isopropyl-methyldiazirin, n-Butyl-diazirin und tert.-Butyl-methyl-diazirin. Abweichungen ergaben sich nur beim Natriumsalz des Isobutyraldehyd-tosylhydrazons, bei dessen Thermolyse möglicherweise ein polarer Prozeß beteiligt ist.

Eine ausführliche kinetische Untersuchung wurde am Dimethyl-diazirin durchgeführt[73]. Im Temperaturbereich von 124 bis 174 °C verlief die Zersetzung streng nach 1. Ordnung; sie war unabhängig von einer Vergrößerung der Oberfläche und lieferte als einzige Produkte Propen und Stickstoff. Die Reaktionsgeschwindigkeit folgte bei 4 Torr der Arrhenius-Gleichung

$$k = 10^{13.89} \cdot e^{\frac{-33\,165}{R \cdot T}} \quad \text{Sek.}^{-1}$$

Die Aktivierungsenergie beträgt nur ungefähr ein Drittel der bei der Photolyse durch Absorption eines Lichtquants der Wellenlänge 300 mμ aufgenommenen Energie. Die Primärprodukte der thermischen Zersetzung neigen daher nicht zum weiteren Zerfall.

Der exakte Zerfall nach 1. Ordnung ließ die Thermolyse des Dimethyl-diazirins geeignet erscheinen, sie in einer Spezialapparatur, die extrem langsame Reaktionen zu messen gestattet, bei niedrigen Temperaturen zu verfolgen[74]. Bei 50 °C wurde eine Geschwindigkeitskonstante 1. Ordnung von 5.593·10⁻⁹ gefunden, was einer Halbwertszeit von vier Jahren entspricht.

Da Diazirine oft wesentlich leichter darzustellen sind als die linearen Diazo-Aliphaten, steht auch für kompliziertere Moleküle eine definierte Carben-Vorstufe zur Verfügung. Beispielsweise kann das aus dem Keton leicht erhältliche Diazirin 48 bei 140 °C thermisch zersetzt werden. Die

---

[72] MANSOOR, A. M., and I. D. R. STEVENS: Tetrahedron Letters Nr. 16, 1733 (1966).
[73] FREY, H. M., and I. D. R. STEVENS: J. chem. Soc. (London) 1962, 3865.
[74] BOTTOMLEY, G. A., and G. L. NYBERG: Austr. J. Chem. 17, 406 (1964).

Stickstoffentwicklung ist nach fünf Minuten beendet. Aus dem fast quantitativ gebildeten Rohprodukt wurde die Δ^2-Verbindung in 35-prozentiger Ausbeute rein dargestellt (Gl. 38)[16].

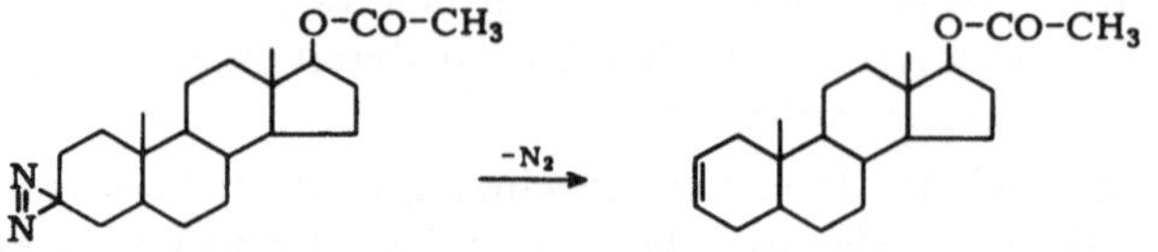

$$\text{Gl. 38}$$

Bei der thermischen Zersetzung von Hydroxy-diazirinen sind Hydroxy-carbene als Zwischenstufen plausibel. Sie sind auf anderen Wegen noch nicht durchlaufen worden. α-Hydroxy-pentamethylen-diazirin (*19*) spaltete beim Eintropfen in siedendes Nitrobenzol Stickstoff ab. Als Stabilisierungsprodukte des Carbens *49* wurden Cyclohexanon, Δ^2-Cyclohexenol und Cyclohexenoxid nachgewiesen[13] (Gl. 39).

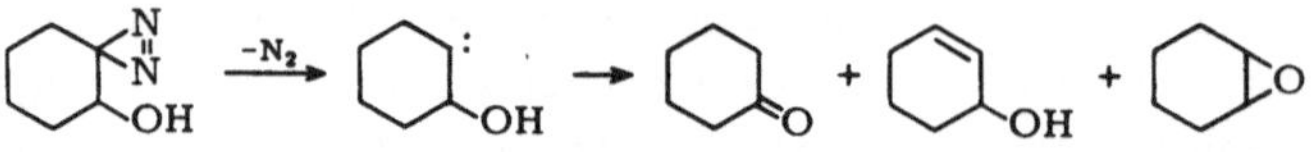

$$\text{Gl. 39}$$

Auch bei der Zersetzung des aus Acetoin hergestellten Diazirins war das Keton Hauptprodukt. Die ausschließliche Bildung von Propionaldehyd bei der Thermolyse des Hydroxymethyl-methyl-diazirins (*50*) (Gl. 40) zeigt, daß die Sauerstoff-Funktion ihren Platz behält[14].

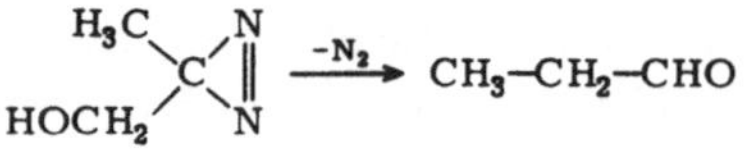

$$\text{Gl. 40}$$

Um Größenordnungen schneller als alle bisher behandelten Diazirine zersetzt sich das Keto-diazirin *23*. Bei Raumtemperatur liegt die Lebensdauer in der Größenordnung einer Stunde. An die Stickstoff-Abspaltung schließt sich eine WOLFFsche Umlagerung zum Tetramethylen-keten an. Zerfall in Gegenwart von Anilin führte zu Cyclopentancarbonsäure-anilid (Gl. 41). In Gegenwart von Ammoniak oder Äthanol wurden die entsprechenden Säurederivate erhalten[13, 14].

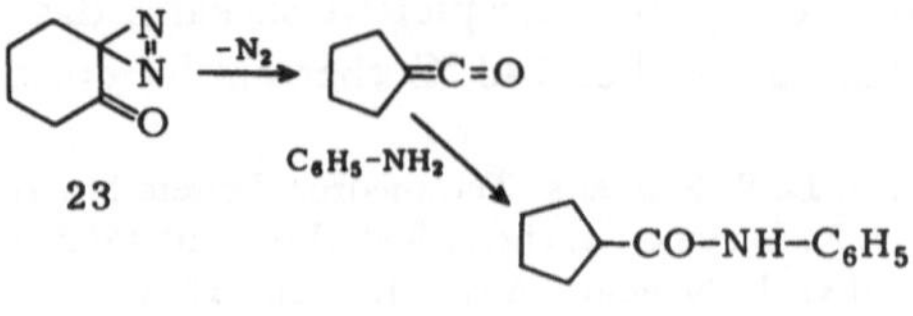

$$\text{Gl. 41}$$

IV. Umsetzungen der Diazirine

Bereits in den ersten Veröffentlichungen über Diazirine[6, 8] wurde auf ihre Isomerie mit den Diazoaliphaten hingewiesen. Die Untersuchung der Reaktionsfähigkeit der Diazirine erfolgte daher von Anfang an im Hinblick auf einen Vergleich mit den linearen Isomeren. Die außerordentliche Reaktionsträgheit der cyclischen Diazoverbindungen war verblüffend. Während Diazomethan insbesondere mit elektrophilen Partnern praktisch immer reagiert, fehlen diese Reaktionen bei den cyclischen Isomeren völlig. Erst nahezu konzentrierte Schwefelsäure greift die Diazirine an[75]. Diazirine mit zusätzlichen Substituenten sind zwar reaktionsfähiger; der elektrophile Angriff erfolgt dann aber nicht an der Diazirin-Gruppierung.

Auch gegen radikalischen Angriff scheinen Diazirine inert zu sein. Die bei der Photolyse von Dimethyl-diazirin in Sekundärreaktionen gebildeten Radikale greifen den Dreiring nicht an[61].

Verhältnismäßig groß ist dagegen die Tendenz der Diazirine zur Reaktion mit nucleophilen Reagentien. Mit Grignard-Verbindungen und metallorganischen Verbindungen erfolgte in allen untersuchten Fällen Addition an die N—N-Doppelbindung.

1. Reaktionen der Diazirine mit Säure

Die Einwirkung von Säuren auf einfache Diazirine ist bisher nur orientierend untersucht worden. Diazirin (7) wird durch konz. Schwefelsäure zersetzt[22]. tert.-Butyl-diazirin (27) zerfällt in Berührung mit 90-proz. Schwefelsäure, Pentamethylen-diazirin (42) mit 80-proz. Säure[75].

7   27   42

Die Diazirine sind offenbar so schwach basisch, daß sie sich nicht einmal mit Schwefelsäure der angeführten Konzentrationen mischen. Der geringe, jeweils protonierte Anteil muß sich daher schnell zersetzen. Der Substituenteneffekt der 3-ständigen Alkyl-Gruppen deutet auf eine Ringöffnung des protonierten Diazirins nach Art einer Acetal-Spaltung (Gl. 42).

Gl. 42

---

[75] SCHMITZ, E.: Angew. Chem. 76, 197 (1964); Angew. Chem. intern. ed. 3, 333 (1964).

Der weitere Reaktionsverlauf zu den stabilen Endprodukten ist noch unklar. Im Falle des Pentamethylen-diazirins (*42*) bilden sich 0.15 Mol Hydrazin, während die Hauptmenge des Stickstoffs in molekularer Form freigesetzt wird. Daneben treten Cyclohexanon und Cyclohexanol auf[19].

Sowohl die Basizität der Diazirin-Gruppierung als auch die Tendenz zur Kationbildung am Kohlenstoff sollten durch Einführung elektronenanziehender Substituenten abnehmen. Es zeigte sich aber, daß hydroxylsubstituierte Diazirine deutlich leichter mit Säure reagieren als die unsubstituierten Diazirine. α-Hydroxy-pentamethylen-diazirin (*19*) wird schon durch 50-prozentige Schwefelsäure schnell zersetzt, bei 90 °C bewirkt schon 2n-Schwefelsäure schnelle Spaltung in Cyclohexanon und Stickstoff (Gl. 43). Hydrazin tritt nicht auf[13].

Dieser zunächst unerwartete Befund läßt sich deuten, wenn man annimmt, daß ein am Sauerstoff protoniertes Diazirin (*51*) Zwischenstufe ist, was wegen der Basizität von Alkoholen zu erwarten ist[76]. Austritt von Wasser und Öffnung des Dreiringes führen zum α.β-ungesättigten Diazonium-Ion *52*, das seinen Stickstoff gegen Wasser austauscht und Cyclohexanon ergibt (Gl. 43)[14].

$$\text{51} \quad \longrightarrow \quad \text{52} \quad \xrightarrow{\;H_2O\;} \quad \text{Cyclohexanon} \qquad \text{Gl. 43}$$

Eine Konsequenz des in Gleichung 43 vorgeschlagenen Reaktionsmechanismus ist der Platzwechsel der Sauerstoff-Funktion. Er ist bei der Bildung von Cyclohexanon nicht zu erkennen. Auch die Bildung von Butanon aus dem Diazirin *53* läßt noch keine Entscheidung über den Mechanismus zu (Gl. 44).

$$\begin{array}{c} H_3C \\ CH_3-CHOH \end{array}\!\!\!\!\!\!\bigg\rangle C \Big\langle\!\!\!\begin{array}{c} N \\ \| \\ N \end{array} \quad \xrightarrow{\;H^{\oplus}\;} \quad CH_3-CO-CH_2-CH_3 \qquad \text{Gl. 44}$$

$$53$$

Dagegen zeigt die ausschließliche Bildung von Aceton aus dem Diazirin *50* den vorausgesagten Platzwechsel des Sauerstoffs, was den angenommenen Zersetzungsmechanismus über eine O-Protonierung stützt[14] (Gl. 45).

---

[76] Beispielsweise ist Methanol in 34-proz. Schwefelsäure zur Hälfte protoniert, ARNETT, E. M. In: Progress in Phys. Org. Chemistry, vol. 1, p. 325. New York: Interscience Publishers 1963.

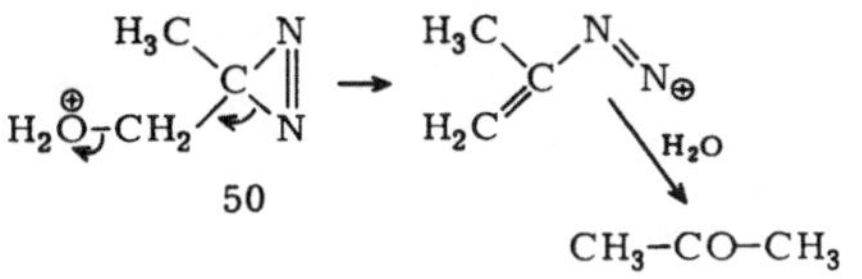

$$\text{Gl. 45}$$

In einem anderen Fall bleibt das aufgenommene Proton sogar im Molekül. Methyl-vinyl-diazirin (*22*) gibt bei der Zersetzung mit 70-prozentiger Schwefelsäure in glatter Reaktion Butanon (Gl. 46)[14]. Die Hydrierung der Doppelbindung wäre mit einer N-Protonierung nicht zu vereinen. Sie wird aber verständlich, wenn man die Reaktion mit einer Protonierung am Kettenende (*54*) beginnen läßt. Ausbildung einer positiven Ladung an einem dem Dreiring benachbarten C-Atom führt offenbar wieder zum sofortigen Zerfall des Dreiringes.

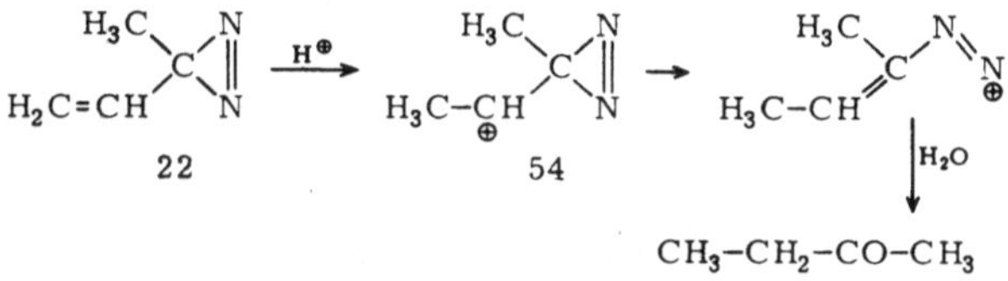

$$\text{Gl. 46}$$

Beim α-Keto-pentamethylen-diazirin (*23*) ist die Säureempfindlichkeit ins Extreme gesteigert und der Empfindlichkeit linearer Diazoverbindungen vergleichbar. Schon bei Raumtemperatur erfolgt mit n/10-Schwefelsäure schnelle Zersetzung. In etwa gleicher Menge entstehen Cyclopentancarbonsäure (*55*) und 2-Methylen-cyclopentanon (*56*) (Gl. 47)[13].

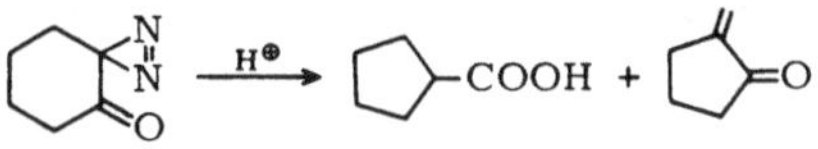

$$\text{Gl. 47}$$

Ein plausibler Mechanismus beginnt mit einer Protonierung am Sauerstoff. Das Auftreten einer positiven Ladung resultiert in sofortiger Ringöffnung zum ungesättigten Diazonium-Ion *57* (Gl. 48). An eine Stickstoff-Abspaltung aus *57* lassen sich zwei 1.2-Verschiebungen von C—C-Bindungen anschließen, die zu den Kationen *58* und *59* führen. *58* ist das O-Protonierungsprodukt des 2-Methylen-cyclopentanons, das durch Allylmesomerie stabilisiert ist. Es erscheint daher in seiner Stabilität dem zweiten Ringverengungsprodukt *59* vergleichbar, einem protonierten Keten.

$$\text{Gl. 48}$$

Die Reaktion verläuft sicher nicht über ein Keto-diazonium-Ion. Das zu *57* isomere Keto-diazonium-Ion *61* stabilisiert sich nämlich ganz anders. Die Zersetzung des linearen 2-Diazo-cyclohexanons (*60*) mit Säure führt unter vergleichbaren Bedingungen ausschließlich zum 2-Hydroxy-cyclohexanon (*62*, Gl. 49)[14].

$$\text{Gl. 49}$$

2. Ringerweiterungen

Bei allen im letzten Abschnitt beschriebenen Reaktionen wurde eine stufenweise Ablösung des Stickstoffs der Diazirin-Gruppierung angenommen; Lösung einer C—N-Bindung des Dreiringes gab eine Zwischenstufe, deren C—N-Bindung sich in einer Folgereaktion löste. Es sind nun einige Reaktionen bekannt, bei denen aus Diazirinen stabile Produkte entstehen, die noch eine der ursprünglichen C—N-Bindungen enthalten.

Bei der Umsetzung des cyclischen Diazoketons *23* mit Hydrazinen bilden sich sehr stabile Produkte, die den Stickstoff der Diazo-Gruppierung noch enthalten. Mit Phenylhydrazin wurde das Triazol-Derivat *63* erhalten[13] (Gl. 50).

$$\text{Gl. 50}$$

Entsprechend reagierten Hydrazin, Tosylhydrazin oder Benzolsulfonylhydrazin (Gl. 51). Die Ausbeuten lagen, wenn bei 0 °C gearbeitet wurde, zwischen 30 und 50 %. Bei Raumtemperatur überwog bereits die Stickstoffabspaltung aus dem Diazirin, der sich die WOLFFsche Umlagerung anschloß. Es entstanden die jeweiligen Hydrazide der Cyclopentan-carbonsäure (*64*).

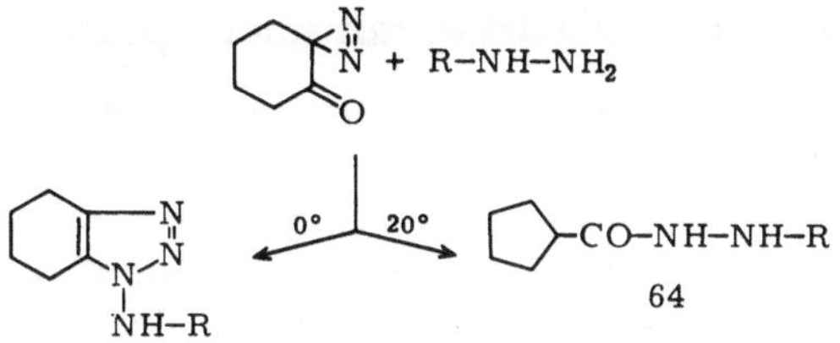

Gl. 51

Der Bildungsweg der Triazol-Derivate ist noch nicht geklärt. Es ist aber interessant, daß die gleichen Triazole gebildet werden, wenn man in Nachbarschaft zu einer C—N-Doppelbindung eine lineare Diazo-Gruppierung erzeugt[77]. Vielleicht isomerisiert sich das Diazirin nach Kondensation mit dem Hydrazin zum linearen Isomeren (Gl. 52).

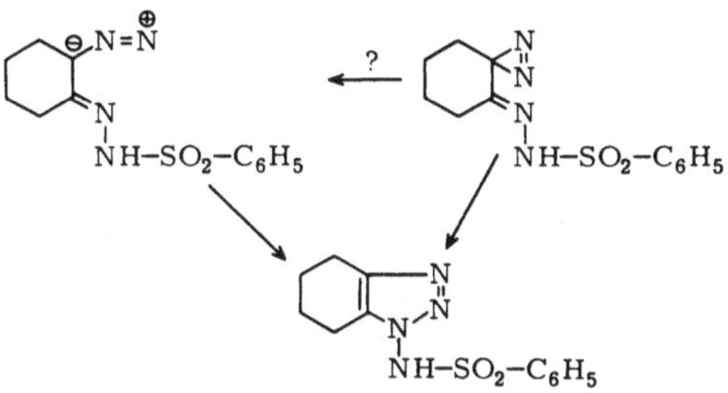

Gl. 52

Der nur in Lösung erhaltene Diazoaldehyd *25* ließ sich charakterisieren, indem er mit Phenylhydrazin in ein Triazol-Derivat übergeführt wurde (Gl. 53)[14]. In 27-prozentiger Ausbeute entstand kristallines *65*.

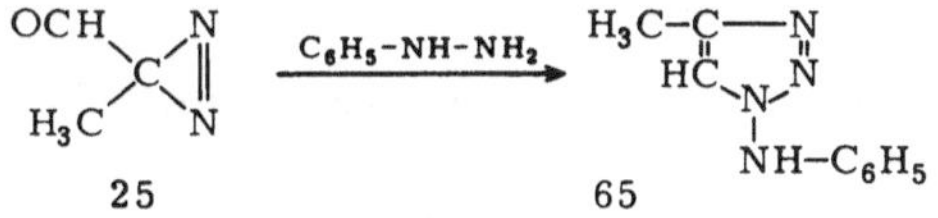

Gl. 53

Eine ähnliche Ringerweiterung erleidet Methyl-vinyl-diazirin *22*. Durch kurzes Erhitzen in Squalan oder durch zweiwöchiges Aufbewahren in Äthanol bei 0 °C bildet sich in über 90-proz. Ausbeute das isomere 3-Methyl-pyrazol (Gl. 54)[14].

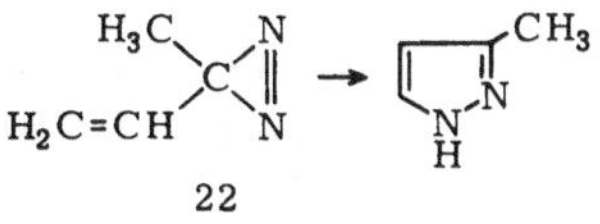

Gl. 54

---

[77] BAMFORD, W. R., and T. S. STEVENS: J. chem. Soc. (London) **1952**, 4735; WITTIG, G., u. A. KREBS: Chem. Ber. **94**, 3260 (1961).

3. Reaktionen der Diazirine mit nucleophilen Partnern

Im Gegensatz zu ihrer Reaktionsträgheit gegenüber elektrophilen Partnern reagieren Diazirine leicht mit nucleophilen Partnern wie Grignard-Verbindungen oder metallorganischen Verbindungen. Schon in den ersten Veröffentlichungen über Diazirine wurde die Addition von *Grignard-Reagenz* zum Strukturbeweis herangezogen[8,18]. Beispielsweise addierte sich Cyclohexyl-magnesiumbromid schon bei 0° in guter Ausbeute an die N—N-Doppelbindung des Pentamethylen-diazirins. Das gebildete 1-Cyclohexyl-3.3-pentamethylen-diaziridin (*66*, Gl. 55) war identisch mit einem aus Cyclohexyliden-cyclohexylamin (*67*) und Chloramin hergestellten Diaziridin.

$$\text{(42)} \xrightarrow{\ C_6H_{11}-MgBr\ } \text{(66)} \xleftarrow{\ NH_2Cl\ } \text{(67)} \qquad \text{Gl. 55}$$

Durch analoge Umsetzungen ließen sich auch die aus Aldehyden gewonnenen Alkyl-diazirine (*6*) in 1-Alkyl-diaziridine (*68*) überführen, die mit den Reaktionsprodukten aus SCHIFFschen Basen und Chloramin identisch waren (Gl. 56).

$$\text{(6)} \xrightarrow{\ R'-MgBr\ } \text{(68)} \xleftarrow{\ NH_2Cl\ } \qquad \text{Gl. 56}$$

Auch die Struktur des Cyclo-diazomethans wurde durch die Grignard-Reaktion bewiesen[18].

Noch exakter ließ sich der Beweis für die Dreiringstruktur der Diazirine gestalten, indem mit einem Diazirin gearbeitet wurde, das ein markiertes N-Atom enthielt. Der durch die Grignard-Reaktion eingeführte Alkylrest befand sich an einem Stickstoff-Atom, das genau die Hälfte der ursprünglichen Markierung enthielt. Das Diazirin besaß also zwei chemisch gleichwertige Stickstoff-Atome, was nur mit der Dreiringformel zu erklären war[78,79].

Die Reaktion von Diazirinen mit Grignard-Reagenz gelang in allen untersuchten Fällen, so daß sie als Test auf das Vorliegen einer Diazirin-Gruppierung dienen konnte, beispielsweise bei dem Keto-diazirin *23*[13] oder den hydroxyl-substituierten Diazirinen. Auch in Substanzgemischen

[78] SCHMITZ, E., u. R. OHME: Kernenergie 5, 357 (1962).
[79] SCHMITZ, E., R. OHME u. R.-D. SCHMIDT: Chem. Ber. 95, 2714 (1962).

läßt sich leicht erkennen, ob sie Diazirine enthalten, da nach Zusatz von Grignard-Reagenz das für Diaziridine charakteristische Oxydationsvermögen gegenüber Jodid auftritt.

Die Grignardreaktion diente zunächst nur der Charakterisierung und Struktursicherung der Diazirine. Sie verlief aber in den meisten Fällen so glatt, daß sie als Syntheseverfahren sonst schlecht zugänglicher Diaziridine angewendet werden konnte. Beispielsweise sind die vom Formaldehyd abgeleiteten 1-Alkyl-diaziridine durch direkten Ringschluß kaum zugänglich; sie entstehen aber leicht aus Diazirin und Grignard-Verbindung[80].

Schließlich ist die Anlagerung von Alkyl-Grignard-Verbindungen an Diazirine auch als Synthese für Alkylhydrazine attraktiv, da die gebildeten 1-Alkyl-diaziridine leicht zu Alkylhydrazinen hydrolysiert werden können. In der Regel wurde vom Pentamethylen-diazirin ausgegangen, das besonders einfach zugänglich ist[11]. Das Diazirin wird nicht isoliert, so daß die Gefährlichkeit unverdünnter Diazirine ihre Verwendung nicht beeinträchtigt. Die Anlagerung von Grignard-Reagenz verlief oft fast quantitativ (Beispiele 9—11, Tab. 10). Die Hydrolyse zu Alkylhydrazinen (Gl. 57) ist wegen der Dialkylsubstitution am C-Atom des Diaziridins nicht durch Nebenreaktionen gefährdet.

$$\text{(Ringformel)} \quad \xrightarrow{\text{R-MgX}} \quad \text{(Ringformel)} \quad \xrightarrow{\text{H}^{\oplus}} \quad \text{R-NH-NH}_2 \qquad \text{Gl. 57}$$

Tabelle 10. *Anlagerung von Grignard-Verbindungen an Diazirine zu 1-Alkyl-diaziridinen*

Nr.	Diazirin	Alkyl d. Grignard-Verb.	Ausb. %	Lit.
1.	Diazirin	Cyclohexyl	50 *	[18]
2.	Diazirin	tert.-Butyl	29 *	[80]
3.	Diazirin	Benzyl	30 *	[80]
4.	Methyl	Äthyl	69	[18]
5.	n-Propyl	tert.-Butyl	78 *	[81]
6.	n-Propyl	Cyclohexyl	55 *	[18]
7.	Di-n-propyl	Cyclohexyl	62	[8]
8.	Pentamethylen	Cyclohexyl	86	[8]
9.	Pentamethylen	n-Propyl	88 **	[82]
10.	Pentamethylen	Isopropyl	95 **	[82]
11.	Pentamethylen	Benzyl	85 **	[82]
12.	Benzyl-methyl	Propargyl	60	[9]

* Das Diazirin wurde nicht isoliert; die Ausbeute ist auf die Vorstufe der Diazirin-Herstellung berechnet.

** Das 1-Alkyl-diaziridin wurde nicht isoliert; die Ausbeuteangabe bezieht sich auf isoliertes Alkylhydrazin.

[80] OHME, R., E. SCHMITZ u. P. DOLGE: Chem. Ber., 99, 2104 (1966).
[81] SCHMITZ, E., u. K. SCHINKOWSKI: Chem. Ber. 97, 49 (1964).
[82] SCHMITZ, E., u. R. OHME: Angew. Chem. 73, 220 (1961).

Ebenfalls durch Grignard-Addition an Pentamethylen-diazirin wurde das einzige bisher bekannte 1-Aryl-diaziridin (*69*) hergestellt. *69* wurde nicht isoliert, aber durch das Oxydationsvermögen, die Hydrolyse zu Phenylhydrazin und durch Überführung in Tetrahydro-carbazol einwandfrei nachgewiesen (Gl. 58)[8].

$$\text{(Tetrahydrocarbazol)} \leftarrow \underset{69}{\text{(Diaziridin)}} \rightarrow C_6H_5\text{-}NH\text{-}NH_2 \qquad \text{Gl. 58}$$

Orientierende Versuche zeigten, daß auch *andere metallorganische Verbindungen* an Diazirine angelagert werden können[83]. Pentamethylen-diazirin reagiert mit Phenyl-lithium oder Butyl-lithium in 57- beziehungsweise 75-proz. Ausbeute zu Diaziridinen. Auch Äthyl-zinkjodid läßt sich anlagern.

Durch Anlagerung an die Doppelbindung erfolgen auch Reduktionen der Diazirine. Diese Reaktionen sind noch nicht genauer untersucht worden, haben aber eine große Rolle bei der Sicherung der Dreiringstruktur gespielt. PAULSEN beobachtete, daß Diazirine mit Alkalimetallen in Diaziridine übergehen[6]. Aus Pentamethylen-diazirin wurde durch vorsichtige Reduktion mit Natriumamalgam oder katalytisch erregtem Wasserstoff in mäßigen Ausbeuten 3.3-Pentamethylen-diaziridin erhalten (Gl. 59)[8].

$$\underset{N}{\overset{N}{\text{(Diazirin)}}} \xrightarrow{\text{NaHg}} \underset{NH}{\overset{NH}{\text{(Diaziridin)}}} \qquad \text{Gl. 59}$$

Unter den angewendeten Reaktionsbedingungen kam es jedoch leicht zur Weiterreduktion, in der Regel zu je einem Mol Ammoniak und Amin. Energische Reduktion mit Natrium und Alkohol ist ein gutes Indiz auf das Vorliegen von Diazirinen, da aus nichtbasischen Verbindungen starke Basen entstehen.

Die Untersuchung der Reaktionen der Diazirine hat eine von THIELE 1911 geäußerte Ansicht bestätigt. In der Diskussion, ob dem Diazomethan eine lineare oder cyclische Struktur zuzuschreiben ist, hatte THIELE darauf hingewiesen[3], daß alle damals bekannten Reaktionen des Diazomethans eine neue Bindung zum Kohlenstoff herstellten, während für ein cyclisches Diazomethan eher mit Anlagerungen an die N—N-Doppelbindung zu rechnen wäre. Sowohl die Abneigung der cyclischen Diazoverbindungen, die für Diazomethan typischen Reaktionen einzugehen, als auch die Anlagerung an die Doppelbindung eines cyclischen Diazomethans sind bei der Untersuchung der Diazirine klar zutage getreten.

---

[83] SCHMITZ, E., u. R. OHME: Dtsch. Bundes-Pat. 1134083 (14.2.1961/2.8.1962).

V. Reaktionen der Halogen-diazirine
1. Difluor-diazirin

In der Gruppe der Halogen-diazirine ist besonders das Difluor-diazirin
(*16*) von R. A. MITSCH und Mitarbeitern untersucht worden. Die *Explo-
sionsneigung* und die geringe Reaktivität von *16* entsprechen den Eigenschaften der halogenfreien Diazirine. Difluor-diazirin (*16*) ist gegen starke
Säuren unempfindlich[30]; aus einer Lösung in Trifluoressigsäure wurde es
nach Monaten unverändert zurückgewonnen. Glas wird von *16* nicht angegriffen. Unter geeigneten Vorsichtsmaßregeln konnte es unterhalb seines
Siedepunktes (—91.3 °C) und im Temperaturbereich bis 200 °C gehandhabt
werden. Etwa ab 140 °C erreicht die thermische Zersetzung Geschwindig-
keiten, die eine vollständige Reaktion innerhalb einiger Stunden ermöglichen.

Bei dreistündigem Erhitzen auf 165—180 °C bildeten sich Hexafluor-cy-
clopropan (*70*), Tetrafluor-äthylen und Perfluor-2.3-diaza-butadien-1.3 (*71*,
Gl. 60) neben Stickstoff.

$$
\underset{16}{\text{F}_2\text{C}\diagdown\overset{\text{N}}{\underset{\text{N}}{\diagup}}}
\quad\xrightarrow{\;165-180\,°C\;}\quad
\underset{70}{\text{F}_2\text{C}\diagup\diagdown\overset{\text{CF}_2}{\underset{\text{CF}_2}{|}}}
\qquad
\underset{71}{\begin{array}{c}\text{F}_2\text{C}=\text{CF}_2\\[2pt]\text{F}_2\text{C}=\text{N}-\text{N}=\text{CF}_2\end{array}}
\qquad\text{Gl. 60}
$$

Photolytische Stickstoff-Abspaltung bei Raumtemperatur führte dagegen quantitativ zu Tetrafluor-äthylen und Stickstoff (Gl. 61).

$$
16 \quad\xrightarrow{\;h\cdot\nu\;}\quad \text{F}_2\text{C} = \text{CF}_2 + \text{N}_2 \qquad\qquad \text{Gl. 61}
$$

Beide Reaktionen verlaufen über Difluorcarben, wie eine ganze Reihe
von Folgereaktionen zeigten. Mehrere dieser Reaktionen sind präparativ
interessant, da sie zu Verbindungen führen, die auf anderen Wegen nicht
zugänglich sind.

Die Zersetzung des Difluor-diazirins wurde entweder thermisch in der
Gasphase vorgenommen oder bei Raumtemperatur durch Bestrahlung mit
UV-Licht des Bereiches 3000—4000 Å. Photolysiert wurde entweder
in der Gasphase oder in Lösung, wobei ein Überschuß des Reaktionspartners oder ein gegen Difluorcarben resistentes Lösungsmittel wie Methylenchlorid oder Chloroform verwendet wurde. Wegen der Flüchtigkeit der
Reaktionsprodukte wurde immer durch fraktionierte Kondensation auf-
gearbeitet, der sich die präparative Gaschromatographie anschloß. Bei
unvollständig verlaufenden Reaktionen beobachtete man als Nebenprodukte die nach den Gleichungen 60 und 61 gebildeten Zersetzungspro-
dukte von *16*.

Besonders eingehend wurde die Bildung von *Cyclopropan-Derivaten* aus
Difluorcarben und Olefinen untersucht. Difluorcarben ist ein besonders
günstiges Reagenz zur Synthese von Cyclopropan-Derivaten, da es sich im

Gegensatz zum Methylen nicht in C—H-Bindungen einschiebt. Gleichung 61 läßt bereits erkennen, daß bei Raumtemperatur nur eine geringe Tendenz zur Cyclopropan-Bildung besteht. Die thermische Zersetzung des Difluor-diazirins gab daher durchweg bessere Ausbeuten an Cyclopropanen. Beispielsweise werden aus Perfluor-propen und Difluor-diazirin durch Photolyse bei Raumtemperatur nur 4 % Perfluor-methylcyclopropan (72) erhalten, durch thermische Zersetzung 30 % (Gl. 62)[84].

$$F_3C{-}CF{=}CF_2 \;+\; F_2CN_2 \;\xrightarrow{-N_2}\; F_3C{-}FC\!\!\underset{CF_2}{\overset{CF_2}{\diagdown\!\!\diagup}}\!\! \qquad\qquad \text{Gl. 62}$$

$$72$$

Auch die bei der Photolyse von Difluor-diazirin in Gegenwart von 1.1-Dichlor-2.2-difluor-äthylen erzielte Ausbeute an Cyclopropan-Derivat (30 %) ist geringer als die nach Gleichung 63 thermisch erzielten Ausbeuten (65—85 %)[84].

$$F_2C{=}CFX \;+\; F_2CN_2 \;\xrightarrow{150-160\,^{\circ}C}\; \underset{X}{\overset{F}{\diagdown}}C\!\!\underset{CF_2}{\overset{CF_2}{\diagdown\!\!\diagup}}$$

X = H:	65 %
X = Cl:	85 %
X = CN:	66 %
X = OCH$_3$:	72 %

Gl. 63

Nach dem thermischen Verfahren wurde Difluorcarben auch an zwei fluorierte Diene angelagert[85]. Perfluor-pentadien-1.4 (73) ergab in 34-proz. Ausbeute Perfluor-allyl-cyclopropan (74, Gl. 64), Perfluor-butadien-1.3 (75) in 58-prozentiger Ausbeute Perfluor-vinylcyclopropan (76, Gl. 65).

$$\text{(73)} \;\xrightarrow[140^{\circ}]{F_2CN_2}\; \text{(74)} \qquad\qquad \text{Gl. 64}$$

$$\text{(75)} \;\xrightarrow{F_2CN_2}\; \text{(76)} \qquad\qquad \text{Gl. 65}$$

Butadien bildete mit Difluor-diazirin thermisch ein Monoaddukt (77), das sich in mäßiger Ausbeute in das Bisaddukt 78 überführen ließ (Gl. 66)[86].

[84] MITSCH, R. A.: J. Heterocyclic Chem. 1, 271 (1964).
[85] MITSCH, R. A., and E. W. NEUVAR: J. Phys. Chem., 70, 546 (1966).

$$\text{Gl. 66}$$

77   78

Ein Olefingemisch, das gleiche Teile cis- und trans-1.2-Dichlor-difluor-äthylen enthielt, reagierte mit thermisch erzeugtem Difluorcarben in 47-proz. Ausbeute zu einem ebenfalls äquimolaren Gemisch der cis-trans-isomeren 1.2-Dichlor-tetrafluor-cyclopropane[84]. Diese Stereospezifität wurde in allen untersuchten Fällen festgestellt, sowohl bei thermisch als auch bei photolytisch erzeugtem Difluor-carben: cis-Buten gab nach beiden Verfahren ausschließlich ein Difluor-cyclopropan mit cis-ständigen Methylgruppen, trans-Buten gab nur die entsprechende trans-Verbindung. Diese Standardtechnik der Carben-Chemie[87] erlaubte es, dem Difluor-carben einen Singulettzustand zuzuschreiben.

Da bei den Cyclopropan-Synthesen auch in Gegenwart eines hohen Olefin-Überschusses Tetrafluor-äthylen als Nebenprodukt auftrat, wurde weiterhin gefolgert, daß einer erfolgreichen Reaktion viele wirkungslose Molekülstöße des Difluor-carbens vorausgehen. Der bei den Reaktionen beobachtete Singulettzustand ist daher als Grundzustand des Difluor-carbens anzusehen[86].

Die gegenüber anderen Carbenen stark herabgesetzte Reaktivität des Difluor-carbens ist auch daran zu erkennen, daß es eine erhebliche Selektivität aufweist. In Konkurrenzversuchen erfolgte die Anlagerung an Isobutylen 12.8 mal schneller als an cis-Buten. Für die gleichen Olefine wurde bei der Dichlor-cyclopropan-Bildung ein Verhältnis von 5.2 gefunden[88], für die Chlorcyclopropan-Bildung ein Verhältnis von 1.1[89].

In weiteren Untersuchungen wurde der Carbenchemie ein neues Feld eröffnet, da im Difluor-diazirin eine Vorstufe zur Verfügung steht, die selbst chemisch weitgehend inert ist. So ließen sich Umsetzungen mit ausgesprochen reaktionsfähigen Partnern durchführen, die bei der Mehrzahl der bekannten Bildungsweisen von Carbenen schon die Vorstufe angreifen würden. Beispielsweise ließ sich die Umsetzung des photolytisch in der Gasphase erzeugten Difluorcarbens mit Chlor studieren[90]. Sie führte erwartungsgemäß zum Dichlor-difluormethan (79, Gl. 67).

$$\mathrm{F_2CN_2} \xrightarrow{-N_2} \mathrm{F_2C:} \xrightarrow[90-95\%]{Cl_2} \mathrm{F_2CCl_2} \qquad \text{Gl. 67}$$

79

[86] MITSCH, R. A.: J. Amer. chem. Soc. **87**, 758 (1965).

[87] SKELL, P. S., and A. Y. GARNER: J. Amer. chem. Soc. **78**, 5430 (1956).

[88] VON E. DOERING, W., and W. A. HENDERSON JR.: J. Amer. chem. Soc. **80**, 5274 (1958).

[89] CLOSS, G. L., and G. M. SCHWARTZ: J. Amer. chem. Soc. **82**, 5729 (1960).

[90] MITSCH, R. A.: J. Heterocyclic Chem. **1**, 233 (1964).

Sehr viel träger erfolgte die Reaktion des Difluorcarbens mit Distickstoff-tetroxid. Es addierte sich in 24-prozentiger Ausbeute zum Difluordinitromethan (*80*). Hauptprodukt war Tetrafluor-äthylen.

$$F_2C(NO_2)_2 \qquad\qquad F_2CCl-NO_2 \qquad\qquad F_2CJ_2$$
$$80 \qquad\qquad\qquad 81 \qquad\qquad\qquad 82$$

Photolyse des Difluor-diazirins in Gegenwart von Nitrylchlorid führte in mäßiger Ausbeute zu Chlor-difluor-nitromethan (*81*). Die Ausbeute betrug 15 %; Hauptprodukt war Dichlor-difluormethan (*79*, Ausb. 80 %). Daneben traten 1—2 % der Dinitro-Verbindung *80* auf.

Jod wurde in 21-prozentiger Ausbeute an Difluorcarben addiert. Das gebildete *82* wurde von geringen Mengen 1.2-Dijod-tetrafluoräthan begleitet.

Auch für eine weitere Gruppe von Reaktionspartnern eignet sich Difluordiazirin besonders gut als Carben-Quelle. Es läßt sich photolytisch mit Carbonsäuren, Sulfonsäuren und Alkoholen zu Produkten umsetzen, die unter den milden Bedingungen der Photolyse keine weiteren Reaktionen eingehen.

Difluor-diazirin, das in Trifluor-essigsäure monatelang unverändert bleibt, reagiert bei Belichtung über Difluorcarben zum Difluormethylester der Säure (*84*, Gl. 68)[91]. Die Ausbeute beträgt 75 %, bei der Gewinnung des entsprechenden Esters der perfluorierten Buttersäure (*83*) 50 %.

$$C_3F_7-CO-OCHF_2 \qquad CF_2 + CF_3-COOH \longrightarrow CF_3-CO-OCHF_2$$
$$83 \qquad\qquad\qquad\qquad\qquad\qquad 84 \qquad\qquad Gl.\ 68$$

Mit Hilfe des Difluor-diazirins gelangt man also leicht in eine Verbindungsklasse, aus der vorher nur ein Vertreter bekannt war[92]. Entsprechend wurden in weiteren Versuchen die Difluormethyl-ester der Valeriansäure und der Benzoesäure gewonnen.

Durch Belichten von Difluor-diazirin in Trifluormethan-sulfonsäure entstand in 71-proz. Ausbeute der Difluormethyl-ester der Sulfonsäure (*85*, Gl. 69).

$$CF_3-SO_2-OH \xrightarrow{\;F_2CN_2;h\cdot\nu\;} CF_3-SO_2-OCHF_2 \qquad Gl.\ 69$$
$$85$$

Auch mit Alkoholen reagierte photolytisch erzeugtes Difluorcarben. Durch Belichtung einer gasförmigen Mischung von Methanol oder Isopropanol und Difluor-diazirin bildeten sich die Difluormethyl-äther in 69- beziehungsweise 83-proz. Ausbeute (Gl. 70).

$$CF_3-CH_2-OCHF_2 \qquad CH_3OH \xrightarrow{\;F_2CN_2;h\cdot\nu\;} CH_3-OCHF_2 \qquad Gl.\ 70$$
$$86 \qquad\qquad\qquad\qquad\qquad\qquad 87$$

[91] Mitsch, R. A., and J. E. Robertson: J. Heterocyclic Chem. **2**, 152 (1965).
[92] Yarovenko, N. N., M. A. Raksha, V. N. Shemanina u. A. S. Vasilyeva: J. allg. Chem. USSR **27**, 2305 (1957).

Trifluor-äthanol, in dem sich Difluor-diazirin löst, wurde in flüssiger Phase in den Difluormethyl-äther (*86*) übergeführt. In einem Konkurrenzversuch mit einer Mischung von Methanol und Trifluor-äthanol reagierte jedoch nur das Methanol.

Damit führen die Reaktionen des Difluorcarbens in eine Verbindungsklasse (*86, 87*), deren intermediäre Bildung aus Haloform, Alkohol und Base seinerzeit den Ausgangspunkt der Chemie halogenierter Carbene darstellte[93].

2. Reaktionen weiterer Halogen-diazirine

In einer kürzlich erschienenen Arbeit berichteten R. A. Mitsch u. Mitarb.[53] über die Reaktionen weiterer fluor-haltiger Diazirine. Die Diazirine *18, 88, 90, 91* und *95* können thermisch zu Stickstoff und dem jeweiligen Carben zersetzt werden. Die thermische Stabilität ist etwas geringer als beim Difluor-diazirin; die Diazirine *18* und *95* sind hochexplosiv und daher schwer zu handhaben.

In den chemischen Eigenschaften stehen die Diazirine *88* und *90* dem Difluor-diazirin am nächsten. So ergibt die thermische Zersetzung des Cyan-fluor-diazirins (*88*), die schon bei eineinhalbstündigem Erwärmen auf 100 °C eintritt, in Gegenwart von Tetrafluor-äthylen Cyclopropan-Bildung (Gl. 71). Die Ausbeute an Cyan-pentafluor-cyclopropan (*89*) beträgt 60 %.

$$\underset{88}{\underset{NC}{\overset{F}{>}}C\underset{N}{\overset{N}{\|}}} + F_2C{=}CF_2 \xrightarrow{-N_2} \underset{89}{\underset{NC}{\overset{F}{>}}C\underset{CF_2}{\overset{CF_2}{<}}} \qquad \text{Gl. 71}$$

Chlor-fluor-diazirin (*90*) liefert bei Belichtung in Gegenwart von Chlor das Trichlor-fluormethan in hoher Ausbeute (Gl. 72). Daneben treten Spuren von Kohlenstoff-tetrachlorid auf.

$$\underset{90}{\underset{Cl}{\overset{F}{>}}C\underset{N}{\overset{N}{\|}}} \xrightarrow{Cl_2\ h\cdot\nu} CFCl_3 \qquad \text{Gl. 72}$$

Thermische Spaltung des Fluor-methoxy-diazirins (*91*) zu Stickstoff und einem Carben erfolgt ebenfalls schon bei 100 °C. In Abwesenheit von Reaktionspartnern bildet sich als Hauptprodukt 1.2-Difluor-dimethoxy-äthylen (*92*). Tetrafluor-äthylen wird in 60-proz. Ausbeute in Methoxy-pentafluor-cyclopropan (*93*) überführt (Gl. 73).

---

[93] Hine, J., and J. J. Porter: J. Amer. chem. Soc. **79**, 5493 (1957) und frühere Arbeiten

11*

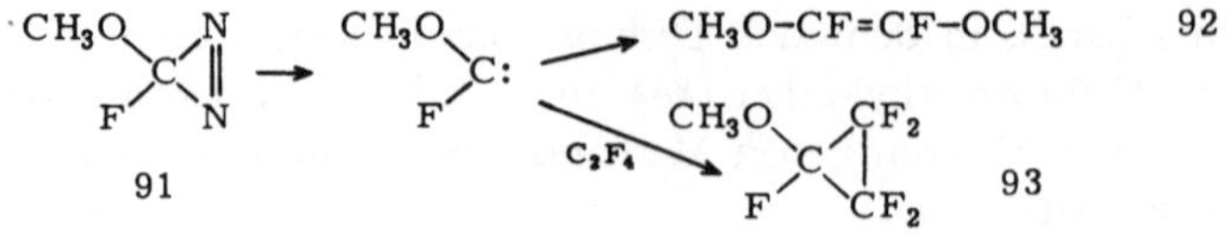

$$CH_3O-CF=CF-OCH_3 \qquad 92$$

Gl. 73

Durch die Methoxy-Substitution am Ringkohlenstoff scheint aber auch schon ein elektrophiler Angriff auf das Diazirin möglich zu sein. In Gegenwart von wäßriger Fluorwasserstoffsäure kommt es zur Zersetzung zu Methylformiat, wahrscheinlich über den asymmetrischen Difluor-dimethyläther (*87*) (Gl. 74).

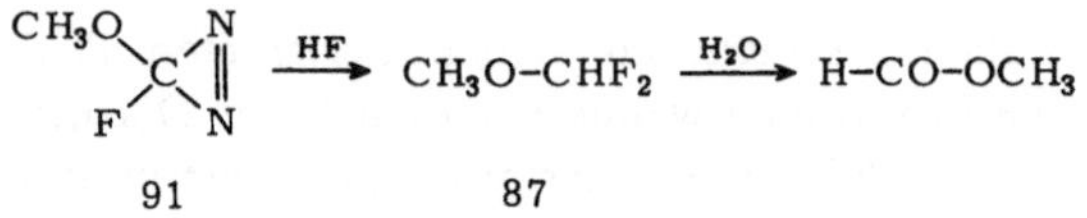

$$CH_3O-CHF_2 \xrightarrow{\text{H}_2\text{O}} H-CO-OCH_3$$

Gl. 74

Difluoramino-fluor-diazirin (*95*) spaltet thermisch sehr leicht Stickstoff ab. Schon bei 75 °C entsteht das Carben. Es ist bemerkenswert, daß bei diesem Carben (Gl. 75) eine intramolekulare Stabilisierung und eine Reaktion mit einem Partner als nahezu gleichberechtigte Reaktionen konkurrieren. Bei Carbenen überwiegt in der Regel eine dieser beiden Stabilisierungsmöglichkeiten völlig, bei Alkyl-carbenen die intramolekulare Stabilisierung, beim Alkoxycarbonyl-carben die Reaktion mit anderen Verbindungen. Das thermisch erzeugte Difluoramino-fluorcarben kann dagegen entweder mit Tetrafluor-äthylen das Cyclopropan-Derivat *96* geben oder sich zum Trifluor-methylenimin (*97*) isomerisieren.

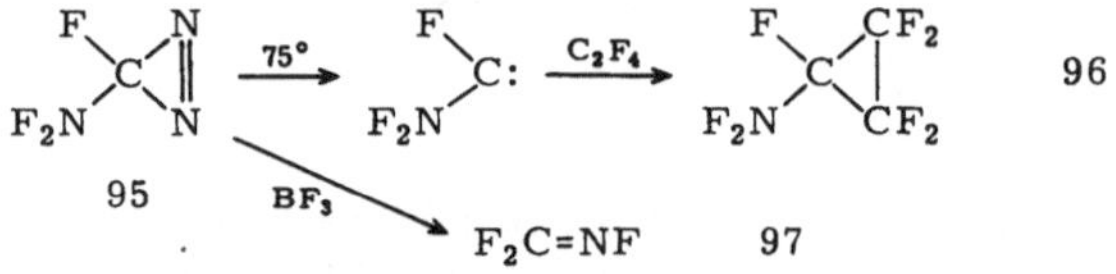

$$F_2C=NF \qquad 97$$

Gl. 75

Auch elektrophil kann das Diazirin *95* angegriffen werden. Durch Borfluorid wird schon unterhalb Raumtemperatur Stickstoff abgespalten. Man erhält wieder Trifluor-methylenimin (*97*). Entsprechend wirkt Aluminiumchlorid, jedoch erfolgt teilweiser Austausch von Fluor gegen Chlor. Es bildet sich ein Gemisch der syn-anti-isomeren Chlor-difluor-methylenimine (*98a* und *98b*, Gl. 76).

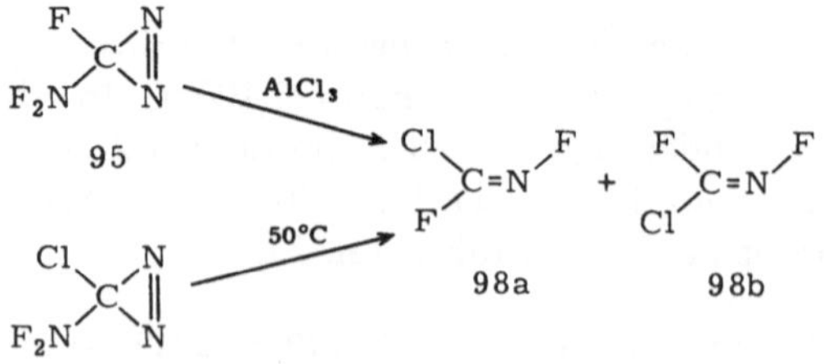

Gl. 76

Das Gemisch der beiden Imine *98a* und *98b* ist Hauptprodukt, wenn Chlor-difluoramino-diazirin (*18*) thermisch zersetzt wird.

Etwas thermostabiler als die zuletzt genannten Diazirine ist das Bis-trifluormethyl-diazirin (*99*). Es ist bei 100 °C noch stabil. Bei 150 °C wird Stickstoff abgespalten; das hinterbleibende Bis-trifluormethyl-carben kann an Hexafluor-aceton angelagert werden, wobei sich Perfluor-tetramethyl-äthylen-oxid (*100*) bildet (Gl. 77)[27]. UV-Belichtung des Diazirins *99* in Gegenwart von Chlor führt zum 2.2-Dichlor-hexafluorpropan (*101*).

$$\text{Gl. 77}$$

Von GALE, MIDDLETON und KRESPAN[15] wurde mitgeteilt, daß durch Pyrolyse von *99* Perfluor-propen (*102*) und Perfluoracetonazin (*103*) entstehen, während Zersetzung in Gegenwart von Dimethyl-acetylen zum Cyclopropen-Derivat *104* führt (Gl. 78).

$$\text{Gl. 78}$$

Über die Reaktionen der 3-Chlor-diazirine ist erst wenig bekannt[28]. Besonders instabil scheint das Chlor-methoxy-diazirin (*105*) zu sein: Es zersetzt sich bei Raumtemperatur spontan zu 1.4-Dichlor-1.4-dimethoxy-2.3-diaza-butadien-1.3 (*106*, Gl. 79).

$$\text{Gl. 79}$$

Chlor-phenyl-diazirin (*107*) zerfällt analog (Gl. 80). Die Reaktion benötigt jedoch bei Raumtemperatur einige Tage. Daneben werden die für eine Carben-Bildung vorauszusehenden Reaktionen beobachtet: *107* reagiert in siedendem Cyclohexen zu einem Gemisch der exo- und endo-Form des Chlor-phenyl-norcarans *108*.

$$C_6H_5-CCl=N-N=CCl-C_6H_5$$

Gl. 80

107

Cyclohexen

108

Chlor-methyl-diazirin (*109*) zerfällt thermisch in Stickstoff und Vinylchlorid (Gl. 81).

$$\text{109} \xrightarrow{-N_2} CH_2=CHCl$$

Gl. 81

109

VI. Hypothetische Diazirine

Die Existenz der Diazirine rechtfertigt die Erwähnung einiger Strukturen, die in den letzten Jahren (u. a. als Zwischenstufen von Reaktionsfolgen) vorgeschlagen worden sind.

Für ein in 25-proz. Ausbeute aus Diazomethyl-lithium durch Trimethylsilylierung erhaltenes Produkt wurde die Struktur *110* als die wahrscheinlichste von sechs denkbaren Strukturen diskutiert[94]. Gegen Alternativstrukturen spricht beispielsweise das Fehlen einer Absorption im Dreifachbindungsbereich des IR-Spektrums.

110   **111**

OVERBERGER und ANSELME[95] beobachteten das Auftreten von Diphenyl-diazomethan, als sie Benzophenon-imid mit Hydroxylamin-O-sulfonsäure umsetzten. Da die Rotfärbung des Diphenyl-diazomethans regelmäßig erst bei Einwirkung von Luftsauerstoff beobachtet wurde, schlossen sie, daß sich zunächst 3.3-Diphenyl-diaziridin gebildet habe und daraus durch Dehydrierung entstehendes *111* sich zum linearen Isomeren umgelagert habe. Eine entsprechende Beobachtung am Methyl-phenyl-diazirin wurde mitgeteilt[96].

Die kinetische Untersuchung der Zersetzung von Phenyl-diazoniumchlorid in wäßriger Rhodanid-Lösung ergab einen Hinweis auf eine Zwi-

---

[94] SCHERRER, O. J., u. M. SCHMIDT: Z. Naturforschung **20b**, 1009 (1965).

[95] OVERBERGER, C. G., and J.-P. ANSELME: Tetrahedron Letters No. 21, 1405 (1963).

[96] OVERBERGER, C. G., and J.-P. ANSELME: J. Org. Chem. **29**, 1188 (1964).

schenstufe, die entweder schnell mit Wasser oder Rhodanid reagieren oder das Diazonium-Ion zurückbilden kann. Das Spiro-diazirin *112* (Gl. 82) wurde vermutet[97].

$$\text{C}_6\text{H}_5{-}\overset{\oplus}{\text{N}}{\equiv}\text{N} \;\rightleftharpoons\; \text{H}{-}\overset{\oplus}{\text{C}_6\text{H}_4}\!\!\left\langle\!\!\begin{array}{c}\text{N}\\\|\\\text{N}\end{array}\right. \qquad\qquad \text{Gl. 82}$$

112

Es ließ sich zeigen, daß die Hydrolyse des Diazoniumsalzes bei Markierung eines N-Atoms von einer Umlagerung entsprechend Gleichung 83 begleitet ist[98], die für Ar = Phenyl um den Faktor 70, für Ar = p-Tolyl um den Faktor 34 langsamer verläuft als die Hydrolyse.

$$\text{Ar}-^{15}\!\overset{\oplus}{\text{N}}\equiv{}^{14}\text{N} \longrightarrow \text{Ar}-^{14}\!\overset{\oplus}{\text{N}}\equiv{}^{15}\text{N} \qquad\qquad \text{Gl. 83}$$

In einer neuen Untersuchung[99] ließ sich die Isomerisierung entspr. Gl. 83 nicht bestätigen.

---

[97] Lewis, E. S., and J. E. Cooper: J. Amer. chem. Soc. **84**, 3847 (1962).
[98] Insole, J. M., and E. S. Lewis: J. Amer. chem. Soc. **85**, 122 (1963); **86**, 32 (1964).
[99] Bose, A. K. und I. Kugasewski: J. Amer. chem. Soc. **80**, 2325 (1966).

Weitere Dreiringe mit zwei Heteroatomen

Neben den mit Sicherheit bekannten Dreiringen mit zwei Heteroatomen, den Oxaziridinen, Diaziridinen und Diazirinen sind einige weitere Systeme in der Literatur erwähnt, in der Regel als hypothetische Zwischenstufen von Reaktionsfolgen.

Bei der Bildung des 1.3.4-Oxdiazols *2* aus Carbäthoxy-nitren und einem Nitril wird als einer der möglichen Reaktionswege ein Verlauf über das 1-H-Diazirin *1* diskutiert (Gl. 1)[1].

$$\text{Gl. 1}$$

Das Auftreten des gleichen Ringsystems wurde aus der Beobachtung abgeleitet, daß das Sydnon *3* bei Photoanregung sein CO_2 gegen zugesetztes $^{14}CO_2$ austauscht und das zum Ausgangsprodukt isomere 3-Phenyl-1.3.4-oxadiazol-2-on (*5*) ergibt (Gl. 2)[2]. Die postulierte Zwischenstufe *4* ist wieder ein 1-H-Diazirin.

$$\text{Gl. 2}$$

Das relativ wenig bewegliche Halogen in *6* wird in einer basenkatalysierten Umsetzung leicht aus dem Molekül verdrängt (Gl. 3). Zur Deutung wird die intermediäre Bildung eines Dreiringes (*7*) angenommen[3].

$$\text{Gl. 3}$$

[1] Huisgen, R., u. H. Blaschke: Liebigs Ann. Chem. **686**, 145 (1965).
[2] Krauch, C. H., J. Kuhls u. H.-J. Piek. Tetrahedron Letters Nr. **34**, 4043 (1966).
[3] Bordwell, F. G., and G. D. Cooper: J. Amer. chem. Soc. **73**, 5187 (1951).

Eine dem α-Sultam *7* analoge Zwischenstufe *9* wird für die Bildung von p-Chlorphenyl-isonitril bei Alkalibehandlung der Vorstufe *8* angenommen (Gl. 4)[4].

$$\text{p-Cl-C}_6\text{H}_4\text{-NH}\underset{\underset{O_2}{\overset{|}{S}}}{\diagdown}\text{CHCl}_2 \quad\longrightarrow\quad \text{p-Cl-C}_6\text{H}_4\text{-N}\underset{\underset{O_2}{S}}{\diagup\diagdown}\text{CH-Cl}$$

$$8 \qquad\qquad\qquad 9 \qquad\qquad\qquad\qquad \text{Gl. 4}$$

$$\text{p-Cl-C}_6\text{H}_4\text{-}\overset{\oplus}{N}\equiv\overset{\ominus}{C}$$

Bemerkenswert ist die Arbeitshypothese, daß zwei C-Atome des Cyclopropans durch *Bor und Stickstoff* vertreten werden können. Es wurde nämlich gefunden, daß eine zunächst als *10* formulierte Verbindung als Lewissäure und als Lewisbase schwächer ausgeprägt ist als analoge monofunktionelle Derivate. Dieser Befund und NMR-Daten ($\tau_{CH_2} = 9.76$; Cyclopropan hat $\tau = 9.8$) legen nahe, daß die Verbindung als Dreiring (*11*) vorliegt[5].

$$\text{H}_2\text{N}\underset{\text{CH}_2}{\diagdown\diagup}\text{B(CH}_3)_2 \qquad\qquad \overset{\oplus}{\text{H}_2\text{N}}\underset{\text{CH}_2}{\diagup}\overset{\ominus}{\text{B(CH}_3)_2}$$

$$10 \qquad\qquad\qquad\qquad 11$$

Aus Trityl-natrium, Triphenyl-bor und Kohlenmonoxid wurde von WITTIG und Mitarbeitern eine Verbindung erhalten, die entsprechend *12* formuliert wurde[6]. Eine dimere Struktur ist jedoch nicht auszuschließen, da das Molekulargewicht nicht bestimmt werden konnte.

$$\left[\begin{array}{c}\text{p-(C}_6\text{H}_5)_2\text{C}^{\ominus}\text{-C}_6\text{H}_4\diagdown\overset{O}{\diagdown}\\ \text{C}|\\ \text{C}_6\text{H}_5\diagup\diagdown\text{B}^{\ominus}\text{(C}_6\text{H}_5)_2\end{array}\right](\text{Na}^{\oplus})_2$$

$$12$$

Über einen *zwei Schwefel-Atome* enthaltenden Dreiring (*14*) wurde die schnell verlaufende basenkatalysierte Umwandlung von *13* in *15* formuliert (Gl. 5)[7].

$$\begin{array}{ccc}\text{S-CH}_2\text{-COOR} & \overset{\text{CH-COOR}}{\diagup} & \text{HS-CH-COOR}\\ | \quad\longrightarrow\quad \text{S}\diagdown| & & |\\ \text{S-CH}_2\text{-COOR} & \text{S}^{\ominus}\text{-CH}_2\text{-COOR} \quad\longrightarrow\quad & \text{S-CH}_2\text{-COOR}\end{array} \qquad \text{Gl. 5}$$

$$13 \qquad\qquad\qquad 14 \qquad\qquad\qquad 15$$

[4] UGI, I., U. FETZER, U. EHOLZER, H. KNUPFER u. K. OFFERMANN: Angew. Chem. **77**, 492 (1965); Angew. Chem. int. ed. **4**, 472 (1965).

[5] SCHAEFFER, R., and L. J. TODD: J. Amer. chem. Soc. **87**, 488 (1965).

[6] WITTIG, G., L. GONSIOR u. H. VOGEL: Liebigs Ann. Chem. **688**, 1 (1965).

[7] HOWARD, E. G.: J. Org. Chem. **27**, 2212 (1962).

Eine UV-Absorption bei 232—243 mμ im Spektrum von Dithioacetalen zeigt einen lichtangeregten Zustand mit geminaler Wechselwirkung der Schwefel-Atome an, der entsprechend *16* formuliert wird[8].

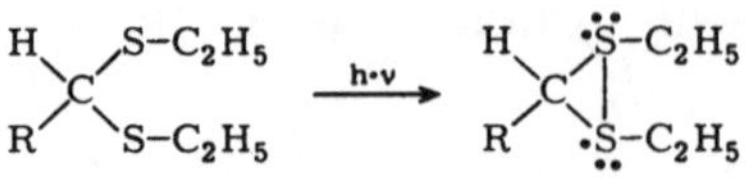

$$\begin{array}{ccc} H{\diagdown}S{-}C_2H_5 \\ C & \xrightarrow{\ h\cdot\nu\ } & \\ R{\diagup}S{-}C_2H_5 \end{array}$$

16

Photoaktiviertes Methylenjodid bewirkt Cyclopropanierung von zuge-setzten Olefinen und Einschiebungen. Als Alternative zu einem völlig realisierten Carben wurde ein Anregungsprodukt *17* diskutiert[9].

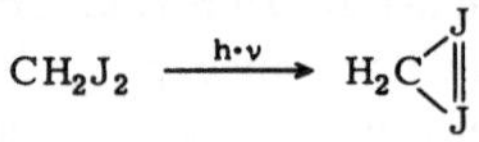

$$CH_2J_2 \xrightarrow{\ h\cdot\nu\ } H_2C\Big\langle{}\Big\|{}$$

17

Die theoretische Interpretation des Spektrums des Methylenjodids hatte schon früher eine beträchtliche J—J-Wechselwirkung gezeigt[10].

---

[8] HORTON, D., and J. S. JEWELL: J. Org. Chem. 31, 509 (1966).
[9] BLOMSTROM, D. C., K. HERBIG and H. E. SIMMONS: J. Org. Chem. 30, 959 (1965).
[10] KIMURA, K., and S. NAGAKURA: Spectrochim. Acta 17, 166 (1961).

Namenverzeichnis

Sachverzeichnis